Martin Aupperle

Turbo Pascal Version 6.0

Aus dem Bereich Computerliteratur

Effektiv Starten mit Turbo C++
von Axel Kotulla

Parallele Programmierung mit Modula-2
von Ernst A. Heinz

Das Modula-2 Umsteigerbuch
von Rames Abdelhamid

Topspeed Modula 2 von A..Z
von Anton Liebetrau

Turbo Pascal Wegweiser
von Ekkehard Kaier

Grafik und Animation in C
von Herbert Weidner und Bernhard Stauß

Programmierung des OS/2 Extended Edition Database Manager
von Edgar Zeit

Turbo Pascal Version 6.0

Eine Einführung in die objektorientierte Programmierung
von Martin Aupperle

Microsoft QuickPascal Programmierhandbuch
von Kris Jamsa
(Ein Microsoft Press / Vieweg-Buch)

Turbo Pascal von A..Z
von Anton Liebetrau

Vieweg

MARTIN AUPPERLE

TURBO PASCAL

VERSION 6.0

Einführung in die objektorientierte Programmierung

Die Deutsche Bibliothek – CIP-Einheitsaufnahme

Aupperle, Martin:
Turbo Pascal: Version 6.0; Einführung in die objektorientierte Programmierung / Martin Aupperle. –
Braunschweig: Vieweg., 1991
ISBN-13:978-3-322-83044-9 e-ISBN-13:978-3-322-83043-2
DOI: 10.1007/978-3-322-83043-2

Das in diesem Buch enthaltene Programm-Material ist mit keiner Verpflichtung oder Garantie irgendeiner Art verbunden. Der Autor und der Verlag übernehmen infolgedessen keine Verantwortung und werden keine daraus folgende oder sonstige Haftung übernehmen, die auf irgendeine Art aus der Benutzung dieses Programm-Materials oder Teilen davon entsteht.

Der Verlag Vieweg ist ein Unternehmen der Verlagsgruppe Bertelsmann International.

Softcover reprint of the hardcover 1st edition 1991

Umschlaggestaltung: Schrimpf & Partner, Wiesbaden

ISBN-13:978-3-322-83044-9

Inhaltsverzeichnis

1 Vorwort

Mit der Version 6.0 von Borlands Turbo-Pascal Entwicklungssystem steht einem breiten Personenkreis die Möglichkeit zur Entwicklung objektorientierter Programme zur Verfügung. Bereits die Versionen 4.0 und 5.0 boten das Handwerkszeug zur Erstellung anspruchsvoller Programme, vor allem durch Einführung des UNIT-Konzeptes, durch die Möglichkeit zur Bildung von Overlays sowie durch die Bereitstellung eines leistungsfähigen symbolischen Debuggers. Mit der Version 5.5 wurden dann die objektorientierten Sprachmittel eingeführt. Diese sind auch in der nun vorliegenden Version 6.0 im Wesentlichen unverändert geblieben. Gegenüber der Version 5.5 wurde das System an sich abgerundet, so ist nun z.B. die Bedienung der integrierten Entwicklungsumgebung mit der Maus möglich, die Overlayverwaltung wurde verfeinert, etc. Die Sprachdefinition an sich wurde nur in zwei kleineren Punkten verändert.

Neu hinzugekommen ist Turbo-Vision, das die Entwicklung professionell aussehender eigener Programme ermöglicht. Turbo-Vision wird in Form von acht units geliefert, für die teilweise auch der Source-Code vorliegt.

Die bei der Erstellung professioneller, größerer Programmsysteme auftretenden Probleme führten schon vor einiger Zeit zur Entwicklung von objektorientierten Konzepten, wie sie z.B. in Reinkultur in der Programmiersprache Smalltalk realisiert sind. Die Verbreitung der Sprache blieb jedoch aufgrund bestimmter Spracheigenschaften im wesentlichen auf den akademischen Bereich beschränkt. Erst die Vorstellung einer objektorientierten Version der Programmiersprache C verhalf der objektorientierten Denkweise zum Durchbruch. Nach anerkannter Lehrmeinung werden in Zukunft Objekte aus der Programmierung nicht mehr wegzudenken sein, teilweise werden konventionelle höhere Programmiersprachen wie C und Pascal bereits als "Assembler der 90er Jahre" bezeichnet - für manche Spezialaufgabe noch erforderlich, aber ansonsten überholt.

Es lohnt also, sich mit der objektorientierten Programmierung auseinanderzusetzen. Turbo-Pascal 6.0 bietet die Möglichkeit, die Welt der Objekte mit wenig Aufwand kennenzulernen. Die vorhandenen Handbücher beschränken sich jedoch im wesentlichen auf die Beschreibung der Befehle und Bedienungsmöglichkeiten des Systems. Die mitgelieferten Beispielprogramme sind sicherlich interessant, sind aber für den unbedarften Anwender bei weitem zu kompliziert und können daher kein Ersatz für eine systematische Einführung in die objektorientierte Programmierung sein.

Dieses Buch beschreibt zunächst die Sprachelemente der objektorientierten Programmierung, wie sie mit Turbo Pascal 6.0 zur Verfügung gestellt werden. Wo Unterschiede zur Version 5.5 bestehen, werden Alternativen angegeben, so daß auch Besitzer der Version 5.5 das Buch verwenden können. Darauf aufbauend werden einfache Beispiele entwickelt, anhand derer objektorientiertes Denken vermittelt wird. Der Vergleich zur konventionellen Implementierung erleichtert das Verständnis des objektorientierten Ansatzes ganz wesentlich. Ausgerüstet mit diesen Grundkenntnissen kann sich der Leser an die Programmierung anspruchsvollerer Aufgaben wagen. Diese sind so gewählt, daß sie sich für die objektorientierte Programmierung besonders eignen und gleichzeitig wertvolle Bausteine für eigene Entwicklungen bilden.

Den Abschluß des Buches bildet eine detaillierte Einführung in Turbo-Vision mit zahlreichen Beispielprogrammen. Diese sind so gewählt, daß sie sofort zu eigenen Anwendungen erweitert werden können: Nie war es einfacher, eigene Programme mit einer professionellen Benutzerschnittstelle auszustatten.

Der Einsteiger erhält mit diesem Buch eine systematische Einführung in die Welt der objektorientierten Programmierung, aber auch der Profi findet hier Anregungen für die tägliche Praxis. Voraussetzung zur sinnvollen Arbeit mit diesem Buch ist eine gewisse Minnimalerfahrung mit dem Umgang mit Rechnern und dem Turbo-Pascal Entwicklungssystem. So wird z.B. davon ausgegangen, daß der Leser in der Lage ist, das Turbo-Pascal System auf seinem Rechner zu installieren und einfache Probleme in lauffähige Programme umzusetzen. Begriffe wie *Prozedur*, *Typvereinbarung*, oder *dynamische Speicherverwaltung* sollten bekannt sein. Der Programmierneuling muß hier auf eines der zahlreichen Einführungsbücher zu Turbo-Pascal verwiesen werden.

Dem Buch liegt eine Diskette mit dem vollständigen Quelltext der Programme sowie der größeren Beispiele bei.

2 Einführung

2.1 Schrittweise Verfeinerung

Zum Entwurf eines Programms stehen heute bereits erprobte Verfahren zur Verfügung, die eine ingenieurmäßige Behandlung der bei der Entwicklung eines größeren Programms auftretenden Probleme ermöglichen. Diese Techniken basieren im allgemeinen auf dem Prinzip der *Schrittweisen Verfeinerung*. Darunter versteht man die Unterteilung der Gesamtaufgabe in einfachere und kleinere Untereinheiten, die dann in der gleichen Weise wieder unterteilt werden, bis man bei so einfachen Strukturen angelangt ist, daß diese durch einen einzelnen Programmierer als Ganzes erfaßt und implementiert werden können. Mit größer werdender Verfeinerung ergibt sich allerdings ein Schnittstellenproblem, denn nur über diese Schnittstellen können die getrennt betrachteten Moduln miteinander kommunizieren. Bei jedem Verfeinerungsschritt wird also Struktur- oder Programmkomplexität auf Kosten der Schnittstellenkomplexität reduziert. Es gilt, das Problem so weit zu verfeinern, bis beide Größen einen akzeptablen Wert haben.

Viele Verfahren, die auf der Technik der Schrittweisen Verfeinerung beruhen, ermöglichen die arbeitsteilige Erstellung von Programmen. Darüber hinaus ist es möglich, die "Richtung" der Verfeinerung so zu steuern, daß Module wiederverwendbar sind, bzw. daß umgekehrt auf bereits vorhandene Elemente zurückgegriffen werden kann. Das Problem der Schnittstellenkomplexität bleibt jedoch weiterhin bestehen.

2.2 Objektorientierter Entwurf

Beim *objektorientierten Entwurf* strebt man an, als Ziel der Schrittweisen Verfeinerung sogenannte *Objekte* zu erhalten. Ein Objekt löst dabei eine (oder mehrere) im Rahmen der Schrittweisen Verfeinerung genau definierte Aufgabe(n). Die dazu erforderlichen Daten und die auf diese Daten wirkenden Algorithmen sind beides Teile des Objekts.

Objekte kommunizieren untereinander über den Austausch von Nachrichten.

Empfängt ein Objekt eine Nachricht, aktiviert es die zugehörigen Algorithmen, die evtl. wieder andere Nachrichten erzeugen. Das Objekt wird dabei als abgeschlossene Einheit betrachtet, dessen Inneres den anderen Objekten unbekannt ist. Weiterhin ist die in konventionellen Programmiersprachen immer vorhandene Trennung zwischen Daten und Verarbeitung aufgehoben. Man denkt also nicht mehr "prozedural" oder "datenorientiert", sondern problemorientiert. Die für die Lösung des Problems erforderlichen Daten *und* Algorithmen werden zu einer Einheit untrennbar verbunden, eben dem Objekt. Eine Folge davon ist, daß - wie wir sehen werden - die Daten eines Objektes nicht mehr als Parameter an die Algorithmen des Objektes übergeben werden müssen, sondern diesen implizit zur Verfügung stehen.

Mit dieser Technik lassen sich wiederverwendbare Bausteine erstellen, die - in Analogie zur Hardware - auch Software-ICs genannt werden. Sie können nämlich von einem Programmentwickler in gleicher Weise wie ihre materiellen Gegenstücke miteinander kombiniert werden, wenn nur die Schnittstellenspezifikationen eingehalten werden. Wie das IC intern aufgebaut ist, spielt dabei keine Rolle.

2.3 Vererbung

Objekte sind auch noch in anderer Weise wiederverwendbar. Sie können nämlich zur Definition weiterer Objekte herangezogen werden. Dabei "erbt" das neu zu definierende Objekt automatisch die Eigenschaften seines Vorgängers, d.h. das abgeleitete Objekt besitzt automatisch alle Datenelemente und Algorithmen seines Vorgängers. Für abgeleitete Objekte werden dann in der Regel nur noch zusätzliche Eigenschaften (in Form weiterer Daten und Algorithmen) definiert; es ist jedoch auch möglich, vom Vorgänger übernommene Verarbeitungselemente zu re-definieren.

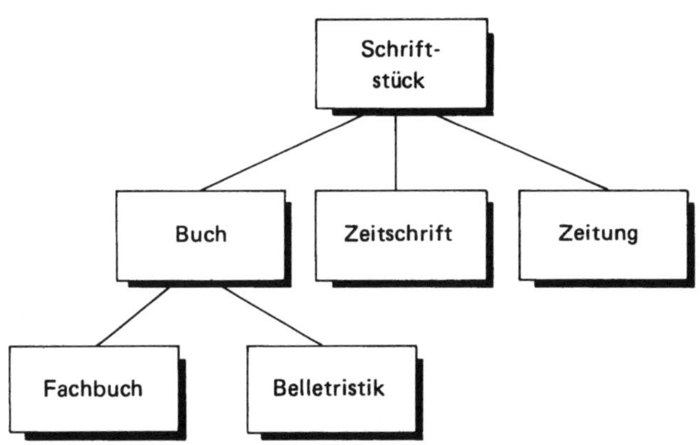

Bild 2-1 : Objekthierarchie

In Bild 2-1 wird das Objekt *Schriftstück* zur Definition der Objekte *Buch*, *Zeitschrift* und *Zeitung* verwendet. *Buch* erbt dabei alle Eigenschaften von *Schriftstück* und kann zusätzlich neue Eigenschaften definieren. Übernommene Eigenschaften wären z.B. die Art der Repräsentation des Inhaltes in einem Rechner (Datenelement) oder ein Algorithmus zur Darstellung auf dem Bildschirm (Verarbeitungselement). Eine neudefinierte Eigenschaft für *Buch* könnte z.B. die interne Gliederung in Kapitel und Abschnitte sein. Diese Eigenschaft unterscheidet auch ein *Buch* von einer *Zeitschrift*, denn in Zeitschriften wird man immer eine andere Gliederung des Inhaltes vorziehen.

Beim Entwurf einer Objekthierarchie werden durch die Hinzunahme weiterer Eigenschaften abgeleitete Objekte immer genauer bestimmt, bis der gewünschte Detaillierungsgrad erreicht ist. Dabei versucht man, die Eigenschaften so zuzuweisen, daß sich die Objekte möglichst gut voneinander unterscheiden lassen. Eigenschaften, die für mehrere Objekte gleich sind, sollten in das gemeinsame Vorgängerobjekt verlegt werden. Kommt etwa in der gezeigten Objekthierarchie die Anforderung zur Übertragung über eine serielle Schnittstelle hinzu, wird man diese Eigenschaft nicht für *Buch*, *Zeitschrift* und *Zeitung* getrennt, sondern möglichst zentral für *Schriftstück* entwerfen.

Auf diese Weise können ganze Objekthierarchien gebildet werden, wobei jedes abgeleitete Objekt eine Spezialisierung seines Vorgängers darstellt. Abgeleitete Objekte bleiben dabei mit Ihren jeweiligen Vorgängern fest verbunden: Werden die Eigenschaften des Vorgängers geändert, wirkt sich dies auch automatisch auf alle Nachfolger aus. Wenn die Objekthierarchien in der Entwurfsphase geeignet gewählt wurden, können Änderungen, die mehrere Objekte betreffen, auf das gemeinsame Vorgängerobjekt beschränkt werden. Durch eine "gute" Objekthierarchie wird daher die Änderungsfreundlichkeit eines Programms wesentlich beeinflußt. Der Definition dieser Hierarchien muß deshalb beim Entwurf des Programmsystems bereits besonderes Augenmerk gewidmet werden.

2.4 Weitergehende Möglichkeiten

Damit sind die neuen Gestaltungsmöglichkeiten, über die der Programmierer bei Verwendung von Objekten verfügen kann, noch lange nicht erschöpft. Konzepte wie "virtuelle Methoden" oder "Polymorphismus" sind wirkungsvolle Mechanismen für eine weitere Produktivitätssteigerung bei der Softwareentwicklung. Sie sind jedoch in Ihrer Mächtigkeit erst dann verständlich, wenn die Grundlagen objektorientierter Denkweise vorhanden sind.

2.5 Objektorientierte Programmierung

Objektorientierter Entwurf befaßt sich hauptsächlich mit dem Entwurf von Objekten, deren Interaktion untereinander sowie mit dem Aufbau von Objekthierarchien. Die Programmiersprache, in der diese Strukturen dann implementiert werden, spielt dabei zunächst keine oder eine nur untergeordnete Rolle. *Objektorientierte Programmierung* hingegen geht von bereits definierten Objekten, Beziehungen und Hierarchien aus und versucht diese Vorgaben in einer Programmiersprache abzubilden. Hier spielen die von der Sprache bereitgestellten Sprachmittel eine größere Rolle, denn nicht alle objektorientierten Sprachen stellen die gleichen Konstrukte bereit und sind daher zur Implementierung auch nicht gleich gut geeignet. Im allgemeinen gilt auch hier, daß für Programme mit speziellen Laufzeit- oder Speicherplatzanforderungen die Sprache C geeigneter, für andere Aufgaben Pascal, Modula oder eine andere Sprache vorteilhafter sein mag. Oftmals ist es auch möglich, verschiedene Sprachen zu mischen, also "hybrid" zu programmieren. Denkbar wäre z.B. eine Codierung von maschinennahen Teilaufgaben in C und die Programmierung von höheren Datenstrukturen z.B. in Pascal. Beschränkt man sich auf Borlands Turbo-Familie, kann den Objekten auf einfache Weise sogar eine gewisse Intelligenz verliehen werden, indem man eine Verbindung mit Turbo-Prolog herstellt.

Objektorientierte Entwicklung und objektorientierte Programmierung sind nur in der Theorie zwei getrennt aufeinanderfolgende Phasen. In der Praxis werden beide Tätigkeiten oft mehr oder weniger gleichzeitig ausgeführt. Trotzdem bedingt die objektorientierte Programmierung immer auch einen objektorientierten Entwurf. Es ist wenig sinnvoll, in einem weit fortgeschrittenen Entwicklungsvorhaben auf objektorientierte Programmierung umzustellen, ohne einen großen Teil der Entwicklungsphase wiederholen zu müssen. Objektorientierte Programmiertechniken können nur sinnvoll eingesetzt werden, wenn auch wirklich von vornherein Objekte, Hierarchien etc. definiert wurden.

Auch hieraus geht hervor, daß der geeigneten Definition von Objekten und ihrer Beziehungen untereinander eine zentrale Bedeutung zukommt. Mehr noch als in traditionellen Entwicklungstechniken ist hier eine sorgfältige Arbeit in der Vorphase der Programmierung der Schlüssel zum Erfolg.

2.6 Objektorientiertes Programmieren und Turbo-Pascal

Die Sprache Pascal wurde ursprünglich von Professor Wirth zu Lehrzwecken entworfen. Ihre weite Verbreitung verdankt sie wohl zum großen Teil der Firma Borland, die die magere ANSI-Spezifikation der Sprache zu einem professionellen Programmentwicklungssystem inclusive Editor und interaktivem Debugger ausgebaut hat. Was liegt also näher, als sich auf den ursprünglichen Zweck der Sprache zu besinnen und objektorientiertes Programmieren mit Turbo-Pascal zu lernen? Nach der Lektüre dieses Buches besitzt der Leser ein Grundwissen, mit dem er objektorientierte Konstrukte anderer Sprachen verstehen und sinnvoll einsetzen kann.

2.7 Zusammenfassung

Objektorientierter Entwurf ist eine Programmentwicklungstechnik auf der Grundlage der Schrittweisen Verfeinerung. Objekte können dabei so entworfen werden, daß sie einerseits wiederverwendbar sind und daß andererseits die Schnittstellenkomplexität reduziert wird. Beide Effekte führen zu einer weiteren Effizienzsteigerung gegenüber konventionellen Entwicklungsmethoden, insbesondere wenn größere Programme entwickelt werden müssen.

3 Objekte: Daten und Algorithmen

3.1 Probleme in traditionellen Sprachen

Ein Grundprinzip in konventionellen prozeduralen Sprachen ist die Trennung von Daten- und Verarbeitungselementen. Die Verarbeitungselemente sind traditionell in Form von Prozeduren oder Funktionen organisiert, und sie erhalten die Daten, auf denen sie arbeiten sollen, als Parameter übergeben (den Fall des Zugriffs auf globale Daten lassen wir zunächst außer acht). Meist werden Prozeduren sogar so entworfen, daß sie an verschiedenen Stellen des Programms mehrfach, meist mit verschiedenen Daten, aufgerufen werden können. Mehrfach gebrauchte Programmteile werden also zusammengefaßt und getrennt vom restlichen Programm als Prozedur abgelegt. Als Endeffekt kann man ganze Bibliotheken von Prozeduren erhalten, die allgemeingültige Aufgaben lösen sollen. Die zahlreichen angebotenen Toolboxen sind ein Beispiel hierfür.

Algorithmen in Form von Prozeduren benötigen jedoch auch Daten. Diese werden im allgemeinen als Parameter übergeben, da sie - historisch bedingt - im Programm an anderer Stelle als die Prozeduren deklariert sind. Die Verbindung zwischen beiden wird erst beim Aufruf der Prozedur, wenn also die Formalparameter durch die Aktualparameter ersetzt werden, vorgenommen. Diese Trennung ist jedoch willkürlich und nur deshalb so allgegenwärtig, weil wir es so gelernt und immer schon so gemacht haben. Schaut man einem Softwareentwickler in der Entwurfsphase bei der Arbeit zu, ergibt sich jedoch ein anderes Bild: Zu einem Problem notiert er die erforderlichen Verarbeitungsschritte und Datenelemente zusammen auf einem Blatt. Erst bei der Implementierung werden Daten und deren Verarbeitung voneinander getrennt, weil die Syntax der Programmiersprache es so vorschreibt.

Hat man z.B. in einem Programm eine Funktion zur Klassifikation von Temperaturen geschrieben, ist es nicht sinnvoll, diese Funktion auch auf Gehälter oder gar auf Zeitstempel von Dateien anzuwenden, auch nicht wenn diese Information ebenfalls als Integer-Zahl abgespeichert ist. Traditionelle Compiler schützen jedoch vor solchen und einer Reihe ähnlicher Fehler nicht: Ist eine Funktion mit einem Formalparameter vom Typ `integer` definiert, kann sie auch mit jedem beliebigen Integerwert aufgerufen werden. Die numerische Manipulation des übergebenen Wertes wird durchgeführt, unabhängig davon, ob es sich um eine Temperatur oder ein Einkommen handelt.

Dieses Problem ist bis zur Trivialität vereinfacht und läßt sich sicherlich durch geeignete Programmierung vermeiden. Das grundlegende Problem bleibt jedoch erhalten und kann höchstens mehr oder weniger verdeckt werden. Kurz gesagt besteht es in folgendem Sachverhalt:

> In traditionellen Sprachen kennt der Compiler nicht die Interpretation eines Datenelementes. Diese ist nur dem Programmierer bekannt. Der Programmierer muß daher anhand dieses Wissens die richtigen Verarbeitungsschritte mit den richtigen Datenelementen kombinieren.

Hier setzt einer der zentralen Gedanken der objektorientierten Programmierung an: *Warum nicht die Temperaturvariable zusammen mit der Klassifikationsfunktion für Temperaturen als eine Einheit deklarieren?* Damit wäre die Anwendung dieses Klassifikators auf ungeeignete Datenelemente ausgeschlossen.

Natürlich müßte es weiterhin möglich sein, die Datenelemente zu höheren Strukturen zu kombinieren. Diese Kombinationsmöglichkeiten dürfen gegenüber dem klassischen Pascal nicht eingeschränkt sein.

3.2 Ein erstes Beispiel

Betrachten wir als erstes Beispiel das angesprochene Klassifikationsproblem. Normalerweise würde man etwa folgendes codieren:

```
program Beispiel1;

var Temp1, Temp2          : integer;
    Income1, Income2      : longint;

procedure ClassifyTemp( Temp : integer );

begin
if Temp < -10 then
   Writeln( 'wahrscheinlich Winter' )
else
   if Temp > 25 then
      Writeln( 'wahrscheinlich Sommer' )
```

```
   else
      Writeln( 'keine Aussage möglich' );
end; {-- ClassifyTemp }

procedure ClassifyIncome( Income : longint );

begin
if Income < 20000 then
   Writeln( 'Sozialfall' )
else
   if Income > 100000 then
      Writeln( 'Unsozialer Fall' )
   else
      Writeln( 'Normalfall' );
end; {-- ClassifyIncome }

begin
end.
```

Im Programm könnte man dann z.B. schreiben:

`ClassifyTemp( Temp1 );` oder

`ClassifyInc( 30000 );`

Niemand hindert uns jedoch daran,

`ClassifyTemp( 30000 );`

zu schreiben. Auch hier würde ein Programmierer den Fehler wohl sofort an den nicht zusammenpassenden Größen erkennen, normalerweise sind solche Fälle aber wesentlich diffiziler, insbesondere wenn man ein größeres Programm nach längerer Pause modifizieren muß.

Unter Verwendung von Objekten könnte man das gleiche Problem etwa wie folgt notieren:

```
program Beispiel2;

type Temp                    = object
     Value                   : integer;
     procedure Classify;
     end; {-- Temp }

type Income                  = object
     Value                   : longint;
     procedure Classify;
     end; {-- Income }

procedure Temp.Classify;

begin
if Value < -10 then
   Writeln( 'wahrscheinlich Winter' )
else
   if Value > 25 then
      Writeln( 'wahrscheinlich Sommer' )
   else
```

```
      Writeln( 'keine Aussage möglich' );
end; {-- Classify }


procedure Income.Classify;

begin
if Value < 20000 then
   Writeln( 'Sozialfall' )
else
   if Value > 100000 then
      Writeln( 'Unsozialer Fall' )
   else
      Writeln( 'Normalfall' );
end; {-- Classify }


begin
end.
```

Vergleicht man die konventionelle mit der objektorientierten Lösung, erkennt man folgende Unterschiede:

- Die Deklaration eines Objekts ähnelt der eines klassischen Records. Zusammengehörige Elemente werden hier durch die Schlüsselworte `object` und `end` eingeklammert.
- Die Objektdeklaration enthält neben einem Datenelement (`integer`) auch ein Verarbeitungselement (`procedure`).
- Für die Implementierung der beiden `Classify`-Prozeduren wird die bisher nur für Daten definierte Punkt-Notation verwendet.
- Die beiden `Classify`-Prozeduren haben keine Parameter. Trotzdem können sie auf das jeweilige Datenelement `Value` zugreifen. Der Compiler stellt sicher, daß dabei das zum eigenen Objekt gehörige Datenelement verwendet wird.
- Die Objekte sind als Typen deklariert.

Ausgerüstet mit diesen Deklarationen kann man z.B. schreiben:

```
var T1, T2              : Temp;
    I                   : Income;
```

und später im Programm z.B.

```
T1.Classify;
```

oder

```
I.Classify;
```

Durch das Fehlen von Parametern werden (zumindest an dieser Stelle) Mißverständnisse vermieden. In `T1.Classify` wird die Prozedur `Temp.Classify` aufgerufen, die Variable `Value` ist dabei natürlich `Temp.Value`. Analoges gilt für `I.Classify`.

Die Implementierung dieses einfachen Beispiels mit Mitteln der objektorientierten Programmierung zeigt deutlich die stärkere Bindung von Daten und Algorithmen gegenüber der konventionellen Implementierung. Dies wird erkauft durch einen etwas längeren Quelltext, die Größe der ausführbaren Datei steigt jedoch nicht. Dieses auf den ersten Blick erstaunliche Ergebnis rührt daher, daß die objektorientierte Implementierung des Beispiels genau der konventionellen Implementierung entspricht. Es ist keine neue Funktionalität hinzugekommen: In beiden Fällen sind Datenelemente und Verarbeitung gleich - nur eben unterschiedlich formuliert.

3.3 Zur Sprache

Es gibt einige Bgriffe, die in der objektorientierten Programmierung immer wieder auftauchen. So werden z.B. die Prozeduren und Funktionen eines Objekts allgemein als *Methoden* bezeichnet. Man spricht auch nicht mehr von der *Deklaration eines Objekttyps*, sondern vielmehr einfach von der *Deklaration eines Objekts*. Daß es sich hierbei um eine Typvereinbarung handelt, ist klar, denn Objekte können nicht direkt als Variable deklariert werden. Deklariert man dagegen Variablen eines Objekts, nennt man dies eine *Instanz dieses Objekts erzeugen*. Dieser Ausdruck stammt aus der dynamischen Speicherverwaltung; auch im klassischen Pascal kann man ja mit `New` eine Instanz einer Variablen erzeugen. Wie wir sehen werden, kann man Instanzen ebenso dynamisch erzeugen und verwalten wie gewöhnliche Variablen. Die Ausdrücke *Instanz* und *Instanzieren* haben sich für Objekte generell eingebürgert und werden auch für Deklarationen mit `var` verwendet.

Diese Begriffsdefinitionen für Objekt, Instanz etc. sind eigentlich nicht ganz korrekt. In der Sprache der objektorientierten Programmierung bezeichnen Objekte und Instanzen das gleiche, nämlich Variablen. Der Objekttyp heißt dort Klasse (engl. *class*). Diese Definition der Begriffe wird in allen anderen objektorientierten Sprachen verwendet, leider aber nicht in Pascal. Selbst die offiziellen Handbücher von Borland verwenden sowohl im Original als auch in der deutschen Übersetzung den Begriff *Objekt* sowohl für die Variable als auch für den Typ.

Wir werden uns in diesem Buch aus Konsistenzgründen an die in den Handbüchern verwendete Notation halten. An Stellen, an denen der Unterschied zwischen einem Typ und einer Variable eines Typs zum Verständniss wichtig ist, verwenden wir explizit die Begriffe *Objekttyp* und *Instanz*.

4 Ein kleines Fenstersystem

4.1 Aufgabenstellung

Wir wollen im folgenden ein etwas größeres Problem mit Techniken der objektorientierten Programmierung implementieren. Am Beispiel eines einfachen Fenstersystems sollen objektorientierte Techniken aufgezeigt werden. Laufzeit- und Speicherplatzfragen stehen dabei zunächst im Hintergrund; ebenso ist z.B. die Funktionalität wohl kaum ausreichend, um das Programm z.B. als Tool verkaufen zu können. Die Implementierung des Fenstersystems gibt bereits einen guten Einblick in die Probleme, die bei der Entwicklung eines so komplexen Systems wie z.B. Turbo-Vision gelöst werden müssen. Die Programmierung mit Turbo-Vision ist das Hauptthema in Kapitel 9.

Das Fenstersystem wird in diesem Kapitel zunächst in einer sehr einfachen Version entwickelt. Diese wird in den nächsten Kapiteln ausgebaut und erweitert. Dabei kommen immer mehr objektorientierte Techniken zum Einsatz, bis schließlich am Schluß ein System steht, das als Ausgangsbasis für eine wirklich professionelle Programmierung dienen kann. Die unterschiedlichen Ausbaustufen des Systems sind im vollständigen Sourcecode auf der Begleitdiskette verfügbar.

In diesem Kapitel befassen wir uns mit der Aufgabe, einen rechteckigen Bereich zur Ausgabe von Texten zu definieren. Der vor dem Öffnen eines solchen Fensters vorhandene Bildschirminhalt an der Position des Rechtecks soll wiederhergestellt werden können. Die Fenster sollen in ihrer Größe verändert und auf dem Bildschirm verschoben werden können. Mehrere, sich teilweise verdeckende Fenster sollen möglich sein.

4.2 Implementierung

Wir werden einen Objekttyp deklarieren, der neben den erforderlichen Daten auch Prozeduren zum Einrichten, Manipulieren und Löschen eines Fensters beinhaltet. Für jedes Fenster auf dem Bildschirm ist dann eine Instanz dieses Typs erforderlich.

Bei der Definition eines Fensters greifen wir auf die Turbo-Pascal Prozedur `Window` zurück, die es erlaubt, alle Bildschirmoperationen auf einen rechteckigen Bereich auf dem Bildschirm zu begrenzen. Ergänzt man diesen Bereich um einen Rahmen, erhält man schon ein brauchbares Fenster.

Es gibt jedoch keine Prozedur, um ein solches Fenster wieder zu schließen. Dazu muß der ursprüngliche Bildschirminhalt an der Stelle des Fensters wiederhergestellt werden. Dies geht natürlich nur, wenn er vor dem Öffnen gesichert wurde. Da diese Sicherung für jedes Fenster erneut erforderlich ist, verwenden wir hierfür eine Variable im Objekt.

Die Bildschirmausgabe stellt wohl in keiner Sprache ein Problem dar. Zum Einlesen von Bildschirminhalten in Variable ist jedoch keine Möglichkeit vorhanden. Dazu ist der direkte Zugriff auf den Bildschirmspeicher des Rechners erforderlich.

4.3 Die Bildschirmhardware

In IBM-kompatiblen PCs können eine Reihe von verschiedenen Bildschirmadaptern eingesetzt werden. Die gebräuchlichsten sind Hercules, CGA und mehr und mehr auch VGA Adapter. Sie sind alle "memory mapped", d.h. der Bildspeicher ist irgendwo im Hauptspeicher des Rechners angeordnet. Für jedes Zeichen auf dem Bildschirm werden dabei zwei Byte verwendet: eines für das Zeichen selber und eins für das Attribut des Zeichens. Das Attributbyte enthält die Farbe des Zeichens sowie andere Informationen. Die Kenntnis dieser Codierung ist für die gestellte Aufgabe nicht erforderlich, da wir die Zeichen ja nur speichern und später ohne Änderung wieder zurückkopieren wollen.

Unglücklicherweise ist die Startadresse des Bildschirmspeicherbereiches nicht für alle Bildschirmadapter gleich. Beschränkt man sich auf den normalen 25x80 Zeichen-modus, kommen noch die beiden Adressen `$B800:0` und `$B000:0` in Frage. Die Funktion `GetScreenBase` stellt fest, welche Adresse in Frage kommt und liefert den Segmentteil zurück.

Zur vollständigen Adresse fehlt dann noch der Offset-Teil, der hier immer 0 ist, da der Bildschirmspeicher grundsätzlich an einer Segmentgrenze beginnt. Das Konstrukt `ptr( ScreenBase, 0 )` ist also ein Zeiger auf die Anfangsadresse des Bildschirmspeichers des jeweiligen Bildschirmadapters.

```
function GetScreenBase : word;
{
   liefert die Segmentadresse des Bildschirmspeichers
}

var R                          : Registers;

begin
Intr( $11, R ); {-- BIOS EquipmentList }
if R.AX and $30 = $30 then {-- Monochromadapter }
   GetScreenBase:= $B000
else
   GetScreenBase:= $B800;
end; {-- GetScreenBase }
```

Die Anordnung der Prozedur im Programmtext ist unkritisch, wir haben sie auf der Begleitdiskette an den Anfang der Datei gelegt. Wegen ihrer allgemeinen Verwendbarkeit werden wir sie später in eine Unit mit allgemeinen Hilfsprozeduren verlegen.

4.4 Die Objektdeklaration

Wir benötigen also eine Variable zur Aufnahme des zwischenzuspeichernden Bildschirminhaltes sowie eigene Prozeduren zum Öffnen und Schließen des Fensters. Variable und Prozeduren werden zum Objekttyp `WndT` zusammengefaßt:

```
type WndT                      = object

        Buffer                 : array[ 1..25*80*2 ] of char;

        procedure Open( XMin, YMin, XMax, YMax : integer );
        procedure Close;

        end; {-- WndT }
```

Die beiden Prozeduren `Open` und `Close` in der Objektdeklaration definieren die Methoden des Objekts. Obwohl in der objektorientierten Programmierung von Methoden gesprochen wird, schreibt man in Turbo-Pascal traditionell `procedure` und `function`.

4.5 Die Objektimplementierung

Die Methoden in der Objektdeklaration haben die Wirkung einer Forward-Deklaration, d.h. sie müssen weiter unten im Programmtext implementiert werden. Der Implementierungsteil muß nicht sofort auf den Deklarationsteil folgen, sondern zwischen beiden Teilen können weitere Deklarationen oder Prozedurimplementierungen stehen.

Die Implementierung der beiden Methoden könnte etwa folgendermaßen aussehen:

```
procedure WndT.Open( XMin, YMin, XMax, YMax : integer )

var ScreenBase                : word; {-- Segmentaddr. Bildschirmspeicher }

begin

ScreenBase:= GetScreenBase;
Move( ptr( ScreenBase, 0 )^, Buffer, 25*80*2 );
Window( XMin, YMin, XMax, YMax );

end; {-- Open }

procedure WndT.Close;

var ScreenBase                : word; {-- Segmentaddr. Bildschirmspeicher }

begin

ScreenBase:= GetScreenBase;
Window( 1, 1, 80, 25 );
Move( Buffer, ptr( ScreenBase, 0 )^, 25*80*2 );

end; {-- Close }
```

Im Implementierungsteil müssen die Methoden mit vollem Namen, also mit vorangestelltem Objektbezeichner, angegeben werden. Dies ist erforderlich, da mehrere Objekte z.B. eine Prozedur Close definieren können. Außerdem wäre es sonst nicht möglich, eine "normale" Prozedur mit dem Namen Close zu definieren.

Analog zur konventionellen Forward-Definition kann bei der Implementierung der Prozedur die Parameterliste auch weggelassen werden. Man könnte also statt

```
procedure WndT.Open( XMin, YMin, XMax, YMax : integer );
```

auch einfach

```
procedure WndT.Open;
```

schreiben. Wenn die Objekte größer werden, ist diese Form nicht mehr zu empfehlen, denn die Formalparameter der Parameterliste können ja gleichzeitig auch Deklarationen lokaler Variablen sein. Die Vereinbarung lokaler Variablen gehört aber sicherlich zum Implementierungsteil einer Prozedur. Deshalb ist es mehr als nur guter Stil, die Parameterliste im Implementierungsteil zu wiederholen.

Um den ersten Entwurf des Fenstersystems zu testen, verwenden wir folgendes Hauptprogramm, das ein Fenster der Größe 15x10 erzeugt und dieses mit zufälligen Buchstaben füllt:

```
var W : WndT;

begin
ClrScr;

W.Open( 10, 10, 25, 20 );
while not Keypressed do
   begin
   Delay( 50 );
   Write( char( Random( 26 ) + 65 ) );
   end;

W.Close;

end.
```

Das Programm produziert etwa folgende Ausgabe:

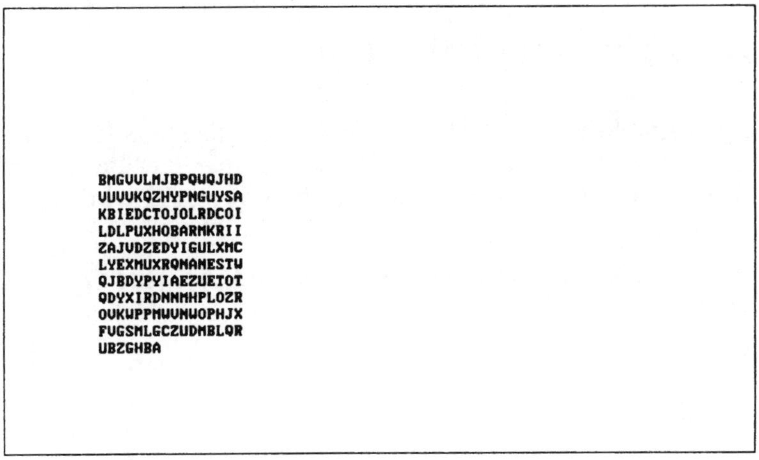

```
BMGVVLMJBPQWQJHD
VVVVKQZHYPNGUYSA
KBIEDCTOJOLRDCOI
LDLPUXHOBARMKRII
ZAJVDZEDYIGULXMC
LYEXMUXRQMANESTW
QJBDYPYIAEZUETOT
QDYXIRDNNMHPLOZR
OVKWPPMWVNWOPHJX
FVGSMLGCZUDMBLQR
UBZGHBA
```

Bild 4-1 : Ausgabe des Programms Window1

Der Sourcecode des lauffähigen Programms befindet sich auf der Begleitdiskette in der Datei WINDOW1 im Verzeichnis KAP4.

4.6 Die with-Anweisung

Ähnlich wie bei Records ist auch für Objekte die Verwendung der `with`-Anweisung möglich. Die Anwendung ist in diesem Beispiel nicht besonders sinnvoll, da die beiden einzelnen Anweisungen `W.Open` und `W.Close` relativ weit auseinanderstehen. Es wird hier nichts an Klarheit gewonnen, das folgende Programm dient lediglich zur Demonstration:

```
var W : WndT;

begin
ClrScr;

with W do
   begin
   Open( 10, 10, 25, 20 );
   while not Keypressed do
      begin
      Delay( 50 );
      Write( char( Random( 26 ) + 65 ) );
      end;

   Close;
   end;

end.
```

4.7 Zuweisung von Objekten

Hat man mehrere Variable eines Objekttyps deklariert, sind damit bereits mehrere Instanzen eines Objekts erzeugt. Bei der Zuweisung einer Instanz an eine Variable wird daher lediglich der Datenbereich kopiert. Es wird keine neue Instanz erzeugt!

Die obige Definition von `WndT` vorausgesetzt, kann man z.B. folgende Zuweisung vornehmen:

```
var W1, W2 : WndT;

begin
Clrscr;

W1.Open( 10, 10, 25, 20 );
W2:= W1;
```

Durch die Zuweisung wurde die Variable `W1.Buffer` auf `W2.Buffer` kopiert. Nun kann man zum Schließen des Fensters sowohl `W1.Close` als auch `W2.Close` aufrufen. In diesem Beispiel ist es nicht tragisch, wenn versehentlich beide Instanzen geschlossen werden. Wenn aber in einem Objekt dynamischer Speicher verwaltet wird, würde das doppelte Schließen eine doppelte Freigabe des Speicherbereiches und damit einen undefinierten Zustand des Heap bewirken. Nicht immer wird in solchen Situationen eine Fehlermeldung des Laufzeitsystems erzeugt!

4.8 Objekte als Parameter für Prozeduren und Funktionen

Instanzen können wie normale Variable als `var`- oder `value`-Parameter an Prozeduren und Funktionen übergeben werden. Bei der Übergabe als `var`-Parameter wird ein Zeiger auf die Instanz übergeben, so daß diese Instanz innerhalb der Prozedur bearbeitet werden kann.

Bei der Übergabe als `value`-Parameter wird eine Kopie der Instanz übergeben. Diese lokale Kopie existiert nur innerhalb der Prozedur, Änderungen wirken sich auf die Originalinstanz nicht aus. Dieser Mechanismus ist analog zur bekannten Variablenübergabe im klassischen Pascal.

Im folgenden Beispiel wird eine Instanz als `value`-Parameter übergeben. Nur der Buffer dieser lokalen Kopie wird gelöscht, das Original bleibt erhalten.

```
procedure Delete( LocalW : WndT );
begin
with LocalW do
   FillChar( Buffer, SizeOf( Buffer ), #0 );
end; {-- Delete }
```

Am einfachsten stellt man sich ein Objekt zum Zweck der Parameterübergabe als `record` vor. Im obigen Beispiel wäre das also

```
type WndT                    = record
        Buffer               : array[ 1..25*80*2 ] of char;
        end; {-- WndT }
```

4.9 Datenschutz: Das Schlüsselwort private

In der Objektdeklaration in Abschnitt 4.4 ist die Variable `Buffer` vom Hauptprogramm aus sichtbar, so, als wenn `WndT` eine gewöhnlicher `record` wäre. Im Hauptprogramm könnte man deshalb den Inhalt von `Buffer` verändern. In unserem Fenstersystem ist das jedoch nicht erforderlich: Nur die Methoden `Open` und `Close` sind für die Verwaltung von `Buffer` zuständig. Es wäre aus Sicherheitsgründen wünschenswert, wenn man den Zugriff auf `Buffer` nur `Open` und `Close` gestatten, dem Rest des Programms aber verbieten könnte. In Turbo-

Pascal besteht diese Möglichkeit durch das Schlüsselwort `private`:

```
type WndT                    = object

        procedure Open( XMin, YMin, XMax, YMax : integer );
        procedure Close;

   private

        Buffer               : array[ 1..25*80*2 ] of char;

        end; {-- WndT }
```

In dieser etwas geänderten Deklaration des Objekttyps `WndT` ist Buffer nun als privates Mitglied deklariert. Auf private Mitglieder können nur Daten und Methoden des Objekts zugreifen, nicht aber das restliche Programm.

Nicht nur Daten, sondern auch Methoden können als `private` deklariert werden. Diese Methoden können dann nur von anderen Methoden des Objekts aufgerufen werden. Das Schlüsselwort `private` ist mit der Version 6.0 neu eingeführt worden. Es darf in einem Typ nur ein Mal vorkommen. Im `public`-Teil (also vor dem Schlüsselwort `private`) und im `private`-Teil müssen immer zuerst die Datenelemente und dann die Methoden definiert werden, so daß sich der folgende, grundsätzliche Aufbau einer Objektdeklaration ergibt:

```
type <Name> = object

   <public-Daten>
   <public-Methoden>

private

   <private-Daten>
   <private-Methoden>

end;
```

In der objektorientierten Programmierung strebt man grundsätzlich an, Daten eines Objekts nicht von außen, sondern nur über Methoden des Objekts selber zu ändern. Der Programmierer des Objekts hat so die Möglichkeit, genau zu kontrollieren, welche Daten in sein Objekt gelangen - so kann er z.B. Wertebereichsüberprüfungen einbauen, die von vornherein sicherstellen, daß das Objekt immer gültige Daten hat.

4.10 Objektkonstanten

Genauso wie typisierte Konstanten (die ja eigentlich initialisierte Variablen sind) können Objektkonstanten definiert werden. Die Objektdeklaration kann man sich hier wiederum als record-Vereinbarung vorstellen.

Im Zusammenhang mit dem Fenstersystem sind konstante Objekte nicht sinnvoll. Wir führen deshalb an dieser Stelle den neuen Objekttyp ComplexT zur Darstellung komplexer Zahlen ein. Das Listing zeigt die Implementierung der Methode Mul und die Definition der Konstanten i, die wohl in jedem Programm mit komplexen Zahlen oft benötigt wird. Das Programm berechnet das Quadrat von i, das ja bekanntlich -1 ist.

```
type ComplexT                = object

        XReal, XImg          : real;

        procedure Mul(  var z : ComplexT );
        procedure Print;

        end; {-- ComplexT }

procedure ComplexT.Mul( var z : ComplexT );

var r                        : ComplexT; {-- Zwisschenergebnis }

begin

r.XReal:= XReal * z.XReal - XImg * z.XImg;
r.XImg := XReal * z.XImg  + XImg * z.XReal;

XReal  := r.XReal;
XImg   := r.XImg;

end; {-- Mul }

procedure ComplexT.Print;

begin
writeln( '(', XReal, '/', XImg, ')' );
end; {-- Print }


var z : ComplexT;

const i : ComplexT = ( XReal : 0; XImg : 1 );

begin

writeln( '--- Beispiel Multiplikation Komplexe Zahlen --' );
writeln;

write( 'i        : ' ); i.Print;

{-- Ist i*i wirklich -1? --}

z := i;
z.Mul( i );

write( 'i*i      : ' ); z.Print;
```

```
writeln;

end.
```

Auf der Begleitdiskette ist in der Datei COMPLEX im Pfad KAP4 eine vollständige Implementierung der vier Grundrechenarten für komplexe Zahlen verfügbar.

4.11 Erweiterung auf mehrere Fenster

Die Erweiterung des kleinen Fensterprogramms auf mehrere Fenster bereitet keine Schwierigkeiten. Es werden einfach mehrere Instanzen von `WndT` erzeugt, deren `Open`-Methoden nacheinander aufgerufen werden, etwa wie im folgenden Hauptptrogramm:

```
var W1, W2, W3 : WndT;

begin
ClrScr;

W1.Open( 10, 10, 25, 20 );
while not Keypressed2 do
   Write( char( Random( 26 ) + 65 ) ); {-- Buchstaben }

W2.Open( 13, 13, 28, 23 );
while not Keypressed2 do
   Write( char( Random( 10 ) + 48 ) ); {--- Zahlen }

W3.Open( 5, 14, 16, 16 );
while not Keypressed2 do
   Write( char( Random( 14 ) + 33 ) ); {--- einige Sonderzeichen }

W3.Close;
W2.Close;
W1.Close;

end.
```

Da im Hauptprogramm drei Instanzen für `WndT` erzeugt werden, reserviert der Compiler Speicherplatz für drei `Buffer`-Variablen. Der Code für die beiden Methoden wird jedoch nur einmal aufgenommen.

Beachten Sie bitte, daß die Fenster in umgekehrter Reihenfolge wieder geschlossen werden. Eigentlich würde ja der Aufruf von `W1.Close` ausreichen, da dadurch der gesamte Bildschirminhalt wiederhergestellt würde. Das wäre schlechter Programmierstil, denn wir gehen dabei von Wissen über die interne Implementierung von `WndT` aus, die uns als Nutzer des Objekts nicht interessieren sollte. Was wäre, wenn die nächste Version des Fenstersystems aus Speicherplatzgründen nur den tatsächlich verwendeten Bildschirmspeicherbereich sichert?

Nicht immer sind die Folgen so klar und ungefährlich wie hier. Als Programmierer eines größeren Systems kann man sich sicherlich schnell genügend abschreckende Beispiele für solche Nebeneffekte ausdenken.

Erreicht das Programm die Anweisung `W2.Open`, muß zur Prozedur `WndT.Open` verzweigt werden. Dies stellt für den Compiler kein Problem dar, da `W2` eine Instanz von `WndT` ist und daher nur `WndT.Open` in Frage kommt.

`WndT.Open` hat jedoch keine Parameter. Im Quelltext der Prozedur steht aber eine Referenz auf `Buffer`, und zur Übersetzungszeit der Methode ist noch nicht bekannt, ob es sich dabei um `W1.Buffer` oder eine beliebige andere Instanz von `WndT` handelt. Dieses Problem lösen objektorientierte Programmiersprachen durch einen implizit übergebenen, versteckten Parameter.

4.12 Der Self-Parameter

Bei der Übersetzung von `WndT.Open` trifft der Compiler auf eine Referenz auf `Buffer`. Welche Adresse soll für `Buffer` verwendet werden? Bei der Objektdeklaration ist noch kein Speicher zugewiesen worden, da dies erst bei der Erzeugung einer aktuellen Instanz geschieht .

Das Problem wird mit Hilfe eine versteckten Parameters gelöst. Die Parameterliste von `WndT.Open` wird dabei vom Compiler automatisch um einen zusätzlichen Parameter ergänzt, der beim Aufruf mit der Startadresse der Objektinstanz besetzt wird. Technisch wird dazu ein gewöhnlicher Zeiger verwendet, von der Syntax her wird er als `var`-Parameter vom entsprechenden Objekttyp notiert.

Der Parameter hat den festen Namen `Self` und wird als letzter Wert in die Parameterliste eingefügt. Der Compiler codiert für `WndT.Open` also

```
procedure WndT.Open( XMin, YMin, XMax, YMax : integer; var Self : WndT );
```

und entsprechend im Prozedurtext

```
with Self do
   begin

   < Eigentlicher Prozedurtext>

   end;
```

Beim Aufruf der Methode wird dann im Hauptprogramm die aktuelle Instanz hinzugefügt:

```
W1.Open( 10, 10, 25, 20, W1 );
W2.Open( 13, 13, 28, 23, W2 );
W3.Open( 5, 14, 16, 16, W3 );
```

Beachten Sie bitte, daß diese Beispiele nur zur Demonstration der impliziten Parameterübergabe dienen. Obwohl es natürlich möglich ist, Objekte als Parameter zu übergeben, würde der Compiler in diesen Fällen die Fehlermeldung `Duplicate Identifier` ausgeben, da `Self` ein vordefinierter Bezeichner ist.

`Self` kann andererseits vom Programmierer explizit verwendet werden, z.B. um Mehrdeutigkeiten aufzulösen. Im folgenden Beispiel wird ein Objekt vom eigenen Objekttyp als Parameter übergeben:

```
type ComplexT                  = object

        XReal, XImg            : real;

        function IsEqual( var CompareNumber : ComplexT ) : boolean;

        end; {-- ComplexT }

function ComplexT.IsEqual( var CompareNumber : ComplexT ) : boolean;

begin
with CompareNumber do
   IsEqual:= ( Self.XReal = XReal ) and ( Self.XImg = XImg );
end; {-- IsEqual }
```

Die ohne Verwendung von `Self` entstehende Mehrdeutigkeit könnte man nur durch Verzicht auf die (bequeme) `with`-Anweisung auflösen:

```
function ComplexT.IsEqual( var CompareNumber : ComplexT ) : boolean;

begin
IsEqual:= ( CompareNumber.XReal = XReal ) and ( CompareNumber.XImg = XImg );
end; {-- IsEqual }
```

Die Objektvariablen sind mit Hilfe dieses Mechanismus automatisch in allen Methoden des Objekts sichtbar. Sie können aber nicht (wie globale Variablen etwa) in einer Methode redefiniert werden. Daraus folgt, daß die Formalparameter sowie die lokalen Variablen einer Methode nicht den gleichen Namen wie ein Datenelement des Objekts haben können.

Die folgenden beiden Konstruktionen sind aus diesem Grunde unzulässig:

```
type ComplexT                  = object

        XReal, XImg            : real;

        procedure SetValue( XReal, XImg : real );

        end; {-- ComplexTT }

procedure ComplexT.SetValue( XReal, XImg : real );
begin
Self.XReal:= XReal;
Self.XImg := XImg;
end; {-- SetValue }

type ComplexT                  = object

        XReal, XImg            : real;

        procedure SetValue( NewXReal, NewXImg : real );

        end; {-- ComplexTT }


procedure ComplexT.SetValue( NewXReal, NewXImg : real );

var Xreal, XImg                : real;

begin
end; {-- SetValue }
```

In beiden Fällen erhält man die Fehlermeldung `Duplicate Identifier`, wenn der Compiler die Implementierung der Methode erreicht.

4.13 Dynamische Objekte

Bis jetzt haben wir Instanzen von `WndT` mit der `var`-Anweisung im Datensegment erzeugt. Mit den bekannten Anweisungen `New` bzw. `Getmem` können Objekte auch auf dem Heap angelegt werden. Dies bezieht sich natürlich nur auf die Daten des Objektes; der Code für die Methoden landet weiterhin im Codesegment. Die Vorgehensweise bei der dynamischen Verwaltung von Objekten ist dabei analog zur konventionellen dynamischen Speicherverwaltung.

Das folgende Hauptprogramm erzeugt nacheinander drei unterschiedliche Fenster auf dem Bildschirm. Die drei zugehörigen Instanzen von `WndT` werden dynamisch auf dem Heap erzeugt und in umgekehrter Reihenfolge wieder gelöscht.

```
var W1, W2, W3 : ^WndT;

begin

New( W1 );
W1^.Open( 10, 10, 25, 20 );
while not Keypressed2 do
   Write( char( Random( 26 ) + 65 ) ); {-- Buchstaben }

New( W2 );
W2^.Open( 13, 13, 28, 23 );
while not Keypressed2 do
   Write( char( Random( 10 ) + 48 ) ); {--- Zahlen }

New( W3 );
W3^.Open( 5, 14, 16, 16 );
while not Keypressed2 do
   Write( char( Random( 14 ) + 33 ) ); {--- einige Sonderzeichen }

W3^.Close; Dispose( W3 );
W2^.Close; Dispose( W2 );
W1^.Close; Dispose( W1 );

end.
```

Etwas gewöhnungsbedürftig ist nur die Notation der Methodenaufrufe, für die jetzt natürlich auch Zeiger verwendet werden müssen. Dies hat aber nichts mit Prozedurvariablen zu tun!

Die Prozedur `Keypressed2` ist eine weitere Hilfsprozedur, die genau wie `Keypressed` `true` zurückliefert, wenn eine Taste gedrückt wurde. Im Gegensatz zu Turbo-Pascals `Keypressed` wird dieses Zeichen jedoch aus dem Tastaturpuffer entfernt, da nachfolgende Aufrufe von `Keypressed` sonst immer `true` liefern würden.

Eine Implementierungsmöglichkeit zeigt das folgende Listing:

```
function Keypressed2 : boolean;

var C                        : char;

begin
if Keypressed then
   begin
   KeyPressed2:= true;
   C:= ReadKey;
   end
else
   KeyPressed2:= false;
end; {-- KeyPressed2 }
```

Die Zuweisung von Zeigern auf Objekte ist problemlos möglich. Man kann z.B. folgendes codieren:

```
var W1, W2    : ^WndT;

begin

New( W1 );
W1^.Open( 10, 10, 25, 20 );
while not Keypressed2 do
   Write( char( Random( 26 ) + 65 ) ); {-- Buchstaben }

W2:= W1;
W2^.Close; Dispose( W2 );
end.
```

Hier wird keine Kopie des Objekts erzeugt, sondern `W1` und `W2` zeigen in der aus der konventionellen Programmierung bekannten Weise auf das gleiche Objekt.

Sollte hier irrtümlich später zusätzlich `W1^.Close` aufgerufen werden, hat dies nicht notwendigerweise so fatale Folgen wie im weiter oben dargestellten Falle der Duplizierung von Objekten bei der direkten Zuweisung. `Close` kann nämlich so erweitert werden, daß beim Schließen z.B. eine Statusvariable entsprechend gesetzt wird. Ein doppeltes Schließen der gleichen Instanz kann so erkannt werden.

4.14 Der Übersetzungsvorgang

Um ein besseres Verständnis der Unterschiede zwischen objektorientiertem und konventionellem Ansatz zu gewinnen, kann man sich überlegen, was bei der Übersetzung von Objektdefinition, Implementierung und Hauptprogramm passiert.

Wir verwenden als Demonstrationsobjekt die Objektdeklaration aus

Abschnitt 4.4 zusammen mit der zugehörigen Implementierung aus Abschnitt 4.5. Wird die Übersetzung dieses Programms gestartet, sieht der Compiler zuerst die Objektdeklarationb. Die Datenelemente werden wie ein gewöhnlicher record behandelt, in unserem Falle also

```
type WndT                    = record

        Buffer               : array[ 1..25*80*2 ] of char;

        end; {-- WndT }
```

Die folgenden Methodendeklarationen werden als Forward-Deklarationen interpretiert, allerdings wird der Objektname vorangestellt. Abgesehen von der für Prozeduren im klassischen Pascal nicht möglichen Punktnotation wäre dies in unserem Fall analog zu

```
procedure WndT.Open( XMin, YMin, XMax, YMax : integer ); forward;
procedure WndT.Close; forward;
```

Als nächstes folgt die Implementierung der Methoden. Die Prozeduren müssen dort mit vollständigem Namen (also incl. Objektnamen) angegeben werden. Sie entsprechen daher genau den im Definitionsteil spezifizierten zugehörigen Forward-Deklarationen.

Genaugenommen wird in der Forward-Deklaration und in der Implementierung noch der Self-Parameter eingefügt. Wichtig ist, daß der Self-Parameter zwar in der Parameterliste nicht in Erscheinung tritt, vom Compiler aber wie eine normale Variable verwaltet wird. Self wird automatisch deklariert, und zwar mit dem Typ des jeweiligen Objekts.

In unserem Fall wurde Self also analog zur Anweisung

```
var Self : WndT;
```

deklariert. Beachten Sie, daß WndT früher in der Übersetzung als record interpretiert wurde. Bevor mit der Übersetzung der eigentlichen Methode begonnen wird, fügt der Compiler noch die Anweisung

```
with Self do
```

ein. Trifft der Compiler nun auf eine Referenz eines Datenelements des Objekts, kann diese Referenz dank der intern generierten with-Anweisung problemlos aufgelöst werden.

Da für die interne Definition von Self WndT als gewöhnlicher record interpretiert wurde, können Methoden nicht so einfach referenziert werden. Sie müssen grundsätzlich mit vollständigem Namen (also mit vorangestelltem Objektnamen) referenziert werden.

Während der Übersetzung der Objektdefinition wurden die Datenelemente zu einem `record` zusammengefaßt. Die Instanzierung eines Objekts kann deshalb vollständig auf die Deklaration eben diesen Typs zurückgeführt werden. Schreibt man also

```
var W : WndT;
```

interpretiert der Compiler `WndT` in dieser Zeile als

```
type WndT                 = record

        Buffer            : array[ 1..25*80*2 ] of char;

        end; {-- WndT }
```

Analog wird die Instanzierung mit `New` oder `GetMem` auf dem Heap bzw. einer lokalen Instanz auf dem Stack durchgeführt.

Durch die interne Definition als `record` kann man überall im Programm auf die Datenelemente des Objekts mit der gewohnten Punktnotation zugreifen. Ebenso kann die Definition von Objektkonstanten einfach auf die Definition typisierter Konstanten zurückgeführt werden.

Eine Referenz einer Methode (entweder im Hauptprogramm oder im Implementierungsteil einer (anderen) Methode) enthält immer zwei Teile: eine Objektreferenz vor dem Punkt und eine Methodenreferenz. Die Anweisung `W1.Open(...)` wird folgendermaßen aufgelöst: Zuerst wird die Objektreferenz extrahiert. In diesem Beispiel ist `W1` eine Instanz, die auf das zugehörige Objekt `WndT` zurückgeführt wird. Das Ergebnis, `WndT.Open(...)` kann sofort zugeordnet werden, da eine Prozedur genau diesen Namens schon übersetzt wurde.

Dieser Abschnitt zeigt, daß die bis jetzt eingeführten objektorientierten Sprachmittel sich recht einfach auf bestehende Sprachmittel zurückführen lassen. Technisch gesehen handelt es sich im wesentlichen um die Einführung des `Self` Parameters und der impliziten `with`-Anweisung sowie - was die Daten betrifft - die Interpretation als gewöhnlicher `record`.

4.15 Vergleich mit konventioneller Implementierung

Das Fenstersystem in seiner jetzigen Form kann problemlos mit konventionellen Sprachmitteln realisiert werden. Folgende Implementierung liegt nahe:

```
type BufferT                = array[ 1..25*80*2 ] of char;

procedure Open( XMin, YMin, XMax, YMax : integer; var Buffer : BufferT );

var ScreenBase              : word; {-- Segmentaddr. Bildschirmspeicher }

begin

ScreenBase:= GetScreenBase;
Move( ptr( ScreenBase, 0 )^, Buffer, 25*80*2 );
Window( XMin, YMin, XMax, YMax );

end; {-- Open }

procedure Close( Var Buffer : BufferT );

var ScreenBase              : word; {-- Segmentaddr. Bildschirmspeicher }

begin

ScreenBase:= GetScreenBase;
Window( 1, 1, 80, 25 );
Move( Buffer, ptr( ScreenBase, 0 )^, 25*80*2 );

end; {-- Close }

{----------------- Hauptprogramm ----------------}

var B1, B2, B3 : BufferT;

begin
ClrScr;

Open( 10, 10, 25, 20, B1 );
while not Keypressed2 do
   Write( char( Random( 26 ) + 65 ) ); {-- Buchstaben }

Open( 13, 13, 28, 23, B2 );
while not Keypressed2 do
   Write( char( Random( 10 ) + 48 ) ); {--- Zahlen }

Open( 5, 14, 16, 16, B3 );
while not Keypressed2 do
   Write( char( Random( 14 ) + 33 ) ); {--- einige Sonderzeichen }

Close( B1 );
Close( B2 );
Close( B3 );

end.
```

Zweifelsohne sehen konventionelle und objektorientierte Implementierung sehr ähnlich aus. Vergegenwärtigt man sich zusätzlich noch das über die implizite Parameterübergabe Gesagte, sind eigentlich keine Unterschiede mehr zu sehen. Die Übergabe von `Buffer` muß eben in konventionellem Pascal manuell codiert werden, aber das ist dann schon alles.

Ist es wirklich schon alles? In diesem Beispiel ja, und vor allem, wenn man die beiden Implementierungen unter technischen Gesichtspunkten sieht, wie wir das bis jetzt getan haben. Aus Anwendersicht (und das ist hier der Programmierer) sieht die Sache anders aus.

Beim Entwurf des Fenstersystems haben wir festgestellt, daß wir eine Variable zur Zwischenspeicherung des Bildschirminhalts sowie eine Prozedur zur Durchführung der Speicherung benötigen. Es ist klar, daß die Prozedur auf diese Variable zugreifen muß. Warum also die Variable als Parameter übergeben, wenn schon beim Programmdesign klar ist, daß die Prozedur die Variable immer braucht?

Mit objektorientierter Programmierung drücken wir genau diesen Zusammenhang durch die Klammerung von Datenelementen und Verarbeitungsschritten zwischen den Schlüsselworten `object` und `end` aus. Über den `Self`-Parameter stehen die Daten nun den Prozeduren (und nur diesen) ohne explizite Übergabe zur Verfügung.

Weiterhin sollten Variablen vom Typ `Buffer` dem Anwender nicht zugänglich sein, da sich die mit diesen Daten erlaubten Operationen auf den Aufruf von `Open` und `Close` beschränken. In der konventionellen Implementierung müssen die Puffer global deklariert werden, da die Arbeitsprozeduren sonst nicht darauf zugreifen können. Sie stehen damit prinzipiell aber auch anderen Prozeduren zur Verfügung. Damit entsteht eine nicht zu unterschätzende Fehlerquelle bei der Programmentwicklung, wie das Beispiel mit `Temp` und `Income` aus Kapitel 3 zeigt.

Auf den ersten Blick scheint bereits das Unit-Konzept von Turbo-Pascal eine Möglichkeit bereitzustellen, Daten vor dem Zugriff von außen zu verstecken, indem diese Daten nämlich im Implementierungsteil der Unit deklariert werden. Wie sollen dann aber mehrere "Instanzen" erzeugt werden?

In der objektorientierten Programmierung wird `Buffer` innerhalb des Objekts versteckt und durch die Deklaration als `private` dem Zugriff von außen entzogen.

Diese Argumentation ist noch nicht vollständig. Wesentliche Ziele objektorientierter Programmierung sind *Erweiterbarkeit* und *Wiederverwendbarkeit* einmal entwickelter Programmteile. Man muß dazu verstehen, wie bereits vorhandene Objekttypen zur Definition weiterer Typen herangezogen werden können. Hierüber erfahren Sie alles im nächsten Kapitel.

5 Vererbung

5.1 Begriffsdefinitionen

Einmal vorhandene Objekte können zur Definition weiterer Objekte herangezogen werden. Das Objekt, das zur Definition verwendet wird, heißt *Vorgänger-* oder *Vaterobjekt*. Das neue Objekt wird *abgeleitetes Objekt* oder *Nachkomme* genannt. Bei dieser Art von Objektdefinition, auch *Ableitung* genannt, erhält das abgeleitete Objekt zunächst alle Eigenschaften seines Vorgängers. Eigenschaften sind hier natürlich Daten und Methoden des Objekts.

5.2 Ein Beispiel für Vererbung

Als Beispiel wollen wir eine Ableitung des `WndT`-Objekts aus dem letzten Kapitel bilden.

```
type Wnd2T                    = object( WndT )
     end; {-- Wnd2T }
```

Das neue Objekt referenziert sein Vaterobjekt durch den in Klammern gestellten Objektnamen nach dem Schlüsselwort `object`. In diesem Beispiel werden weder neue Datenelemente noch neue Methoden definiert. Da aber ein abgeleitetes Objekt alle Daten und Methoden seines Vorgängers erbt, besitzt `Wnd2T` bereits das Datenelement `Buffer` sowie die beiden Methoden `Open` und `Close`. Es ist also völlig korrekt zu schreiben

```
var W                         : Wnd2T;

begin

W.Open( 10, 10, 20, 15 );
{... Ausgabe in das Fenster }
W.Close;
end.
```

Wichtig ist hier, daß durch die Ableitung keine Kopie des Vaterobjekts erzeugt wird. Zu diesem Zeitpunkt kann noch nichts kopiert werden, da es noch keine Instanz gibt. Die Ableitung, aus technischer Sicht die Referenz auf das Vaterobjekt, ist nur eine Information für den Compiler, die Daten und Methoden des Vorgängers in den Sichtbarkeitsbereich mit aufzunehmen.

5.3 Neue Eigenschaften

Das neue Objekt kann weitere Daten und Methoden definieren, die dann zusätzlich zu den geerbten Eigenschaften vorhanden sind.

Wir wollen als Beispiel eine neue Methode definieren, die die Änderung der Fenstergröße erlaubt.

```
type Wnd2T                    = object( WndT )

     procedure ReSize( XMin, YMin, XMax, YMax : integer );

     end; {-- Wnd2T }


procedure Wnd2T.Resize( XMin, YMin, XMax, YMax : integer );

begin
Window( XMin, YMin, XMax, YMax);
end; {-- ReSize }
```

Im Hauptprogramm könnte man dann z.B. schreiben

```
var W                         : Wnd2T;

begin

W.Open( 10, 10, 20, 15 );
while not Keypressed2 do
   Write( char( Random( 26 ) + 65 ) );

W.ReSize( 10, 10, 25, 18 );

while not Keypressed2 do
   Write( char( Random( 26 ) + 65 ) );

W.Close;

end.
```

Es macht keinen Unterschied, ob eine Methode in einem Objekt definiert oder geerbt wurde. Geerbte Methoden werden genauso aufgerufen wie neu definierte.

5.4 Kurzer Ausflug in die Designphase: Rapid Prototyping

Warum codieren wir `Wnd2T.ReSize` als Methode? Mit dem gleichen Effekt könnte man doch gleich `Window` aufrufen. Das ist technisch möglich und wird auch von vielen Programmierern so codiert. Es ist im Sinne objektorientierter Programmierung aber falsch. Sicherlich ist im augenblicklichen Zustand des Fenstersystems eine spezielle `ReSize`-Methode überflüssig. Wir gehen aber davon aus, daß das Fenstersystem in der Zukunft noch erweitert wird - wie genau, wissen wir vielleicht selber noch nicht. Es ist nicht unwahrscheinlich, daß Methoden wie `ReSize` von solchen Änderungen betroffen sind. Hat man `ReSize` bereits in der Anfangsphase der Entwicklung als Methode implementiert, können Änderungen nun auf den Objekttyp beschränkt bleiben. Anwendungsprogramme, die das Fenstersystem verwenden, brauchen nicht geändert zu werden. Es ist offensichtlich, daß dadurch ein Softwareentwicklungsvorhaben wesentlich flexibler gehandhabt werden kann, vor allem dann, wenn mehrere Programmierer oder gar Teams daran arbeiten.

In Lehrbüchern über Softwareengineering liest man häufig, daß ein Kriterium zur Bildung von Prozeduren die Zusammenfassung von mehrfach benötigten Codestücken unter anderem zur Codeersparnis sei. In der objektorientierten Programmierung wird ein weiteres Kriterium hinzugefügt: Es kommt nun eher darauf an, daß logisch zusammengehörige Stücke einer Problemlösung in einem einzigen Objettyp konzentriert werden.

Der Entwickler sollte sich also bei der Entscheidung, ob eine Prozedur (Methode) zu bilden ist oder nicht, von der Überlegung leiten lassen, ob die Teilaufgabe zur Gesamtaufgabe eines Objekttyps gehört. In unserem Falle ist die Größenänderung eines Fensters eindeutig eine Aufgabe des Fenstersystems und muß damit im Objekttyp `WndT` abgehandelt werden - *auch wenn die Implementierung nur aus einer einzigen Anweisung besteht.*

Die Fortführung dieses Gedankens führt zum sog. *Rapid Prototyping:* Darunter versteht man, daß Teilsysteme in einem größeren Programm zunächst mit rudimentären Funktionen implementiert werden, mit denen man aber bereits bestimmte Abläufe zeigen kann. In unserem Beispiel könnte man `ReSize` z.B. mit einer einfachen `writeln`-Anweisung implementieren, die nur die übergebenen Daten ausdruckt. Ein anderer Programmierer, der sich mit der Größenänderung von Fenstern mit der Maus befaßt, kann so seine Programmteile bereits testen, ohne daß ein reales Fenster existieren muß.

Es ist natürlich klar, daß ein solches Vorgehen ein sehr sorgfältiges Vorgehen in der Planungsphase mit entsprechendem Aufwand voraussetzt.

5.5 Redefinieren von Eigenschaften

Wenn in einem Objekt eine Methode neu definiert wird, nimmt diese die Stelle der alten ein. Die alte Methode steht dann nicht mehr ohne weiteres zur Verfügung. Dieser Redefinitionsmechanismus funktioniert nur bei Methoden, nicht aber bei Daten. Wird versucht, ein Datenelement zu redefinieren, meldet der Compiler stattdessen `Duplicate Identifier`.

Die Redefinition von Methoden wird häufig verwendet, um abgeleiteten Objekten eine verbesserte Funktionalität zu verleihen. Im folgenden Beispiel gehen wir davon aus, daß das Objekt `WndT` wie im letzten Kapitel definiert und implementiert wurde.

Nun sollen die Methoden so erweitert werden, daß doppeltes Öffnen bzw. Schließen eines Fensters erkannt wird. Zusätzlich sollen die Fensterkoordinaten im Objekt gespeichert werden.

Ein erster Entwurf könnte etwa so aussehen:

```
type NewWndT                = object( WndT )

        WXMin, WYMin, WXMax, WYMax : integer;
        Status                     : ( Inactive, Active );

        procedure Open( XMin, YMin, XMax, YMax : integer );
        procedure Close;

        end; {-- NewWndT }


procedure NewWndT.Open( XMin, YMin, XMax, YMax : integer );

var ScreenBase              : word; {-- Segmentaddr. Bildschirmspeicher }

begin

if Status = Active then
   begin
   Writeln( 'Fenster schon offen' );
   Exit;
   end;

WXMin:= XMin; WYMin:= YMin;
WXMax:= XMax; WYMax:= YMax;
Status:= Active;

ScreenBase:= GetScreenBase;
Move( ptr( ScreenBase, 0 )^, Buffer, 25*80*2 );
Window( XMin, YMin, XMax, YMax );

end; {-- Open }
```

```
procedure NewWndT.Close;

var ScreenBase              : word; {-- Segmentaddr. Bildschirmspeicher }

begin

if Status = Inactive then
   begin
   Writeln( 'Fenster schon geschlossen' );
   Exit;
   end;

WXMin:= 1; WXMax:= 80;
WYMin:= 1; WYMax:= 25;
Status:= Inactive;

ScreenBase:= GetScreenBase;
Window( 1, 1, 80, 25 );
Move( Buffer, ptr( ScreenBase, 0 )^, 25*80*2 );

end; {-- Close }
```

Um mit den neuen Methoden arbeiten zu können, brauchen die Hauptprogramme nicht geändert werden. Allerdings müssen die Instanzen nun vom Objekt `NewWndT` gebildet werden.

```
var W : NewWndT;

begin
ClrScr;

W.Open( 10, 10, 25, 20 );
while not Keypressed do
   begin
   Delay( 50 );
   Write( char( Random( 26 ) + 65 ) );
   end;

W.Close;

end.
```

Durch die Namensgleichheit von geerbten und neudefinierten Methoden können im Hauptprogramm `WndT.Open` und `WndT.Close` nicht mehr ohne weiteres angesprochen werden. Sie sind durch die Methoden `NewWndT.Open` und `NewWndT.Close` redefiniert worden.

Beachten Sie in der Implementierung der neuen Methoden, daß das Datenelement `Buffer` weiterhin zur Verfügung steht. Es macht für die Verwendung keinen Unterschied, ob Daten geerbt oder neu definiert werden.

Obwohl die Implementierung der neuen Methoden ihren Zweck erfüllt, entspricht sie nicht objektorientiertem Denken. Betrachten wir noch einmal die Aufgabenstellung: Die Methoden sollen erweitert werden, um zusätzliche

Funktionalität zu erhalten. Objektorientiertes Denken verlangt, daß einmal entwickelte Strukturen weitestgehend weiterverwendet werden.

Beschränkt man sich bei der Redefinition von Open und Close auf das tatsächlich Neue und verwendet für die gleichbleibende Funktionalität die geerbten Methoden, erhält man folgende, aus Sicht der objektorientierten Programmierung bessere Implementierung von Open und Close:

```
procedure NewWndT.Open( XMin, YMin, XMax, YMax : integer );

var ScreenBase             : word; {-- Segmentaddr. Bildschirmspeicher }

begin

if Status = Active then
   begin
   Writeln( 'Fenster schon offen' );
   Exit;
   end;

WXMin:= XMin; WYMin:= YMin;
WXMax:= XMax; WYMax:= YMax;
Status:= Active;

WndT.Open( XMin, YMin, XMax, YMax );

end; {-- Open }

procedure NewWndT.Close;

var ScreenBase             : word; {-- Segmentaddr. Bildschirmspeicher }

begin

if Status = Inactive then
   begin
   Writeln( 'Fenster schon geschlossen' );
   Exit;
   end;

WXMin:= 1; WXMax:= 80;
WYMin:= 1; WYMax:= 25;
Status:= Inactive;

WndT.Close;

end; {-- Close }
```

In dieser Implementierung verwenden die neuen Methoden die geerbten Open und Close Routinen, anstatt deren Aufgabe nocheinmal zu implementieren. Als Nebeneffekt wird Buffer von den neuen Methoden nun nicht mehr benötigt. Der Code der Methoden von NewWndT beschränkt sich auf *genau* das, was NewWndT gegenüber WndT mehr leistet: nämlich das Führen der Statusvariablen und das Abspeichern der Fensterkoordinaten. Die Funktionalität des Sicherns und Wiederherstellens des Bildschirmspeichers dagegen bleibt lokal zum Objekt WndT.

Der wesentliche Vorteil liegt darin, daß eine evtl. später wünschenswerte Änderung in der Technik des Speichervorganges auf WndT beschränkt bleibt. Wenn der Entwickler von WndT weiß, daß die Nachfolgeobjekte die WndT-Methoden aufrufen und nicht deren Code duplizieren, kann er die Implementierung seines Objekts später problemlos abändern - so lange die Definition von WndT unverändert bleibt. Alle Nachfolgeobjekte partizipieren dann von dieser Änderung automatisch.

5.6 Das Initialisierungsproblem

Die Führung der Variable Status in diesem Beispiel bringt eine grundsätzliche Schwierigkeit mit sich, die allerdings nicht auf objektorientierte Programme beschränkt ist. Nach der Instanzierung des Objekts hat Status einen undefinierten Wert. Erst durch den Aufruf einer Methode wird ein Wert zugewiesen. Dies kann z.B. zur Folge haben, daß Status nach der Instanzierung zufällig den Wert Active hat. Obwohl das Fenster nicht geöffnet ist, kann Open nicht erfolgreich aufgerufen werden - wohl aber Close!.

In der objektorientierten Programmierung hat man sich deshalb angewöhnt, für jedes Objekt, für das diese Initialisierungsproblematik auftritt (also für nahezu jedes nicht-triviale Objekt), eine Initialisierungsroutine zu definieren und diese nach der Erzeugung der Instanz sofort aufzurufen. Traditionell heißen diese Methoden Init oder Make.

Analog dazu wird häufig eine gesonderte Beendigungsroutine benötigt, die bestimmte Abschlußarbeiten ausführen muß. Diese Methode wird oft Done oder Kill genannt. Insbesondere wenn dynamische Speicherverwaltung verwendet wird, sind diese Routinen meist erforderlich.

In unserem Fall reicht es aus, wenn die Initialisierungsprozedur die Statusvariable auf Inactive setzt. Die Implementierung ist trivial:

```
procedure NewWndT.Init;
begin
Status:= Inactive;
end; {-- Init }
```

In einem Programm wird dann vor einer Verwendung einer Instanz von NewWndT die Init-Methode aufgerufen.

Obwohl keine Abschlußarbeiten auszuführen sind, sehen wir aus Erweiterungsgesichtspunkten die Methode Done vor. Anwendungsprogramme, die das Fenstersystem nutzen, sollen Done nach Beendigung der Arbeit mit einem Fenster aufrufen.

```
procedure NewWndT.Done;
begin
end; {-- Done }
```

5.7 Objekthierarchien

Von einem Objekt können verschiedene Nachfolger abgeleitet werden, von diesen wiederum andere Nachfolger etc. Auf diese Weise können ganze Objekthierarchien gebildet werden, jede Stufe ist dabei eine Verfeinerung der Vorhergehenden. Eins der wesentlichen Ziele objektorientierter Entwicklung ist die geeignete Definition solcher Hierarchien für eine Programmier-Gesamtaufgabe.

5.8 Beispiel einer Objekthierarchie

Wir wollen das Fenstersystem und die bisher erarbeiteten Änderungen dazu in einer dreistufigen Hierarchie abbilden. Das Ursprungsobjekt soll das im vorigen Kapitel entwickelte `WndT`-Objekt sein. Davon wird das Objekt `Wnd2T` abgeleitet, das zusätzlich eine Methode zur Änderung der Fenstergröße zur Verfügung stellt. Davon wiederum leitet sich das Objekt `NewWndT` ab, das unter anderem eine gewisse Sicherheit vor falschem Aufruf der Methoden sowie eine Initialisierungsprozedur bietet.

```
type WndT                    = object

        Buffer               : array[ 1..25*80*2 ] of char;

        procedure Open( XMin, YMin, XMax, YMax : integer );
        procedure Close;

        end; {-- WndT }


type Wnd2T                   = object( WndT )

      procedure ReSize( XMin, YMin, XMax, YMax : integer );

      end; {-- Wnd2T }
```

```
type NewWndT                  = object( Wnd2T )

        WXMin, WYMin, WXMax, WYMax : integer;
        Status                     : ( Inactive, Active );

        procedure Init;
        procedure Done;

        procedure Open  ( XMin, YMin, XMax, YMax : integer );
        procedure ReSize( XMin, YMin, XMax, YMax : integer );
        procedure Close;

        end; {-- NewWndT }
```

Das Bild 5-1 zeigt, in welcher Beziehung die drei Objekte zueinander stehen.

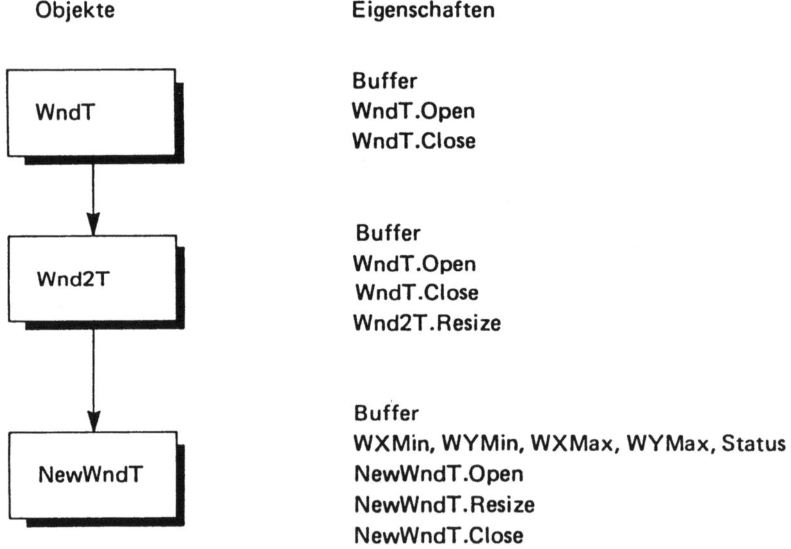

Bild 5-1 Objekthierarchie

`NewWndT` ist in dieser Hierarchie direkter Nachfolger von `Wnd2T` und Nachfolger von `WndT`. Beachten Sie in der folgenden Implementierung der Objekte, daß `NewWndT.Open` und `NewWndT.Close` die entsprechenden Methoden von `Wnd2T` aufrufen, obwohl `Wnd2T` keine Methoden `Open` oder `Close` definiert. Der Aufruf ist nicht nur korrekt (da `Wnd2T` die Methoden geerbt hat), sondern auch guter Programmierstil.

```
{---------- Implementierung Methoden fuer WndT }

procedure WndT.Open( XMin, YMin, XMax, YMax : integer );

var ScreenBase               : word; {-- Segmentaddr. Bildschirmspeicher }

begin

ScreenBase:= GetScreenBase;
move( ptr( ScreenBase, 0 )^, Buffer, 25*80*2 );
Window( XMin, YMin, XMax, YMax );

end; {-- Open }

procedure WndT.Close;

var ScreenBase               : word; {-- Segmentaddr. Bildschirmspeicher }

begin

ScreenBase:= GetScreenBase;
Window( 1, 1, 80, 25 );
move( Buffer, ptr( ScreenBase, 0 )^, 25*80*2 );

end; {-- Close }


{---------- Implementierung Methoden fuer Wnd2T }

procedure Wnd2T.Resize( XMin, YMin, XMax, YMax : integer );

begin
Window( XMin, YMin, XMax, YMax);
end; {-- ReSize }


{---------- Implementierung Methoden fuer NewWndT }

procedure NewWndT.Init;
begin
Status:= Inactive;
end; {-- Init }

procedure NewWndT.Done;
begin
end; {-- Done }


procedure NewWndT.Open( XMin, YMin, XMax, YMax : integer );

begin

if Status = Active then
   begin
   writeln( 'Fenster schon offen' );
   exit;
   end;
```

```
WXMin:= XMin; WYMin:= YMin;
WXMax:= XMax; WYMax:= YMax;
Status:= Active;

Wnd2T.Open( XMin, YMin, XMax, YMax );

end; {-- Open }


procedure NewWndT.ReSize( XMin, YMin, XMax, YMax : integer );

begin

if Status = Inactive then
   begin
   writeln( 'Fenster nicht offen' );
   exit;
   end;

WXMin:= XMin; WYMin:= YMin;
WXMax:= XMax; WYMax:= YMax;

Wnd2T.ReSize( XMin, YMin, XMax, YMax );

end; {-- ReSize }

procedure NewWndT.Close;

begin

if Status = Inactive then
   begin
   writeln( 'Fenster schon geschlossen' );
   exit;
   end;

WXMin:= 1; WXMax:= 80;
WYMin:= 1; WYMax:= 25;
Status:= Inactive;

Wnd2T.Close;

end; {-- Close }
```

In einer professionellen Implementierung des Fenstersystems würde man wahrscheinlich die Gesamtfunktionalität von `NewWndT` in nur einem Objekt konzentrieren, da wohl niemand `WndT` oder `Wnd2T` verwenden würde, wenn `NewWndT` ebenfalls zur Verfügung steht. Die drei Objekte sollen ausschließlich der Veranschaulichung des Vererbungsmechanismus dienen.

5.9 Objekte und Units

Objekte mit ihren Implementierungen können genauso wie normale Daten und Prozeduren in Units organisiert werden. Im Interface-Teil deklarierte Daten und Objekte können von anderen Units bzw. Programmen verwendet werden; die im Implementierungsteil angeordneten Daten und Objekte sind nach außen nicht sichtbar.

Die einfachste Form der Organisation ist die Plazierung der Objektdefinition im Interfaceteil und der Objektimplementierung im Implementierungsteil der Unit. Das Objekt kann so von anderen Units und Programmen verwendet werden, die Implementierung des Objekts bleibt aber verborgen.

Diese Organisationsform unterstützt somit das Ziel der objektorientierten Programmierung, die Benutzerschnittstelle von der Implementierung zu trennen. Beachten Sie bitte, daß dieses Ziel nicht durch objektorientierte Sprachmittel, sondern durch das bekannte Unit-Konzept erreicht wird.

Ist ein Objekt im Interface-Teil einer Unit definiert, kann es natürlich auch zur Ableitung weiterer Objekte verwendet werden. Es steht außerdem im Implementierungsteil der Unit zur Verfügung, um z.B. lokale, das heißt auf die Unit beschränkte Ableitungen bilden zu können.

Zur Demonstration verwenden wir wieder unsere Objekthierarchie. Die beiden Objekte `WndT` und `Wnd2T` werden in der Unit `Window1` untergebracht, das Objekt `NewWndT` in der Unit `Window2`. Die Hilfsprozeduren `GetScreenBase` und `Keypressed2` sind in einer dritten Unit mit dem Namen `General` plaziert. Auf der Begleitdiskette befinden sich diese Dateien im Verzeichnis KAP5.

Das Unit-Konzept von Turbo-Pascal ist ein ideales Mittel, um dem Ziel der einfachen Wiederverwendbarkeit einmal erstellter Objekte näherzukommen. Dazu gehört neben einer guten Dokumentation auch eine geeignete Organisation des Quelltextes. Eine in der Praxis bewährte Möglichkeit dazu besteht in der Aufteilung des Textes in einzelne Include-Dateien. Dabei wird nur der Interface-Teil der Unit in der eigentlichen Unit-Datei angeordnet, der Implementierungsteil wird auf die einzelnen Include-Dateien verteilt. Die Namen der Include-Dateien sind nicht von den Prozedurnamen abgeleitet, da in einer Datei mehrere Prozeduren untergebracht sein können. Es hat sich bewährt, die Include-Dateien einfach durchzunumerieren. Dadurch wird die Übersichtlichkeit in einem größeren Programmsystem wesentlich erhöht.

Im folgenden sind die eigentlichen Unit-Dateien aufgelistet.

Datei General:

```
unit General;

interface
uses Crt, Dos;

{-- Bildschirmorientierte Routinen ---------------------- G110 ----}

const ScreenBytesC          = 25*80*2;
type ScreenT                = array[ 1..ScreenBytesC ] of char;

function GetScreenBase : word;

{-- Tastaturorientierte Routinen    --------------------- G120 ----}

function Keypressed2 : boolean;

implementation

{$I G110 } {-- Bildschirmorientierte Routinen }
{$I G120 } {-- Tastaturorientierte Routinen   }

end.
```

Datei Window1:

```
unit Window1;

interface
uses Crt, General;

{-- Basisfenster ---------------------------------------- W110 ----}

type WndT                   = object

       procedure Open( XMin, YMin,              {-- links oben }
                       XMax, YMax : integer ); {-- rechts unten }
       procedure Close;

  private

var    Buffer               : ScreenT; {-- Gesamter Bildschirm }

       end; {-- WndT }

{------------------------------------------------------- W120 ----}

type Wnd2T                  = object( WndT )

    procedure ReSize( XMin, YMin,               {-- links oben }
                      XMax, YMax : integer );   {-- rechts unten }

    end; {-- Wnd2T }
```

```
implementation

{$I W110} {-- WndT, Wnd2T }
{$I W120} {-- NewWndT }

end.
```

Datei Window2:

```
unit Window2;

interface
uses Window1;

{------------------------------------------------------- W210 ----}

type NewWndT              = object( Wnd2T )

        WXMin, WYMin, WXMax, WYMax : integer;
        Status                     : ( Inactive, Active );

        procedure Init;
        procedure Done;

        procedure Open  ( XMin, YMin, XMax, YMax : integer );
        procedure ReSize( XMin, YMin, XMax, YMax : integer );
        procedure Close;

        end; {-- NewWndT }

implementation

{$I W210} {-- NewWndT }

end.
```

Die Include-Dateien enthalten die Implementierung der im Interface-Teil deklarierten Prozeduren und Objekte. Bei der Aufteilung sollten inhaltlich zusammengehörige oder ähnliche Routinen auch in einer Datei angeordnet werden. Aus diesem Grunde sind z.B. die Methoden `WndT.Open` und `WndT.Close` in einer Datei, nicht aber die Prozeduren `GetScreenBase` und `KeyPressed2`. Die ersten Buchstaben der Includedateien bezeichen die Unit, zu der sie gehören: G für `General`, W1 für `Window1` und W2 für `Window2`.

Auf den Abdruck dieser Includedateien wird hier aus Platzgründen verzichtet, da sich gegenüber den früheren Listings funktional nichts geändert hat.

5.10 Zuweisung von Objekten

Abgeleitete Objekte haben die besondere Eigenschaft, daß sie zu ihren Vorgängern zuweisungskompatibel sind. Einer Variablen eines Objekttyps können also auch Instanzen der Nachfolger dieses Objekts zugewiesen werden.

Betrachten wir wieder unsere Objekthierarchie mit den Definitionen

```
var W1   : WndT;
    W2   : Wnd2T;
    W3   : NewWndT;
```

Da `Wnd2T` ein Nachfolger von `WndT` ist, kann jederzeit die Zuweisung

```
W1:= W2;
```

vorgenommen werden. Bei dieser Zuweisung wird der Datenbereich von `W1` durch den Datenbereich von `W2` ersetzt, d.h. aus technischer Sicht wird die Anweisung

```
W1.Buffer:= W2.Buffer;
```

ausgeführt. Die Instanz `W1` erhält außer dem Datenbereich keine weiteren Eigenschaften von `W2`. Es ist z.B. nicht möglich, nach der Zuweisung etwa

```
W1.ReSize(...);
```

zu schreiben. Dieses Konstrukt würde bereits bei der Übersetzung abgelehnt, da `W1` eine Instanz von `WndT` ist und `WndT` keine `Resize`-Methode definiert. Diese wird auch zur Laufzeit durch eine entsprechende Zuweisung nicht verfügbar.

Die umgekehrte Zuweisung, also hier

```
W2:= W1;
```

ist nicht möglich. Warum das so ist, wird im nächsten Beispiel deutlich. Betrachten wir die Zuweisung

```
W2:= W3;
```

Hier sind die Datenbereiche der beiden Instanzen unterschiedlich groß, trotzdem ist die Anweisung syntaktisch korrekt. Auch hier wird der Datenbereich von `W2` durch den Datenbereich von `W3` ersetzt, wie oben wird also die analoge Anweisung

```
W2.Buffer:= W3.Buffer;
```

ausgeführt. Die in W3 zusätzlich vorhandenen Daten werden aber nicht kopiert und gehen verloren. Bei der umgekehrten Zuweisung könnte zwar Buffer besetzt werden, aber die Variablen WXMin bis WYMax sowie Status blieben unbesetzt. Der Datenbereich der Instanz W3 würde damit in zwei Teile geteilt, von denen einer die Daten von W2, der andere aber immer noch den Zustand vor der Zuweisung repräsentiert.

Dies ist offensichtlich nicht sinnvoll und kann zu gefährlichen Situationen führen. Aus diesem Grunde weist der Compiler die Zuweisung einer Instanz an eine Variable eines Nachfolgertyps zurück. Beachten Sie bitte, daß diese Zuweisungsregel auch für die Parameterübergabe bei Prozeduren sowie für die dynamische Verwaltung von Objekten gilt.

Hat man z.B. die Deklarationen

```
var W1P  : ^WndT;
    W2P  : ^Wnd2T;
    W3P  : ^NewWndT;
```

so sind die Zuweisungen

```
W1  := W2;
W1^ := W2^
```

zulässig, die umgekehrten Zuweisungen jedoch nicht.

Diese *erweiterte Zuweisungskompatibilität* ist eines der wesentlichen neuen Konzepte der objektorientierten Programmierung. Es war bisher nicht möglich, Daten verschiedenen Typs an ein- und dieselbe Variable zuzuweisen. Die Zuweisung numerischer Größen (z.B. integer auf byte) ist insofern eine Ausnahme, als dort eine implizite Typumwandlung durchgeführt wird. Aber diese Typumwandlung hat ihre Tücken, z.B. wenn die integer-Variable einen Wert größer als 255 hat oder negativ ist.

Die daraus entstehenden Probleme sind vergleichbar mit der eingangs dargestellten Problematik am Beispiel der Dateninterpretation von Income und Temp. Sie haben gemeinsam, daß sie erst zur Laufzeit des Programms auftreten und auch nur bei bestimmten Datenkonstellationen zu Fehlern führen.

In der objektorientierten Programmierung werden diese Probleme auf den Compiler verlagert, d.h. sie können bereits bei der Übersetzung erkannt werden. Die Zuweisung von Objekten ist deshalb nur in der Richtung möglich, in der sich nach der Zuweisung wieder ein sicherer Zustand der Daten ergibt.

Das Konzept ist so neu, daß es auf den ersten Blick schwerfällt, ein geeignetes Beispiel zu finden. Nach kurzer Gewöhnungszeit kann man aber damit Probleme so elegant lösen, wie es im klassischen Pascal nicht vorstellbar wäre. Betrachten wir z.B. ein Urfensterobjekt ähnlich unserem WndT. Davon seien mehrere Nachfolger abgeleitet, z.B. Fenster mit Rahmen, speziellen Funktionen wie integriertem Editor oder anderen Eigenschaften.

Sind mehrere solcher Fenster offen, verwaltet man diese im allgemeinen mit einem Kellerspeicher. Deklariert man die Datenelemente des Kellerspeichers als Zeiger auf `WndT`, kann man diesem Zeiger auch Instanzen aller anderen Fensterobjekte zuweisen und damit im Kellerspeicher ablegen.

Diese Eigenschaft von Objekthierarchien kann ganz allgemein dazu verwendet werden, verschiedene Datentypen z.B. in einer linearen Liste zu verwalten. Der Vorteil liegt darin, daß man bei Entwurf und Implementierung der Prozeduren zum Aufbau und Pflege der Liste noch nicht wissen muß, welche Daten später damit verwaltet werden sollen. Die Routinen zur Verwaltung der Liste müssen nur einmal erstellt (und getestet) werden. Darüber hinaus ist der Maschinencode nur einmal im Programm vorhanden, auch wenn mehrere Listen für unterschiedliche Datentypen aufgebaut werden müssen.

5.11 Explizite Typumwandlung

Explizite Typumwandlungen kommen meistens im Zusammenhang mit der dynamischen Verwaltung von Objekten vor. Typumwandlungen sind aber auch mit statischen Instanzen möglich.

Hat man z.B. das Programmstück

```
uses Window1, Window2;

var W1  : WndT;

begin
W1.Open( 3, 3, 10, 10 );
```

ausgeführt, ist der Aufruf von `Resize` nicht möglich, da `Resize` in `WndT` nicht definiert ist. Der Programmierer kann nun `W1` explizit zum Typ `Wnd2T` "befördern" und dann eine in `Wnd2T` definierte Methode aufrufen.

Die Anweisung

```
Wnd2T( W1 ).Resize( 10, 10, 15, 15 );
```

ist erlaubt und führt in diesem Fall auch zu einem sinnvollen Ergebnis, denn `Resize` verwendet nur die bereits in `WndT` definierten Daten.

Das muß nicht unbedingt so sein. Allgemein läßt Turbo-Pascal eine Typumwandlung zu, wenn die Datenbereiche beider Objekte die gleiche Größe haben. Die obige Typumwandlung ist aus diesem Grunde erlaubt, nicht aber die Umwandlung

```
NewWndT( W1 ).Resize( 10, 10, 15, 15 );
```

Diese Anweisung würde selbst dann zu einer `Invalid type cast` Meldung führen, wenn `Resize` nur geerbt wäre und deshalb die eigentlich erlaubte Routine `Wnd2T.Resize` verwendet würde.

Der Compiler prüft vor einer Typumwandlung nur, ob die Datenbereiche die gleiche Größe haben. Betrachtet man die Datenelemente des Objekts wieder als `record`, erkennt man die Analogie zum klassischen Pascal: auch dort sind explizite Typumwandlungen nur möglich, wenn Quell- und Zieltyp die gleiche Größe haben.

Für die Typumwandlung von Objekten ergibt sich daraus eine weitere Konsequenz: Da abgeleitete Objekte alle Datenelemente ihrer Vorgänger erben, kann ihre Größe nur zunehmen, höchstens aber gleichbleiben. Eine Beförderung, also die explizite Typumwandlung in Richtung nachfolgender Objekte ist nur dann möglich, wenn der Nachfolger keine zusätzlichen Daten definiert.

Da die meisten abgeleiteten Objekte mehr Eigenschaften und deshalb meist auch mehr Daten definieren, ist die Beförderung durch explizite Typumwandlung nicht möglich. Diese Tatsache stellt eine wesentliche Einschränkung dar. Möchte man z.B. den bereits erwähnten Kellerspeicher zum Speichern verschiedener Datentypen entwickeln, wird man die Prozeduren zum Speichern und Zurückholen vielleicht Push und Pop nennen. Das Problem tritt dann auf, wenn man den Typ der Parameter für diese Prozeduren festlegen muß.

Nehmen wir weiter an, daß die Datenelemente, die gespeichert werden sollen, als Objekte formuliert sind und einer Klasse (das heißt einer Objekthierarchie) angehören. Der Urvater, das heißt der Vorgänger aller Objekte, soll `UrElmT` heißen. Alle Objekte dieser Klasse sind damit direkte oder indirekte Nachfolger von `UrElmT`.

Es ist sofort klar, daß eine Variable, die zuweisungskompatibel zu allen Objekten dieser Klasse sein soll, vom Typ `UrElmT` sein muß. Es liegt also nahe, die Prozeduren des Kellerspeichers wie folgt zu deklarieren:

```
procedure Push(     E : UrElmT );
procedure Pop( var E : UrElmT );
```

Beachten Sie bitte, daß `Pop` nicht als `function` formuliert werden kann, da `UrElmT` nicht notwendigerweise ein einfacher Datentyp sein muß. Nun kann man `Push` mit einer Instanz eines beliebigen Nachfolgers von `UrElmT` aufrufen. Das ist syntaktisch korrekt, liefert aber nicht das gewünschte Ergebnis.

Hat man ein solches Objekt etwa als

```
type ElmT                        = object( UrElmT )
     X,Y,Z                       : real;
     end; {-- ElmT }
```

und eine Instanz mit

```
var Elm : ElmT;
```

definiert, ist die Anweisung

```
Push( Elm );
```

syntaktisch richtig. Bei der Ausführung des Prozeduraufrufes wird die interne Zuweisung

```
E:= Elm;
```

ausgeführt. Das bedeutet nach den Zuweisungsregeln, daß `X`, `Y` und `Z` nicht kopiert werden können und demzufolge auch nicht gespeichert werden.

Umgekehrt liefert `Pop` ein Objekt vom Typ `UrElmT` zurück. Es ist nicht möglich, ein solches Objekt wieder zum ursprünglichen Typ `ElmT` zu befördern, da die Werte für `X` ,`Y` und `Z` nicht vorhanden sind.

Die Konstruktion

```
Pop( Elm );
```

ist unzulässig, da bei Aufruf der Prozedur die implizite Zuweisung

```
Elm:= E;
```

durchgeführt würde. Diese ist nach den Zuweisungsregeln nicht erlaubt. Das läßt sich auch durch eine explizite Typumwandlung nicht umgehen:

```
var UrElm : UrElmT;
...
...
Pop( UrElm );
Elm:= ElmT( UrElm );
```

Hier übersetzt der Compiler zwar den Prozeduraufruf noch, bricht dann aber bei der nächsten Anweisung mit `Invalid type cast` ab.

5.12 Explizite Typumwandlung mit Zeigern

Die Lösung des Beförderungsproblems liegt in der Verwendung von Zeigern. Wir definieren die beiden Objekte zusammen mit den zugehörigen Zeigertypen wie folgt:

```
type UrElmT                    = object
     end;

     UrElmPT                   = ^UrElmT;


type ElmT                      = object( UrElmT )
     X,Y,Z                     : real;
     end; {-- ElmT }

     ElmPT                     = ^ElmT;
```

Hier fällt auf, daß `UrElmT` weder Daten noch Methoden definiert. Wozu kann man eine Instanz dieses Typs verwenden? `UrElmT` wird in diesem Beispiel nicht zur Erzeugung von Instanzen verwendet, sondern dient ausschließlich als Urvater zur Ableitung der eigentlichen Objekte. Solche Objekte nennt man auch *polymorphische* Objekte.

`ElmT` enthält nur Daten und keine Methoden. Das Objekt hätte deshalb auch als `record` deklariert werden können, wenn nicht die Ableitung aus Gründen der Zuweisungskompaitbilität erfprderlich wäre. In diesem Beispiel wird ausschließlich von der Zuweisungskompatibilität in der Objekthierarchie Gebrauch gemacht. Auf die Eigenschaft eines Objekts zur Klammerung von Daten und Algorithmen kommt es hier nicht an.

Die beiden Prozeduren des Kellerspeichers erwarten bzw. liefern nun Zeiger vom Typ `UrElmPT`.

```
procedure Push( EP : UrElmPT );
function Pop : UrElmPT;
```

Da ein Zeiger ein einfacher Datentyp ist, kann `Pop` nun als `function` deklariert werden. In folgendem Programmsegment wird eine Instanz von `ElmT` erzeugt und im Kellerspeicher abgelegt.

```
var EP1 : ElmPT;

begin

New( EP1 );
Push( EP1 );
```

Die implizite Zuweisung `EP:= EP1` bei Aufruf von `Push( EP1 )` ist zulässig und führt nicht zu Datenverlusten, da ja nicht der Datenbereich des Objekts selber, sondern nur ein Zeiger auf diesen Bereich kopiert wird. Beachten Sie bitte, daß bei der Übersetzung trotzdem an Hand der Typen von EP und EP1 geprüft wird, ob die Zuweisung syntaktisch korrekt ist.

Innerhalb von Push zeigt EP nun auf eine vollständige Instanz von ElmT, obwohl EP selber nur vom Typ UrELmPT ist. Dies bedeutet, daß innerhalb von Push nicht auf die Daten X ,Y und Z von Elm zugegriffen werden kann. Ein Ausdruck wie EP^.X ist unzulässig, da X, Y und Z in UrElmT nicht definiert sind.

Dies ist kein Nebeneffekt, sondern gewollt: Push soll ja die Daten von EP1 nicht verändern, sondern die Instanz als Ganzes ablegen. Dazu wird aber keine Kenntnis über den internen Aufbau des Objekts benötigt. Bei der Programmentwicklung gibt dies zusätzliche Sicherheit vor irrtümlicher Manipulation von Daten. Dieser Sicherheitsgewinn ist bei großen Programmiervorhaben mindestens genauso wichtig wie die Möglichkeit, Daten beliebiger Typen bearbeiten zu können.

Hat man im Kellerspeicher nur Instanzen von ElmT abgelegt, kann man zum Wiedergewinnen z.B. folgendes Programmsegment verwenden:

```
var EP1    : ElmPT;
var UrElmP : UrElmPT;

begin

UrElmP:= pop;
EP1:= ElmPT( UrElmP );
Writeln( EP1^.X );
```

Nach dem Aufruf von Pop zeigt UrElmP auf eine Instanz von ElmT. Um wieder auf die Datenfelder X, Y und Z zugreifen zu können, muß diese Instanz zunächst wieder zum Typ ElmT befördert werden. Diese Beförderung muß grundsätzlich durch eine explizite Typumwandlung vom Programmierer vorgenommen werden. Die Wandlung ist zulässig, da Quell- und Zieldatentyp beides Zeiger und deshalb gleich groß sind. Hier kommt es also nicht auf die eigentliche Objektgröße an.

Diese Typumwandlung über Zeiger ist die einzige Möglichkeit, Instanzen in der Objekthierarchie wieder zu befördern. Entsprechend oft wird in der objektorientierten Programmierung davon Gebrauch gemacht. Es darf jedoch nicht übersehen werden, daß prinzipiell jeder Zeigertyp in jeden anderen Zeigertyp umgewandelt werden kann. Man hätte im obigen Beispiel syntaktisch richtig genauso gut schreiben können

```
W1:= WndPT( UrElmP );          oder
W2:= NewWndPT( UrElmP );
```

die entsprechenden Deklarationen von WndPT und NewWndPT vorausgesetzt. Die Folge: Da der Datenbereich von NewWndT größer als der von ElmT ist, bewirkt z.B. die Anweisung `W2^.Resize` ein Überschreiben von Speicherbereichen, die nicht zum Objekt gehören.

Der Programmierer setzt hier vorsätzlich die von Turbo-Pascal angewendeten Typprüfungen außer Kraft. Leider kann bei Problemen der dargestellten Art nicht auf die explizite Typumwandlung verzichtet werden. Dieser Mangel im Konzept der objektorientierten Programmierung kann durch die gezielte Verwendung von sog. *virtuellen Methoden* oft gemildert werden, wie wir im Kapitel 7 sehen werden.

Ein weiteres Problem tritt auf, wenn Instanzen verschiedener Objekte im Kellerspeicher verwaltet werden sollen. Wenn diese Objekte zur gleichen Klasse (d.h. zur gleichen Objekthierarchie) gehören, können sie problemlos mit `Push` abgelegt werden. Nach einem Aufruf von `Pop` weiß man dann aber im allgemeinen nicht, welches Objekt die erhaltene Instanz repräsentiert. Viele Programmierer helfen sich mit einer Statusvariablen im Objekt `UrElmT`, die von allen Nachfolgern in eindeutiger Weise gesetzt und später in einer `case`-Anweisung ausgewertet werden kann.

Der im nächsten Abschnit vorgestellte vollständige Kellerspeicher verwendet diesen Ansatz.

5.13 Fallstudie Kellerspeicher

Wir wollen in diesem Abschnitt das letzte Beispiel aufgreifen und einen einfachen Kellerspeicher entwickeln. Bis jetzt war es nicht notwendig, die Routinen `Push` und `Pop` tatsächlich anzugeben. Für das Verständnis der Problematik expliziter Typumwandlungen waren sie nicht erforderlich.

Die Entwicklung soll aus zwei verschiedenen Blickwinkeln betrachtet werden: Einmal aus der Sicht des Entwicklers, der seine Routinen vielleicht als Unit zur Verfügung stellen möchte, und zum anderen aus der Sicht des Nutzers, der diese Routinen zur Speicherung seiner Daten verwenden möchte.

Die Implementierung des Speichers als `array` wurde der Einfachheit halber gewählt. Es soll hier in erster Linie gezeigt werden, wie ein Algorithmus zur Datenbearbeitung formuliert werden kann, ohne auf den eigentlichen Datentyp Bezug nehmen zu müssen. Später können die Routinen immer noch professioneller gestaltet werden, z.B. als lineare Liste.

Der Entwickler der Unit steht vor dem grundsätzlichen Problem, daß er nicht weiß, welche Daten ein späterer Nutzer im Kellerspeicher ablegen will. Er muß deshalb ein Urelement deklarieren, von dem später die eigentlichen Datenelemente abgeleitet werden können. Dieses Urelement muß als Objekttyp deklariert und von der Unit exportiert werden. Die Routinen des Kellerspeichers arbeiten mit Zeigern auf diesen Datentyp.

Der Entwickler ist sich über die Problematik der Beförderungen in Objekthierarchien zwar bewußt, stattet sein Urobjekt aber trotzdem nicht mit einer Statusvariablen aus. Möchte der Anwender dieser Unit nämlich nur einen Datentyp speichern, wäre diese Variable überflüssig.

Das Listing zeigt die aus diesen Vorgaben entwickelte Lösung. Die Unit wird wieder mit Include-Dateien für die Implementierung der Routinen (hier mit dem Anfangsbuchstaben S für Stack) aufgebaut. Der Sourcecode befindet sich auf der Begleitdiskette im Verzeichnis KAP5.

```
unit Stack;
{
   StackT definiert einen Stack mit 10 Elementen.
   Push legt ein Element ab, liefert true wenn noch Platz
        fuer ein weiteres Element ist.
   Pop  liefert eine Element, nil wenn Stack leer ist.
}

interface

{-- Urtyp eines Stackelements ------------------------------------------}

type StackElmT                 = object
     end;

     StackElmPT                = ^StackElmT;


{-- Der Stack selber ----------------------------------  S110  --------}

const MaxEntriesC              = 10;

type StackT                    = object

        procedure Init;
        procedure Done;

        function Push( EP : StackElmPT ) : boolean;
        function Pop : StackElmPT;

private

        Buffer                 : array[ 1..MaxEntriesC ] of StackElmPT;
        Index                  : integer;

        end; {-- StackT }

implementation

{$I S110 } {-- Init, Done }
{$I S120 } {-- Push, Pop }

end.
```

Beachten Sie bitte, daß der Entwickler die Datenelemente `Buffer` und `Index` als `private` deklariert hat. Dadurch wird sichergestellt, daß ein Nutzer der Unit auf `Buffer` und `Index` nicht zugreifen kann. Dies ist nur den Methoden des Objekts, also `Init`, `Done`, `Push` und `Pop` erlaubt. Die Datei STACK.PAS veröffentlicht der Entwickler zusammen mit STACK.TPU an alle Nutzer der Unit.

Der Implementationsteil sieht folgendermaßen aus:

Datei S110:

```
{--- Implementierung StackT  Init, Done ----}

procedure StackT.Init;
begin
Index:= 1;
end; {-- Init }

procedure StackT.Done;
begin
end; {-- Done }
```

Datei S120:

```
{--- Implementierung StackT  Push, Pop --}

function StackT.Push( EP : StackElmPT ) : boolean;
begin

if Index = MaxEntriesC then {-- Speicher voll. EP nicht eintragen }
   begin
   Push:= false;
   exit;
   end;

Buffer[ Index ] := EP;
inc( Index );
Push:= true;

end; {-- Push }
```

```
function StackT.Pop : StackElmPT;
begin

if Index = 1 then {-- Speicher leer. nil zurueckliefern }
   begin
   Pop:= nil;
   exit;
   end;

dec( Index );
Pop:= Buffer[ Index ];

end; {-- Pop }
```

Betrachten wir nun einen Programmierer, der einen Kellerspeicher benötigt, um Realzahlen und Zeichenketten zu speichern. Er leitet in seinem Programm zunächst den Objekttyp `MyStackElmT` ab, der eine Statusvariable zur späteren Unterscheidung dieser beiden Datentypen definiert:

```
type MyStackElmT              = object( StackElmT );

        Status                : ( RealO, StringO );
        end;
```

Von diesem Typ wiederum werden die eigentlichen Nutzerdatentypen `RealT` und `StringT` abgeleitet.

```
type RealT                    = object( MyStackT )

        R                     : real;
        end;

     RealPT                   = ^RealT;


type StringT                  = object( MyStackT )

        S                     : string;
        end;

     StringPT                 = ^StringT;
```

Ein Programm zur Nutzung des Kellerspeichers könnte unter Verwendung dieser Routinen etwa so aussehen (Datei TESTS):

```
{-- Programm zum Testen des Kellerspeichers. Es werden eine Realzahl
    und ein String gespeichert --}

Program TestStack;

uses Stack;

type MyStackElmT            = object( StackElmT )

        Status              : ( Real0, String0 );
        end;

     MyStackElmPT           = ^MyStackElmT;


type RealT                  = object( MyStackElmT )

        R                   : real;
        end;

     RealPT                 = ^RealT;


type StringT                = object( MyStackElmT )

        S                   : string;
        end;

     StringPT               = ^StringT;


var RP                      : RealPT;
    SP                      : StringPT;
    P                       : StackElmPT;

    Stck                    : StackT;

    DummyBool               : boolean;

begin
Stck.Init;

{-- Ein Objekt fuer eine Realzahl erzeugen und speichern --}

New( RP );
with RP^ do
   begin
   Status:= Real0;
   R:= 10;
   end;
DummyBool:= Stck.Push( RP );
```

```
{-- Ein Objekt fuer einen String erzeugen und speichern --}

New( SP );
with SP^ do
   begin
   Status:= StringO;
   S:= 'ABCDEF';
   end;
DummyBool:= Stck.Push( SP );

{-- Hier wieder lesen }

P:= Stck.Pop;
while P <> nil do
   begin
   case MyStackElmPT( P )^.Status of
   RealO   : begin
             RP:= RealPT( P );
             writeln( 'Realzahl : ', RP^.R );
             Dispose( RP );
             end;

   StringO : begin
             SP:= StringPT( P );
             writeln( 'String   : ', SP^.S );
             Dispose( SP );
             end;
   end; {-- case }
   p:= Stck.Pop;
   end; {-- while }

Stck.Done;
end.
```

Beachten Sie bitte, daß die mit `Pop` wieder "abgeholten" Elemente nur an Hand des Wertes ihrer Statusvariablen in Reals bzw. Strings klassifiziert werden. Die Reihenfolge, in der sie gespeichert wurde, spielt keine Rolle.

In diesem Programm muß der Nutzer der Unit `stack` über die Implementierung der Stack-Routinen nichts wissen, die vom Entwickler veröffentlichte Datei STACK.PAS reicht als Dokumentation aus. Selbstdefinierte Datentypen können gespeichert werden, solange der Nutzer sicherstellt, daß die zurückgelieferten Zeiger wieder richtig befördert werden.

Dies ist nicht nur erforderlich, um auf die Daten selber wieder zugreifen zu können, sondern auch, um den mit `New` angeforderten Speicherplatz wieder richtig zurückgeben zu können. Es reicht z.B. nicht aus, nach einem Aufruf von `Pop` einfach `Dispose( P )` zu schreiben, da der Basistyp von `P` (also `StackElmT`) nicht die richtige Größe hat und deshalb die falsche Anzahl Bytes zurückgegeben würde.

Man sieht an diesem Beispiel, daß es nützlich ist, zu jedem Objekt gleich den zugehörigen Zeigertyp mitzudefinieren, da diese Typen in expliziten Typumwandlungen gebraucht werden. Durch eine geeignete Namengebung dieser Typen wird die Lesbarkeit der Typumwandlung erheblich erhöht. Wir notieren Zeigertypen in diesem Buch grundsätzlich mit dem großen Buchstaben P vor dem abschließenden T des Typs.

Was wurde in diesem Beispiel gegenüber einer konventionellen Implementierung gewonnen? Betrachten wir dazu kurz eine mögliche Implementierung mit konventionellen Sprachmitteln. In konventionellem Pascal löst man das Problem der allgemeinen Datentypen normalerweise mit generischen Zeigern. `Push` und `Pop` erhalten bzw. liefern Zeiger vom allgemeinen Typ `Pointer`, die auf die Nutzerdatenblöcke zeigen. Dadurch kann auch hier die Unit datenunabhängig gehalten werden. Es bleibt weiter die Aufgabe des Hauptprogramms, die Datenblöcke zu erzeugen und mit Werten zu versorgen. Dabei kann auf die Statusvariable auch hier nicht verzichtet werden, da `Pop` später nur einen allgemeinen Zeiger zurückliefert, der vom Nutzerprogramm wieder richtig interpretiert werden muß. Auch das Problem der richtigen Rückgabe der Speicherblöcke bleibt bestehen. Der Quellcode des Hauprogramms in konventioneller Notation unterscheidet sich deshalb nicht wesentlich von der objektorientierten Version.

Was wurde also gewonnen? In diesem einfachen Beispiel noch nicht viel. Ein Grund liegt darin, daß die objektorientierte Lösung die Objekte `RealT` und `StringT` nur als traditionelle `records` benutzt, denn es werden keine Methoden definiert. Die Behandlung von Datenelementen in Objekten unterscheidet sich aber nicht wesentlich von der in traditionellen `records`.

In diesem Beispiel wurde nur die erweiterte Zuweisungskompatibilität in Objekthierarchien ausgenutzt, und hier zeigt sich doch ein Unterschied zur konventionellen Implementierung. Wenn das Argument von `Push` ein generischer Zeiger ist, können beliebige Adressen übergeben werden. In der objektorientierten Version können aber nur Zeiger übergeben werden, deren Basistyp ein Element der Objekthierarchie ist (Man könnte also z.B. nicht Instanzen von `WndT` verwalten, solange `WndT` nicht von `StackElmT` abgeleitet ist). In größeren Programmen wird dadurch die Menge an syntaktisch möglichen Zuweisungen erheblich kleiner. Auf diese Weise wird zusätzlich Sicherheit gewonnen.

Betrachten wir zum Abschluß des Vergleichs die objektorientierte und die konventionelle Implementierung des eigentlichen Kellerspeichers.

In der konventionellen Implementierung muß der Entwickler der Unit einen Datentyp deklarieren, der `Buffer` und `Index` enthält, etwa wie in der folgenden Deklaration:

```
type StackT             = record

        Index           : integer;
        Buffer          : array[ 1..MaxEntriesC ] of pointer;
        end;
```

Die Routinen des Kellerspeichers erhalten einen zusätzlichen Parameter dieses Typs, also z.B.

```
procedure Init( var S : StackT );
procedure Kill( var S : StackT );
function Push( var S : StackT; P : pointer ) : boolean;
function Pop( var S : StackT ) : boolean;
```

Hier zeigt sich der in früheren Kapiteln bereits dargestellte notationelle Unterschied zwischen den beiden Versionen. In der objektorientierten Version kann der Programmierer auf den zusätzlichen Parameter s verzichten, da der Compiler ihn in Form des `Self`-Parameters automatisch hinzufügt. Betrachtet man die objektorientierte Implementierung des Kellerspeichers als isolierte Routinen, ist auch hier kein wesentlicher Unterschied zur konventionellen Implementierung zu erkennen.

Der große Vorteil der objektorientierten Implementierung tritt jedoch dann zutage, wenn der Kellerspeicher erweitert werden soll. Nehmen wir dazu an, daß in einer speziellen Anwendung die Anzahl der gerade auf dem Stack befindlichen Elemente von Interesse ist. Der Entwickler der Unit hat diesen Fall aber nicht vorausgesehen und deshalb keine solche Möglichkeit definiert. Mit Hilfe des Ableitungsmechanismus ist es nun problemlos möglich, den Kellerspeicher entsprechend zu erweitern.

```
unit Stack2;

{
   Stack2T erweitert Stack um die Moeglichkeit zur Abfrage der Anzahl
   der Elemente auf dem Stack
}

interface

uses Stack;

type Stack2T                = object( StackT )

        NbrOfEntries        : integer;

        procedure Init;

        function Push( EP : StackElmPT ) : boolean;
        function Pop : StackElmPT;
        function GetNbrOfEntries : integer;
        end; {-- Stack2T }

implementation

{$I S210 } {--- Init, Push, Pop, GetNbrOfEntries }

end.
```

Datei S210:

```
{--- Implementierung Stack2T --}

procedure Stack2T.Init;
begin

StackT.Init;
NbrOfEntries:= 0;

end; {-- Init }

function Stack2T.Push( EP : StackElmPT ) : boolean;

var Flag                    : boolean;

begin

Flag:= StackT.Push( EP );
Push:= Flag;
if Flag then
   inc( NbrOfEntries );

end; {-- Push }

function Stack2T.Pop : StackElmPT;

var P                       : StackElmPT;

begin

P:= StackT.Pop;
Pop:= P;
if P <> nil then
   dec( NbrOfEntries );

end; {-- Pop }

{--- Implementierung der neuen Methode   --}

function Stack2T.GetNbrOfEntries : integer;
begin
GetNbrOfEntries:= NbrOfEntries;
end; {-- GetNbrOfEntries }
```

Beachten Sie, wie in der Implementierung der Methoden dieses Objekts von der Funktionalität des bereits definierten Kellerspeichers Gebrauch gemacht wird. Nur die zusätzliche Funktionalität muß implementiert werden.

Wie oft schon wurde der Kellerspeicher von Programmierern neu erfunden und jedesmal speziell für eine Aufgabe neu implementiert, einmal mit `GetNbrOfEntries`, ein anderes Mal vielleicht mit einer Möglichkeit zum Zugriff auf das "unterste" Element? Bei einer Aufgabe wie dem Kellerspeicher ist dieser Aufwand noch tragbar. Aber bereits bei etwas komplizierteren Strukturen wie z.B. einer Hash-Tabelle sieht die Sache anders aus.

Auch hier wird das ein- oder andere Programm zusätzliche Funktionalität benötigen. Wenn dann der Hash-Speicher als Objekt formuliert ist, kann sich der Programmierer seine eigene Version mit den erforderlichen Erweiterungen selber definieren, indem er ein geeignetes Objekt ableitet. Damit soll nicht gesagt sein, daß eine solche Erweiterung mit konventionellen Sprachmitteln nicht möglich ist. Selbstverständlich, aber eben nicht so elegant und klar, und damit eben nicht so wartungsfreundlich.

Trotzdem ist die vorgestellte Lösung noch nicht befriedigend. Vor allem der Zwang zur Konvertierung des zurückgelieferten Zeigers zum eigentlichen Nuztzdatentyp ist unschön. Im Kapitel 7 mit dem Thema *virtuelle Methoden* werden wir Möglichkeiten kennenlernen, diesen Nachteil zumindest teilweise zu vermeiden.

5.14 Etwas Technik

Wie löst der Compiler Referenzen auf die verschiedenen Methoden in einer Objekthierarchie auf?

Im folgenden Hauptprogramm wird die Objekthierarchie aus Abschnitt 5.8 vorausgesetzt.

```
var W1  : WndT;
    W2  : Wnd2T;
    W3  : NewWndT;

begin

W1.Open( 10, 10, 25, 20 );

W2.Open( 12, 12, 27, 22 );
W2.Resize( 12, 12, 30, 23 );
W2.Close;

W3.Init;
W3.Open( 12, 12, 17, 15 );
W3.Close;

end.
```

Wenn der Compiler in diesem Programm auf die Anweisung `W2.Open(...)` stößt, wird zuerst geprüft, ob das aktuelle Objekt eine Methode dieses Namens definiert. Das aktuelle Objekt ist hier `Wnd2T`, da `W2` eine Instanz dieses Objektes ist. Da keine passende Methode gefunden wird, wird der nächste Vorgänger in derselben Weise überprüft. Der Compiler läuft so in der Objekthierarchie nach oben, bis entweder die Methode gefunden wird oder das oberste Objekt erreicht ist, für das kein Vorgänger mehr definiert ist. Im letzteren Falle wird die Übersetzung mit der Fehlermeldung `Field Identifier expected` abgebrochen.

Die Anweisung `W2.Open` ruft also die Methode `WndT.Open` auf. Da der Compiler immer die zuerst gefundene Methode einsetzt, bleiben weiter oben in der Hierarchie definierte Methoden gleichen Namens bei der Suche unberücksichtigt. Sie wurden redefiniert. Dieser Fall tritt z.B. bei der Übersetzung der Anweisung `W3.Open(..)` auf. Die aktuelle Methode (hier `NewWndT`) definiert bereits eine passende Methode, so daß die Suche gar nicht erst begonnen wird.

Bei der Suche nach einer Methode wird beim aktuellen Objekt begonnen. Im Falle von `W1.Open` oder `W2.Open` kann das aktuelle Objekt über die Instanz bestimmt werden: `W1` ist eine Instanz von `WndT`, `W2` eine von `Wnd2T`. Ein Objekt kann jedoch auch über seinen vollständigen Namen referenziert werden. In der Implementierung von `NewWndT.Open` z.B. wird `Wnd2T.Open` aufgerufen. Damit ist der Startpunkt der Suche ebenfalls eindeutig definiert.

Durch vollständige Referenzierung steht eine redefinierte Methode natürlich auch im Hauptprogramm weiter zur Verfügung. Bei korrektem Entwurf der Objekthierarchie ist dies allerdings überflüssig, denn sonst hätte die Methode nicht redefiniert werden dürfen.

Eine sinnvolle Ausnahme zeigt das folgende Beispiel. Hier wird mit Hilfe des Adressoperators festgestellt, ob die Methode `Open` redefiniert wurde.

```
if @WndT.Open = @Wnd2T.Open then
   Writeln( 'Open wurde nicht redefiniert' )
else
   Writeln( 'Open wurde redefiniert' );
```

Bei der Auswertung des Ausdrucks `@Wnd2T.Open` stellt der Compiler fest, daß `Wnd2T` keine `Open`-Methode definiert. Die Suche wird also von `Wnd2T` aus nach oben begonnen. Für `Wnd2T.Open` wird also im Endeffekt `WndT.Open` eingesetzt, der Vergleich liefert `true`.

Der intelligente Linker des Turbo-Pascal-Systems behandelt auch redefinierte Methoden korrekt. Wenn durch die Redefinition die ursprüngliche Methode nicht mehr referenziert wird, wird sie aus dem Objektcode entfernt. Beachten Sie jedoch, daß auch die Anwendung des Adressoperators bereits eine Referenzierung ist.

Nach dem gleichen Prinzip werden Referenzen auf Datenelemente abgewickelt. Auch hier beginnt die Suche beim aktuellen Objekt und endet spätestens in der obersten Hierarchiestufe. Da Datenelemente aber eindeutig sein müssen, kann es höchstens ein Datenelement mit dem geforderten Namen in der Suchkette geben. Die Redefinition von Daten ist nicht zulässig.

6 Ein verbessertes Fenstersystem

6.1 Aufgabenstellung

Die bis jetzt entwickelten Routinen zur Bildschirmverwaltung verdienen genaugenommen noch nicht den Namen Fenstersystem. Es handelt sich eigentlich nur um eine Erweiterung der Turbo-Pascal `Window`-Routine, die die Wiederherstellung des Bildschirminhaltes erlaubt. Zu einem richtigen Fenstersystem gehört aber mehr.

In diesem Kapitel wird ein verbessertes Fenstersystem entwickelt, das neben Umrahmungen, Fensternamen und "Scrollbars" auch die Möglichkeit zur komfortablen Verwaltung mehrerer übereinander geöffneter Fenster mit Hilfe des Kellerspeichers aus dem letzten Kapitel bietet. Eine besondere Art von Fenstern sind die "Exploding Windows", bei denen durch eine geschickte Programmierung der Routinen zum Öffnen und Schließen der Eindruck eines sich dynamisch vergrößernden und verkleinernden Fensters entsteht.

6.2 Implementierung

Eine Möglichkeit zur Implementierung besteht in der Definition eines Datensatzes, der alle erforderlichen Datenelemente enthält. Für die verschiedenen Funktionen des Fenstersystems werden dann einzelne Prozeduren entwickelt.

Dieses Vorgehen findet man z.B. in den verschiedenen als Toolboxen angebotenen Systemen. Es hat jedoch einen Nachteil: Es muß immer der gesamte Datensatz allokiert werden, auch wenn nur ein ganz einfaches Fenster erforderlich ist. Möchte man z.B. mit konventionellen Mitteln Fenster mit und ohne Scrollbars erzeugen können, gibt man der Open-Routine einen entsprechenden bool'schen Parameter mit. Aber auch wenn dieser Parameter auf `false` steht, werden Code und Daten für die Scrollbars trotzdem ins Programm mitaufgenommen.

Der einzige Weg, um die überflüssige Aufnahme von Code und Daten zu vermeiden, ist die Definition mehrerer paralleler Fenstersysteme. Die verschiedenen unabhängigen Daten und Prozeduren werden dann in verschiedenen Units oder in der gleichen Unit unter verschiedenen Namen angeordnet.

Unter Verwendung der Vererbungstechnik kann eine wesentlich bessere Lösung gefunden werden. Ausgehend von einem Urfensterobjekt wird eine Objekthierarchie definiert, deren einzelne Elemente die verschiedenen Funktionalitätsstufen repräsentieren.

Das Bild 6-1 zeigt die Hierarchie der geplanten Fensterobjekte.

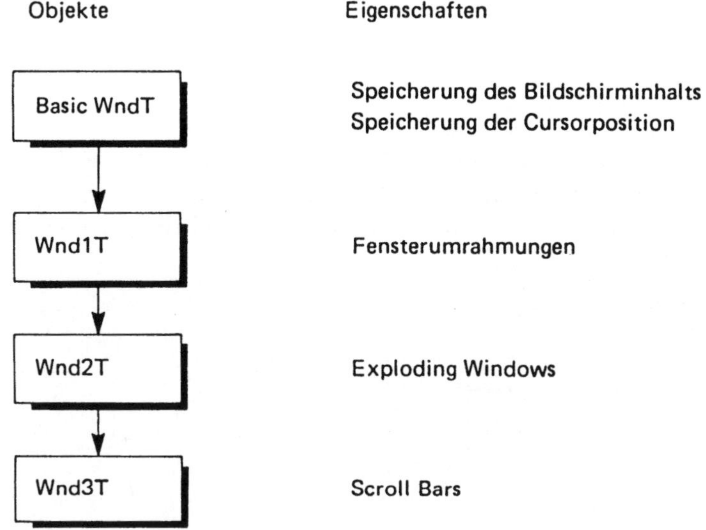

Bild 6-1 : Hierarchie der Fensterobjekte

Die geforderten Eigenschaften werden wie folgt den verschiedenen Objekten der Hierarchie zugeordnet:

6.2.1 BasicWndT

`BasicWndT` sichert den Bildschirmbereich unter dem neuen Fenster. Die Speichertechnik ist so verbessert, daß nicht mehr der ganze Bildschirm, sondern nur noch der tatsächlich überschriebene Teil gesichert wird. Da die Größe dieses Speicherbereiches erst zur Laufzeit bestimmt werden kann, ist dynamische Speicherverwaltung auf dem Heap erforderlich. Das Objekt speichert vor dem Öffnen die aktuelle Cursorposition, damit der Cursor nach dem Schließen wieder an diese Stelle positioniert werden kann. Über eine Statusvariable wird sichergestellt, daß die Methoden `Open` und `Close` von `BasicWndT` nicht mehrfach hintereinander aufgerufen werden.

6.2.2 Wnd1T

`Wnd1T` stellt zusätzlich zwei verschiedene Prozeduren bereit, um den Fensterbereich zu umrahmen. Die beiden unterschiedlichen Rahmen können z.B. zur Unterscheidung zwischen dem aktuellen Ausgabefenster und anderen, darunterliegenden Fenstern verwendet werden. Fenster können außerdem einen Namen erhalten. Der Name wird zentriert auf dem oberen Rahmen angezeigt. Bei der Größenberechnung des Fensters wird der Platz für den Rahmen automatisch berücksichtigt.

6.2.3 Wnd2T

Die Prozeduren zum Öffnen und Schließen sind so umgestaltet, daß das Fenster von einem beliebigen Punkt auf dem Bildschirm ausgehend nach und nach aufgebaut bzw. zu diesem Punkt hin wieder abgebaut wird ("Exploding Windows").

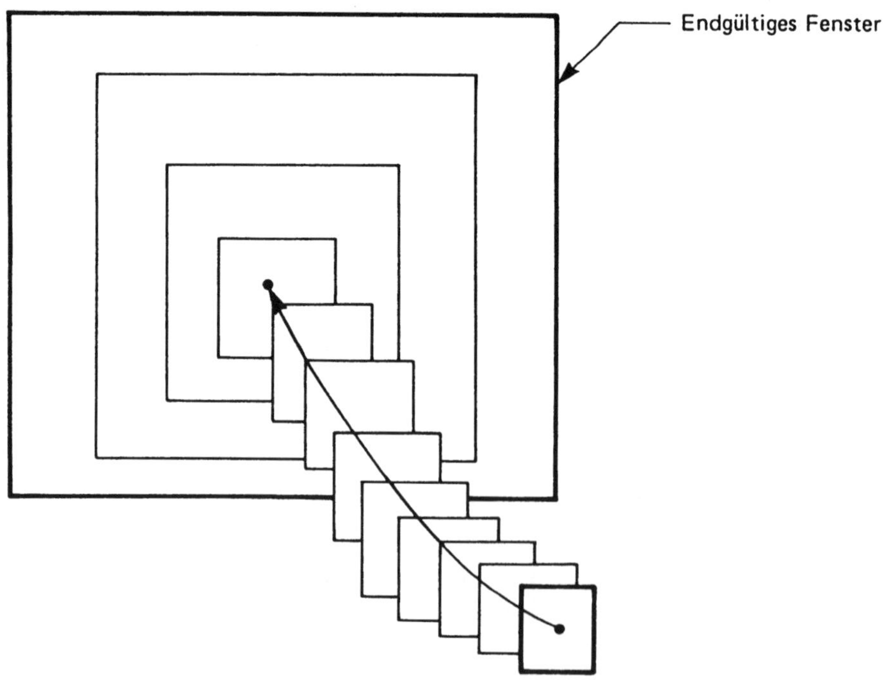

Bild 6-2 : Exploding Windows

Exploding Windows werden meist von der Cursorposition im aktuellen Fenster aus geöffnet. Auf diese Weise kann optisch gut verdeutlicht werden, daß sich das neue Fenster auf das Datenelement unter dem Zeiger bezieht. Ist z.B. ein Fenster mit dem Inhaltsverzeichnis einer Diskette angezeigt, kann von einem Verzeichnisnamen ausgehend ein Fenster mit dem Inhalt dieses Unterverzeichnisses geöffnet werden.

6.2.4 Wnd3T

Das Objekt Wnd3T stellt Anzeigeflächen ("Scrollbars") am unteren und rechten Rand des Fensters bereit. Da ein Fenster oft nur einen Teil der anzuzeigenden Daten aufnehmen kann, ist es sinnvoll, die Position des Fensters relativ zum Gesamttext anzuzeigen. Diese Funktion wird regelmäßig innerhalb von Texteditoren und Hilfesystemen benötigt. In Zusammenhang mit der Maus verwendet man die Scrollbars außerdem zum Verändern dieser Relativposition, also zum "scrollen".

Ausgehend von dieser Objekthierarchie kann man nun eine Instanz von genau dem Objekt erzeugen, das die erforderlichen Eigenschaften aufweist. Möchte man z.B. ein speicherresidentes Programm schreiben, das auf eine bestimmte Tastenkombination hin Datum und Uhrzeit anzeigt, ist ein ganz einfaches Fenster ausreichend. Hier kommt es darauf an, mit möglichst wenig Speicherplatz auszukommen. In einem professionellen Anwendungsprogramm dagegen wird man zugunsten einer komfortablen Benutzeroberfläche mehr Speicherplatz aufwenden können.

Die Objekthierarchie kann nach oben beliebig erweitert werden. Es ist z.B. möglich, in einem abgeleiteten Fensterobjekt Routinen zur Mausbedienung der Fensterfunktionen wie scrollen, schließen, verschieben etc. zu definieren. Darauf aufbauend wiederum können verschiedene "Anwendungsfensterobjekte" definiert werden, also z.B. Texteditor, Menüauswahl oder Hilfefenster.

6.3 Die Unit Window

Die Objekte werden in einer Unit mit dem Namen Window untergebracht. Objektdeklarationen und global benötigte Deklarationen werden im Interfaceteil und die Implementierung der Objekte und lokalen Deklarationen im Implementierungsteil der Unit angeordnet. Alle Programme und Includedateien befinden sich auf der Begleitdiskette im Pfad KAP6.

Auch hier wird eine Gliederung des Gesamtsystems durch Aufteilung auf mehrere Includedateien erreicht. Includedateien, die nur Deklarationen enthalten, haben grundsätzlich die Endung DCL im Dateinamen. Includedateien, die im Interfaceteil includiert werden und deren Inhalt deshalb exportiert wird, haben zusätzlich ein I im Dateinamen.

6.3.1 Der Interfaceteil

Die Datei WINDOW enthält den Quelltext der Unit. Da der Implementierungsteil vollständig in Include-Dateien untergebracht ist, enthält die Datei WINDOW im wesentlichen den Interfaceteil der Unit.

```
{-- Verbessertes Fenstersystem aus Kapitel 6 }

unit window;

interface

uses crt, general, Stack;

{$I WI101.dcl   } {-- Im InterfaceTeil gebrauchte Deklarationen }
{$I WI102.dcl   } {-- Fehlervariablen und Konstanten            }

{---------- BaseWndT ---------------------------------------------------}

type BaseWndT               = object( StackElmT )

        procedure Init;
        procedure Done;

        procedure Open( XMin, XMax, YMin, YMax : integer );
        procedure Close;

   private

        WXMin, WXMax,
        WYMin, WYMax          : integer;

        XCur, YCur            : integer; {-- Cursorposition vor Oeffnen  }
        Status                : WndStatusT;
        SaveP                 : LongArrayPT; {-- gesicherter Bildschirmbereich }

        ColCount, LineCount   : integer;
        Amount                : integer;

        end; {-- BaseWndT }
```

```
{---------- Wnd1T    ------------------------------------------------}

type Wnd1T                   = object( BaseWndT )

       WName                 : WNameT;

       procedure Open( XMin, XMax, YMin, YMax : integer; Name : WNameT );
       procedure SetStandard;
       procedure SetAlternate;

       end; {-- Wnd1T }

{---------- Wnd2T    ------------------------------------------------}

type Wnd2T                   = object( Wnd1T )

       WXStart, WYStart      : integer;

       procedure Open( XMin, XMax, YMin, YMax : integer; Name : WNameT;
                       XStart, YStart : integer );

       procedure Close;

       end; {-- Wnd2T }

{---------- Wnd3T    ------------------------------------------------}

type Wnd3T                   = object( Wnd2T )

       WHorizontalScroll,
       WVerticalScroll       : integer;

       procedure SetHorizontalScroll( Percent : integer );
       procedure SetVerticalScroll( Percent : integer );

       end; {-- Wnd3T }

implementation

{$I W100.dcl    } {-- ScreenT }
{$I W101.dcl    } {-- Konstanten fuer Rahmen und Scrollbars }

{$I W100        } {-- Methoden BaseWndT }
{$I W101        } {-- Methoden Wnd1T    }
{$I W102        } {-- Methoden Wnd2T    }
{$I W103        } {-- Methoden Wnd3T    }

begin
ScreenP:= ptr( GetScreenBase, 0 );
end.
```

6.3.2 Deklarationen im Interface- und Implementierungsteil

Nach dem Unit-Konzept müssen alle Datendeklarationen, auf die ein Nutzer der Unit Zugriff haben soll, im Interfaceteil angeordnet werden. Deklarationen, die dagegen nur innerhalb der Unit verwendet werden, sollen im Implementierungsteil untergebracht werden. Leider läßt sich diese Trennung zwischen Interface und Implementierung nicht immer in der gewünschten Konsequenz durchhalten.

So ist es z.B. erforderlich, den Typ `WndStatusT` im Interfaceteil zu deklarieren, da er in der Objektdefinition von `BaseWndT` gebraucht wird. Damit wird dieser Typ gleichzeitig exportiert, d.h. der Nutzer der Unit kann ebenfalls Variablen vom Typ `WndStatusT` erzeugen, obwohl er eigentlich nur zum internen Gebrauch innerhalb der Unit vorgesehen ist.

Alle Deklarationen, die eigentlich intern sind, aber trotzdem im Interfaceteil der Unit aufgeführt werden müssen, sind in der Datei WI101.DCL zusammengefaßt.

```
{-- Bezeichnet den Zustand eines Fensters. Sinnvoll fuer
    erweiterte Fehlerpruefungen --}

type WndStatusT

   = ( Closed,    {-- kein Speicher zugewiesen                    }
       Active );  {-- Fenster offen                               }

{-- LongArrayT erlaubt die Interpretation eines Speicherbereiches als
    Folge von Einzelzeichen --}

type LongArrayT             = array[ 1..MaxInt ] of char;
     LongArrayPT            = ^LongArrayT;

{-- WNameT aus Speicherplatzgruenden eingefuehrt --}

type WNameT                 = string[ 10 ];
```

In diesem speziellen Fall könnte man einen Teil des Problems umgehen, indem man die Variable `SaveP` als allgemeinen Zeiger definiert. `LongArrayT` könnte dann in den Implementierungsteil der Unit verlegt werden. `SaveP` könnte dann aber nur mit Hilfe expliziter Typumwandlungen verwendet werden. Ebenso könnte man `Status` z.B. als `byte` deklarieren und so `WndStatusT` in den Implementierungsteil verlagern. Im allgemeinen Falle läuft dies darauf hinaus, im Datenbereich eines Objekts nur den nötigen Speicher zu deklarieren und die eigentlichen Datentypen zur Interpretation dieses Speichers erst im Implementierungsteil zu definieren. Obwohl dadurch explizite Typumwandlungen beim Zugriff auf Daten eines Objekts erforderlich werden, ist diese Methode in der Regel vorzuziehen, da die objektinterne Interpretation der Daten versteckt bleiben kann.

6.3.3 Der Zugriff auf den Bildschirmspeicher

Der Zugriff auf den Bildschirmspeicher erfolgt wie in Kapitel 5 über einen Zeiger, der mit Hilfe der Prozedur GetScreenBase aus der Unit General auf den Anfang des Bildschirmspeichers gesetzt wird. Die Berechnung dieser Adresse ist eigentlich nur einmal erforderlich und wird deshalb aus den Methoden Open und Close in den Initialisierungsteil der Unit Window verlegt.

Neu ist allerdings die Interpretation des Bildschirmspeichers durch den Typ ScreenT (Datei W100.DCL):

```
{-- Interpretation eines Hauptspeicherbereiches als Bildschirmspeicher }

const ScrColumnsC            = 80; {-- Spalten pro Zeile }
      ScrLinesC              = 25; {-- Bildschirmzeilen }


type ScrCharT                = record
        Ch                   : char; {-- Das eigentliche Zeichen }
        Attr                 : byte; {-- Attribut des Zeichens }
        end; {-- ScrCharT }

type ScrLineT                = array[ 1..ScrColumnsC ] of ScrCharT;

type ScreenPT                = ^ScreenT;
     ScreenT                 = array[ 1..ScrLinesC ] of ScrLineT;

{-- ScreenP zeigt auf Hardwarebildschirm. Wird im Initialisierungsteil
    von Window initialisiert --}

var ScreenP                  : ScreenPT;
```

Zunächst wird der Typ ScrCharT definiert, der ein Zeichen im Bildschirmspeicher repräsentiert. Ein solches Zeichen besteht aus dem eigentlichen Zeichen selber sowie dem Attribut (unter anderem Farbe und Intensität) des Zeichens. ScreenT wird mit einer vorgegebenen Spalten- und Zeilenzahl als Array aus diesem Grundelement aufgebaut. Nachdem ScreenP im Initialisierungsteil der Unit richtig besetzt wurde, kann auf den Bildschirminhalt in der gewohnten Weise mit Zeilen- und Spaltennummer zugegriffen werden.

Der Ausdruck

```
ScreenP^[ 10, 12 ].Ch
```

bezeichnet z.B. das Zeichen auf dem Bildschirm in Zeile 10, Spalte 12. Diese Interpretation des Bildschirmspeichers ist erforderlich, um einen rechteckigen Bereich aus dem Bildschirmspeicher zu adressieren. Die Methode Open verwendet ScreenPT, um Daten vom Bildschirm einzulesen. Für die Ausgabe werden weiterhin die Standardroutinen Write bzw. Writeln verwendet. Steht die Variable DirectVideo der Unit Crt auf true (Standardeinstellung), erfolgt die Bildschirmausgabe von Turbo-Pascal ebenfalls unter Umgehung der BIOS-Routinen direkt in den Bildschirmspeicher. Es würde daher nichts gewonnen, ScreenPT auch zur Ausgabe zu verwenden. Im Gegenteil, denn die Standardprozeduren Write und Writeln bieten hervorragende Formatierungsmöglichkeiten für Strings und numerische Daten sowie den Vorteil einer variablen Anzahl Parameter. Man muß jedoch beachten, daß sich Ausgaben über Write und Writeln, Cursorpositionierungen mit GotoXY etc. auf ein definiertes Fenster beziehen, der Zugriff über ScreenT jedoch immer auf den Gesamtbildschirm. Verwendet man beide Methoden parallel, ist eine Umrechnung erforderlich.

Die Konstanten ScrColumnsC und ScrLinesC definieren die Größe des Bildschirms. Für andere Modi wie z.B. den 43/50 Zeilenmodus bei VGA Adaptern können diese Konstanten entsprechend angepaßt werden.

Der Typ ScreenT wird in den Methoden der einzelnen Objekte verwendet. Er wird in keinem Objektdatenbereich gebraucht und kann deshalb im Implementierungsteil der Unit deklariert werden.

6.3.4 Das Abfangen von Fehlern

In allen Routinen werden Prüfungen der übergebenen Parameter auf Zulässigkeit durchgeführt. Liegen Werte nicht im zulässigen Wertebereich, wird die Routine nicht ausgeführt. Die Objektvariable Status gibt an, ob das Fenster geöffnet oder nicht geöffnet ist. Mehrfaches Öffnen oder Schließen kann so als Fehler erkannt werden. Bevor Speicher vom Heap angefordert wird, wird grundsätzlich geprüft, ob noch genügend Speicher frei ist. Der Turbo-Pascal Laufzeitfehler 203: Heap Overflow Error kann deshalb nicht auftreten.

Die Unit exportiert die Variablen WndOK und WndError. Die bool'sche Variable WndOK zeigt an, ob die letzte Operation erfolgreich war oder ob ein Fehler aufgetreten ist. Wenn WndOK false ist, gibt WndError den Fehlertyp an. Zur Interpretation des Wertes in WndError sind in der Datei WI102.DCL Konstanten definiert, die ebenfalls exportiert werden.

```
var WndOK              : boolean; {-- true : kein Fehler }
    WndError           : integer; {-- Fehlernummer falls WndOK = false }

const WndWrongParam    = 1;
      WndTooSmall      = 2;
      WndNoMem         = 3;
      WndWrongStat     = 4;
      WndWrongStart    = 5;
      WndWrongScroll   = 6;
```

6.3.5 Implementierung BaseWndT

In der Methode `Init` werden die verschiedenen Statusvariablen initialisiert. `Init` ist die einzige Methode, für die am Anfang keine Überprüfung des Status erfolgen kann, da die Variable `status` ja eben noch keinen Wert hat. Alle anderen Methoden prüfen, ob der Aufruf der Methode im jeweiligen Zustand (Fenster geschlossen oder offen) möglich ist. Werden Parameter übergeben, werden diese auf Einhaltung der sinnvollen Werte bereiche geprüft. Im Fehlerfall wird `WndOK` auf `false` und `WndError` auf die entsprechende Fehlerkonstante gesetzt.

Da nur noch der tatsächlich vom Fenster überdeckte Bildschirmbereich gesichert wird, muß `Open` die dazu notwendige Speichergröße berechnen und anfordern. Der Bildschirmausschnitt wird dann zeilenweise kopiert, zuletzt wird die aktuelle Zeigerposition festgehalten.

`Close` schließt das Fenster, indem der gesicherte Inhalt zeilenweise wieder zurückkopiert und der Zeiger auf die ursprüngliche Stelle positioniert wird.

```
{***************************************************************************
*                                                                          *
*  Init                                                                    *
*                                                                          *
***************************************************************************}

procedure BaseWndT.Init;
begin
Status:= Closed;
WndOK:= true;
end; {-- Init }

{***************************************************************************
*                                                                          *
*  Done                                                                    *
*                                                                          *
***************************************************************************}

procedure BaseWndT.Done;
begin
WndOK:= false;

{-- Statuspruefung --}
if Status <> Closed then
   begin
   WndError:= WndWrongStat;
   exit;
   end;

WndOK:= true;
end; {-- Done }
```

```
{*****************************************************************************
*                                                                            *
*  Open                                                                      *
*                                                                            *
*****************************************************************************}

procedure BaseWndT.Open( XMin, XMax, YMin, YMax : integer );


var I, J                    : integer;

begin

WndOK:= false;

{-- RangeCheck der Parameter --}
if ( XMin < 1 ) or ( XMax > ScrColumnsC ) or
   ( YMin < 1 ) or ( YMin > ScrLinesC ) then
   begin
   WndError:= WndWrongParam;
   exit;
   end;

{-- Fenster muss mindestens 1x1 gross sein --}
if ( XMax - XMin < 2 ) or ( YMax - YMin < 2 ) then
   begin
   WndError:= WndTooSmall;
   exit;
   end;

{-- Statuspruefung --}
if Status <> Closed then
   begin
   WndError:= WndWrongStat;
   exit;
   end;

{-- Feststellen des zu sichernden Bildschirmbereiches --}
ColCount:= 2*succ( XMax-XMin ); {-- bytes pro Zeile }
LineCount:= succ( YMax-YMin );  {-- Anzahl Zeilen }
Amount:= LineCount * ColCount;

if MaxAvail < Amount then
   begin
   WndError:= WndNoMem;
   exit;
   end;

GetMem( SaveP, Amount );

{-- Zeilenweise in SaveP^ ablegen --}
J:= 1;
for I:= YMin to YMax do
   begin
   move( ScreenP^[ I, XMin ], SaveP^[ J ], ColCount );
   J:= J + ColCount;
   end;
```

```
{-- Fensterkoordinaten und Cursorposition --}
WXMin:= XMin; WXMax:= XMax;
WYMin:= YMin; WYMax:= YMax;
XCur:= WhereX; YCur:= WhereY;
Status:= Active;

crt.Window( XMin, YMin, XMax, YMax );
gotoXY( 1, 1 );
WndOK:= true;

end; {-- Open }


{*****************************************************************************
*                                                                            *
*  Close                                                                     *
*                                                                            *
*****************************************************************************}

procedure BaseWndT.Close;

var I, J                          : integer;

begin

WndOK:= false;

{-- Statuspruefung --}
if Status = Closed then
   begin
   WndError:= WndWrongStat;
   exit;
   end;

crt.Window( 1, 1, 80, 25 );

{-- Zeilenweise aus SaveP^ holen --}
J:= 1;
for I:= WYMin to WYMax do
   begin
   move( SaveP^[ J ], ScreenP^[ I, WXMin ], ColCount );
   J:= J + ColCount;
   end;

FreeMem( SaveP, Amount );
gotoXY( XCur, YCur );
Status:= Closed;
WndOK:= true;
end; {-- Close }
```

6.3.6 Implementierung Wnd1T

`Wnd1T` erzeugt einen Rahmen um das Fenster. Die Methode `Open` öffnet deshalb mit Hilfe von `WndT.Open` ein Fenster mit jeweils einer zusätzlichen Spalte/Zeile zur Darstellung des Rahmens. Der eigentliche Rahmen wird durch eine der beiden Methoden `SetStandard` bzw. `SetAlternate` erzeugt. Beim normalen Öffnen wird immer der Standardrahmen verwendet.

Die für die Rahmen verwendeten Zeichen sind in der Datei W101.DCL zusammengefaßt (Abschnitt 6.3.9).

Beachten Sie bitte, daß `SetStandard` und `SetAlternate` die aktuelle Fenstergröße für Turbo-Pascal wieder reduzieren, sodaß der Rahmen auf keinen Fall überschrieben werden kann.

```
{******************************************************************************
*                                                                             *
*  Open                                                                       *
*                                                                             *
******************************************************************************}

procedure Wnd1T.Open( XMin, XMax, YMin, YMax : integer; Name : WNameT );
begin
WndOK:= false;
if XMax > ScrColumnsC - 2 then
   begin
   WndError:= WndWrongParam;
   exit;
   end;
BaseWndT.Open( pred( XMin ), succ( XMax ), pred( YMin ), succ( YMax ) );
if not WndOK then exit;
WName:= Name;
SetStandard;
end; {-- Open }

{******************************************************************************
*                                                                             *
*  SetStandard                                                                *
*                                                                             *
******************************************************************************}

procedure Wnd1T.SetStandard;

var I                          : integer;
    XSpan, YSpan               : integer;
    DspName                    : WNameT;

begin

crt.Window( WXMin, WYMin, succ( WXMax ), WYMax );

XSpan:= succ( WXMax - WXMin ); {-- Spaltenzahl }
YSpan:= succ( WYMax - WYMin ); {-- Zeilenzahl }

gotoXY( 1, 1 );
write( UpperLeft1C );
for I:= 2 to pred( XSpan ) do
   write( Horizontal1C );
write( UpperRight1C );
```

```
for I:= 2 to pred( YSpan ) do
   begin
   gotoXY( 1, I );
   write( Vertical1C );
   gotoXY( XSpan, I );
   write( Vertical1C );
   end;

gotoXY( 1, YSpan );
write( LowerLeft1C );
for I:= 2 to pred( XSpan ) do
   write( Horizontal1C );
write( LowerRight1C );

{-- Namen zentriert eintragen --}
DspName:= copy( WName, 1, XSpan-2 ); {-- Maximale Laenge ist XSpan-2 }
gotoXY( succ( trunc( succ( XSpan )/2 - length( DspName )/2 ) ), 1 );
write( DspName );

crt.Window( succ( WXMin ), succ( WYMin ), pred( WXMax ), pred( WYMax ) );

end; {-- SetStandard }

{*****************************************************************************
*                                                                            *
*  SetAlternate                                                              *
*                                                                            *
*****************************************************************************}

procedure Wnd1T.SetAlternate;

var I                        : integer;
    XSpan, YSpan             : integer;
    DspName                  : WNameT;

begin

crt.Window( WXMin, WYMin, succ( WXMax ), WYMax );

XSpan:= succ( WXMax - WXMin ); {-- Spaltenzahl }
YSpan:= succ( WYMax - WYMin ); {-- Zeilenzahl }

gotoXY( 1, 1 );
write( UpperLeft2C );
for I:= 2 to pred( XSpan ) do
   write( Horizontal2C );
write( UpperRight2C );

for I:= 2 to pred( YSpan ) do
   begin
   gotoXY( 1, I );
   write( Vertical2C );
   gotoXY( XSpan, I );
   write( Vertical2C );
   end;

gotoXY( 1, YSpan );
write( LowerLeft2C );
```

```
for I:= 2 to pred( XSpan ) do
   write( Horizontal2C );
write( LowerRight2C );

{-- Namen zentriert eintragen --}
DspName:= copy( WName, 1, XSpan-2 ); {-- Maximale Laenge ist XSpan-2 }
gotoXY( succ( trunc( succ( XSpan )/2 - length( DspName )/2 ) ), 1 );
write( DspName );

crt.Window( succ( WXMin ), succ( WYMin ), pred( WXMax ), pred( WYMax ) );

end; {-- SetAlternate }
```

6.3.7 Implementierung Wnd2T

Die Methode `Open` verlangt in den Parametern `XStart` und `YStart` Bildschirmkoordinaten, von denen aus das Fenster "explodiert" werden soll. `Close` schließt das Fenster zu diesem Punkt hin. Der Effekt entsteht durch schnelles Öffnen bzw. Schließen von Fenstern mit geeignet vergrößerten bzw. verkleinerten Koordinaten. Beachten Sie bitte, wie zum Öffnen und Schließen die Methoden des Vorgängers `Wnd1T` verwendet werden. `Open` und `Close` implementieren nur die zusätzliche Mechanik für die Koordinaten- und Zeitsteuerung.

Die Routine `sign` liefert das erweiterte Vorzeichen des Arguments. `sign` ist als weitere Routine in die Unit `General` aufgenommen worden (s.u.)

```
{*****************************************************************************
*                                                                            *
*  Open                                                                      *
*                                                                            *
*****************************************************************************}

procedure Wnd2T.Open( XMin, XMax, YMin, YMax : integer; Name : WNameT;
                      XStart, YStart : integer );

var XMinDelta, XMaxDelta,
    YMinDelta, YMaxDelta,
    TempXMin, TempXMax,
    TempYMin, TempYMax          : integer;

var Flag                        : boolean;
    D                           : integer;

begin

WndOK:= false;
```

```
{-- RangeCheck Parameter --}
if ( XStart < 2 ) or ( YStart < 2 ) then
   begin
   WndError:= WndWrongStart;
   exit;
   end;

WXStart:= XStart;
WYStart:= YStart;

XMinDelta:= Sign( XMin - XStart );
XMaxDelta:= Sign( XMax - XStart );
YMinDelta:= Sign( YMin - YStart );
YMaxDelta:= Sign( YMax - YStart );

TempXMin:= XStart + XMinDelta;
TempXMax:= XStart + XMaxDelta;
TempYMin:= YStart + YMinDelta;
TempYMax:= YStart + YMaxDelta;

   repeat
   Flag:= true;
   D:= 0;

   if TempXMin <> XMin then
      begin
      inc( TempXMin, XMinDelta );
      inc( D, 5 );
      Flag:= false;
      end;

   if TempXMax <> XMax then
      begin
      inc( TempXMax, XMaxDelta );
      inc( D, 5 );
      Flag:= false;
      end;

   if TempYMin <> YMin then
      begin
      inc( TempYMin, YMinDelta );
      inc( D, 5 );
      Flag:= false;
      end;

   if TempYMax <> YMax then
      begin
      inc( TempYMax, YMaxDelta );
      inc( D, 5 );
      Flag:= false;
      end;

   Wnd1T.Open( TempXMin, TempXMax, TempYMin, TempYMax, Name );
   if not WndOK then exit;
```

```
   delay( D );
   if not Flag then
      begin
      Wnd1T.Close;
      if not WndOK then
         exit;
      end;

   until Flag;

end; {-- Open }

{*****************************************************************************
*                                                                            *
*  Close                                                                     *
*                                                                            *
*****************************************************************************}

procedure Wnd2T.Close;

var XMinDelta, XMaxDelta,
    YMinDelta, YMaxDelta,
    TempXMin, TempXMax,
    TempYMin, TempYMax       : integer;

var Flag                     : boolean;
    D                        : integer;

begin

XMinDelta:= Sign( WxStart - WXMin );
XMaxDelta:= Sign( WxStart - WXMax );
YMinDelta:= Sign( WYStart - WYMin );
YMaxDelta:= Sign( WYStart - WYMin );

TempXMin:= succ( WXMin );
TempXMax:= pred( WXMax );
TempYMin:= succ( WYMin );
TempYMax:= pred( WYMax );

   repeat

   Flag:= true;
   D:= 0;

   if ( TempXMax = TempXMin ) and ( TempYMax = TempYMin ) then
      begin {-- Verschieben --}

      D:= 20;
      if TempXMin <> WXStart then
         begin
         inc( TempXMin, XMinDelta );
         inc( TempXMax, XMaxDelta );
         Flag:= false;
         end;
```

```
      if TempYMax <> WYstart then
         begin
         inc( TempYMin, YMinDelta );
         inc( TempYMax, YMaxDelta );
         Flag:= false;
         end;

      end
   else
      begin {-- Verkleinern }

      if ( XMinDelta > 0 ) and ( TempXMin <> WXStart ) then
         begin
         if TempXMax - TempXMin > 0 then
            inc( TempXMin, XMinDelta );
         inc( D, 5 );
         Flag:= false;
         end;

      if ( XMaxDelta < 0 ) and ( TempXMax <> WXStart ) then
         begin
         if TempXMax - TempXMin > 0 then
            inc( TempXMax, XMaxDelta );
         inc( D, 5 );
         Flag:= false;
         end;

      if ( YMinDelta > 0 ) and ( TempYMin <> WYStart ) then
         begin
         if TempYMax - TempYMin > 0 then
            inc( TempYMin, YMinDelta );
         inc( D, 5 );
         Flag:= false;
         end;

      if ( YMaxDelta < 0 ) and ( TempYMax <> WYStart ) then
         begin
         if TempYMax - TempYMin > 0 then
            inc( TempYMax, YMaxDelta );
         inc( D, 5 );
         Flag:= false;
         end;
      end;

   Wnd1T.Close;
   if not WndOK then exit;

   if not Flag then
      begin
      Wnd1T.Open( TempXMin, TempXMax, TempYMin, TempYMax, WName );
      if not WndOK then exit;
      delay( D );
      end;

   until Flag;

end; {-- Close }
```

6.3.8 Implementierung Wnd3T

Die Rollbalken in Wnd3T werden durch spezielle Zeichen angezeigt, die in der Datei W101.DCL untergebracht sind (Abschnitt 6.3.9). Die Länge der Rollbalken orientiert sich immer an der mommentanen Größe des Fensters. Die Position des "Markers" wird im Bereich von 0 bis 100, d.h. als Prozentzahl zur Gesamtlänge des Rollbalkens im Argument angegeben.

Der Objekttyp stellt nur Rollbalken und Marker dar, die Verbindung zwischen Rollbalken und Anwendungsprogramm muß der Programmierer selbst herstellen.

In Turbo-Vision ist diese Verbindung professionell über sog. *Events* gelöst. Turbo Vision ist Thema des Kapitel 9.

```
{*****************************************************************************
*                                                                            *
*  SetHorizontalScroll                                                       *
*                                                                            *
*****************************************************************************}

procedure Wnd3T.SetHorizontalScroll( Percent : integer );

var I                          : integer;
    Size                       : integer;

begin
WndOK:= false;

{-- RangeCheck Parameter --}
if ( Percent < 0 ) or ( Percent > 100 ) then
   begin
   WndError:= WndWrongScroll;
   exit;
   end;

crt.Window( WXmin, WYMin, WXMax, WYMax );
Size:= pred( WXMax - WXMin ); {-- Anzahl Zeichen in ScrollArea }

gotoXY( 2, succ( WYMax-WYMin ) );
for I:= 1 to Size do
   write( ScrollBarHC );

gotoXY( trunc( Percent/100*pred( Size ) )+2, succ( WYMax - WYMin ) );
HighVideo;
write( ScrollBarHC );
LowVideo;

crt.Window( succ( WXMin ), succ( WYMin ), pred( WXMax ), pred( WYMax ) );
WndOK:= true;
end; {-- SetHorizontalScroll }
```

```
{****************************************************************************
*                                                                           *
*  SetVerticalScroll                                                        *
*                                                                           *
****************************************************************************}

procedure Wnd3T.SetVerticalScroll( Percent : integer );

var I                        : integer;
    Size                     : integer;

begin
WndOK:= false;

{-- RangeCheck Parameter --}
if ( Percent < 0 ) or ( Percent > 100 ) then
   begin
   WndError:= WndWrongScroll;
   exit;
   end;

crt.Window( WXmin, WYMin, WXMax, WYMax );
Size:= pred( WYMax - WYMin ); {-- Anzahl Zeichen in ScrollArea }

for I:= 1 to Size do
   begin
   gotoXY( succ( WXMax-WXMin ), succ( I ) );
   write( ScrollBarVC );
   end;

gotoXY( succ( WXMax - WXMin ), trunc( Percent/100*pred( Size ) )+2  );
HighVideo;
write( ScrollBarVC );
LowVideo;

crt.Window( succ( WXMin ), succ( WYMin ), pred( WXMax ), pred( WYMax ) );
WndOK:= true;
end; {-- SetVerticalScroll }
```

6.3.9 Zeichenkonstanten für Rahmen und Rollbalken

In der Datei W101.DCL sind die Zeichenkonstanten zur Darstellung der Rahmen und Rollbalken zusammengefaßt. Sie können somit einfach an eigene Bedürfnisse angepaßt werden.

```
{-- Konstanten fuer Rahmen und Scrollbars etc --}

{-- Einfacher Rahmen --}

const UpperLeft1C          = #218;
      LowerLeft1C          = #192;
      UpperRight1C         = #191;
      LowerRight1C         = #217;

      Vertical1C           = #179;
      Horizontal1C         = #196;

{-- Doppelter Rahmen --}

const UpperLeft2C          = #201;
      LowerLeft2C          = #200;
      UpperRight2C         = #187;
      LowerRight2C         = #188;

      Vertical2C           = #186;
      Horizontal2C         = #205;

{-- Scrollbars --}

const ScrollBarHC          = #176; {-- Horizontal : graues Viereck }
const ScrollBarVC          = #176; {-- Vertikal   : graues Viereck }
```

6.3.10 Erweiterung der Unit General

In der Implementierung von `Wnd2T` wird in dem Methoden `Open` und `Close` die Routine `Sign` verwendet. Sie wird in die Unit `General` aufgenommen und ist in der Datei S130 folgendermaßen implementiert:

```
function Sign( A : integer ) : integer;
{
   liefert das erweiterte Vorzeichen von A

   A < 0   : -1
   A = 0   :  0
   A > 0   :  1
}

begin
if A < 0 then
   Sign:= -1
else
   if A > 0  then
      Sign:= 1
   else
      Sign:= 0;
end; {-- Sign }
```

6.4 Ein Beispiel

Fenster werden normalerweise in der umgekehrten Reihenfolge des Öffnens wieder geschlossen. Der in Kapitel 5 entwickelte Kellerspeicher bietet sich daher an, die einzelnen Instanzen zu verwalten. Beachten Sie bitte, daß BaseWndT zu diesem Zweck von StackElmT abgeleitet sein muß.

Das folgende Beispiel öffnet drei Fenster vom Typ Wnd3T und schließt sie in der richtigen Reihenfolge wieder (Sourcecode in der Datei TEST1). Durch die Verzögerungsanweisungen ist deutlich zu sehen, wie die drei Fenster "explodieren" und übereinander angeordnet werden. Im Programm wird von der neuen "erweiterten Syntax" der Version 6 Gebrauch gemacht, denn StackT.Push ist eigentlich eine Funktion, wird hier aber als Prozedur verwendet, d.h. das Ergebnis wird ignoriert. Die erweiterte Syntax wird durch den Compilerschalter $X (bzw. im Meu Options durch den Schalter *extended Syntax*) aktiviert.

```
{$X+}
uses crt, Window, Stack;

type Wnd3PT  = ^Wnd3T;

var W3P     : Wnd3PT;
    Stck    : StackT;
    I       : integer;

begin

Stck.Init;

{-- Oeffnen von drei Fenstern --}

for I:= 5 to 7 do
   begin
   new( W3P );
   W3P^.Init;
   W3P^.Open( 2*I, 2*I+10, 2*I, 2*I+5, 'Test', 2, 2 );
   Stck.Push( W3P );
   clrscr;
   delay( 100 );
   end;

delay( 1000 );
```

```
{-- Schliessen in umgekehrter Reihenfolge --}

W3P:= Wnd3PT( Stck.Pop );
while W3P <> nil do
   with W3P^ do
      begin
      Close;
      Done;
      dispose( W3P );
      W3P:= Wnd3PT( Stck.Pop );
      end;

Stck.Done;

end.
```

In diesem Beispiel ist nicht für jede Instanz eine Variable erforderlich, da der Kellerspeicher die Aufgabe der Speicherung übernimmt. Auf diese Weise können dynamisch beliebig viele Fenster erzeugt und verwaltet werden.

Die Notwendigkeit der expliziten Beförderung des von `Pop` zurückgelieferten Zeigers macht die Deklaration des Typs `Wnd3PT` erforderlich. Die Beförderung kann nicht mit `Wnd3T` selber durchgeführt werden, die Anweisung

```
WP:= ^Wnd3T( Stack.Pop );
```

ist unzulässig. Es empfiehlt sich also, bei der Entwicklung von Objekten die zugehörigen Zeigertypen gleich mitzudeklarieren.

Möchte man mit dem obigen Programm Fenster unterschiedlicher Typen verwalten, muß der von `StackT.Pop` zurückgelieferte Zeiger wieder zum richtigen Typ befördert werden, unter anderem damit die `dispose`-Anweisung die richtige Menge Speicher freigeben kann.

Hier bleibt (bis zum nächsten Kapitel) nur die in der Fallstudie Kellerspeicher in Abschnitt 5.13 vorgestellte Einführung einer zusätzlichen Statusvariablen in den Datenbereich aller Objekte. Diese Variable wird dann von der Methode `Init` des entsprechenden Fensterobjekts gesetzt und kann dann zur "Beförderungsentscheidung" - z.B. in einer `case`-Anweisung - verwendet werden. `Init` kann nun nicht mehr vererbt werden, sondern muß für jedes Fensterobjekt getrennt implementiert werden.

Die folgenden Programmfragmente zeigen, wie die zusätzliche Statusvariable `ObjectType` in den verschiedenen `Init`-Methoden besetzt wird.

Datei W100:

```
procedure BaseWndT.Init;
begin
ObjectType:= BaseWndT;
Status:= Closed;
WndOK:= true;
end; {-- Init }
```

Datei W101:

```
procedure Wnd1T.Init;
begin
BaseWndT.Init;
ObjectType:= Wnd1;
end; {-- Init }
```

Datei W102:

```
procedure Wnd2T.Init;
begin
Wnd1T.Init;
ObjectType:= Wnd2;
end; {-- Init }
```

Datei W103:

```
procedure Wnd3T.Make
begin
Wnd2T.Init;
ObjectType:= Wnd3;
end; {-- Init }
```

Ein Beispielprogramm zum richtigen Öffnen und Schließen von drei verschiedenen Fenstern könnte etwa so aussehen:

```
{-- Verwalten von unterschiedlichen Fenstertypen mit dem Stack }

{$X+}
uses crt, Window, Stack;

type StackElmPT              = ^StackElmT;
     BaseWndPT               = ^BaseWndT;
     Wnd1PT                  = ^Wnd1T;
     Wnd2PT                  = ^Wnd2T;
     Wnd3PT                  = ^Wnd3T;
```

```
var WP      : StackElmPT;
    BaseWP  : BaseWndPT;
    W1P     : Wnd1PT;
    W2P     : Wnd2PT;
    W3P     : Wnd3PT;

    Stck    : StackT;
    I       : integer;

begin

Stck.Init;

{-- Oeffnen von drei verschiedenen Fenstern ---}

New( W2P );
W2P^.Init;
W2P^.Open( 10, 20, 10, 15, 'Wnd2T', 2, 2 );
Stck.Push( W2P );
clrscr;
delay( 100 );

New( W1P );
W1P^.Init;
W1P^.Open( 12, 22, 12, 17, 'Wnd1T' );
Stck.Push( W1P );
clrscr;
delay( 100 );

New( W2P );
W2P^.Init;
W2P^.Open( 14, 24, 14, 19, 'Wnd2T', 2, 2 );
Stck.Push( W2P );
clrscr;
delay( 100 );


delay( 1000 );

{-- Schliessen in umgekehrter Reihenfolge --}

WP:= Stck.Pop;
while WP <> nil do
   begin

   case BaseWndPT( WP )^.ObjectType of

   BaseWnd     : begin
                 BaseWP:= BaseWndPT( WP );
                 BaseWP^.Close;
                 BaseWP^.Done;
                 Dispose( BaseWP );
                 end;
```

```
    Wnd1        : begin
                  W1P:= Wnd1PT( WP );
                  W1P^.Close;
                  W1P^.Done;
                  Dispose( W1P );
                  end;

    Wnd2        : begin
                  W2P:= Wnd2PT( WP );
                  W2P^.Close;
                  W2P^.Done;
                  Dispose( W2P );
                  end;

    Wnd3        : begin
                  W3P:= Wnd3PT( WP );
                  W3P^.Close;
                  W3P^.Done;
                  Dispose( W3P );
                  end;

    end; {-- case }

    delay( 100 );
    WP:= Stck.Pop;
    end; {-- while WP <> nil }

  Stck.Done;

  end.
```

In dieser so geänderten Implementierung der Fensterobjekte treten die Nachteile der "Markierung" der verschiedenen Objekte durch eine spezielle Variable deutlich zutage. Es ist insbesondere die fehlende Erweiterbarkeit, die diesen Ansatz so ungeeignet macht. So muß man sich bereits bei der Deklaration von BaseWndT überlegen, welche Objekte in der Hierarchie überhaupt verwendet werden sollen, denn für jedes Objekt muß ein Element im Aufzählungstyp für die Statusvariable vorgesehen werden. Das kann man noch durch eine unspezifizierte Aufzählungsvariable (z.B. byte oder integer) umgehen, aber spätestens im Beispielprogramm muß man sich festlegen. Dort muß nämlich für jedes mögliche Fensterobjekt auch eine zugeordnete Auswahl in der case-Anweisung vorgesehen werden. Für jeden Aufruf einer Methode ist dann eine solche case-Anweisung erforderlich.

Betrachtet man die case-Anweisung genauer, stellt man fest, daß eigentlich immer die gleichen Anweisungen ausgeführt werden, aber eben mit unterschiedlichen Typen. Hier würde man sich wünschen, daß Turbo-Pascal *in Abhängigkeit des Typs, auf den der Pointer zeigt* (und nicht in Abhängigkeit vom *Typ des Pointers)* Aktionen ausführt. Dann nämlich könnte man einfach folgendes schreiben:

```
WP:= Stck.Pop;
while WP <> nil do
   begin

   WP^.Close;
   WP^.Done;
   Dispose( WP );

   delay( 100 );
   WP:= Stck.Pop;
   end; {-- while WP <> nil }
```

Je nachdem, von welchem Typ das Objekt ist, auf das `WP` zeigt, würden die "richtigen" `Close` und `Done` Routinen aufgerufen. Ebenso könnte die Größe des Typs festgestellt und zur Freigabe des Speichers verwendet werden.

Dies und noch einiges mehr wird mit den sog. *virtuellen Methoden* und *polymorphischen Objekten* erreicht, die Thema des nächsten Kapitels sind.

7 Virtuelle Methoden

7.1 Ein ganz neues Konzept

Stellen Sie sich vor, Sie haben das im letzten Kapitel entwickelte Fenstersystem in Unit-Form zur Verfügung, um es in einer größeren Programmentwicklung zu verwenden. Da der Quelltext nicht verfügbar ist, kann auch die Funktionalität der Unit nicht mehr geändert werden. Je mehr solcher Units in der Programmentwicklung verwendet werden, um so mehr sieht sich der Programmentwickler Zwängen ausgesetzt, genau die vordefinierten Schnittstellen dieser Unit einzuhalten. Das Problem liegt darin, daß der Entwickler der Unit nicht weiß, für welche Anwendung seine Unit verwendet werden wird. Ein oft beschrittener Weg zur Milderung dieses Problems ist, für möglichst viele vorhersehbare Anwendungsfälle Routinen oder besondere Parameter vorzusehen. Damit wird zwar die potentielle Verwendungsbreite erhöht, aber gleichzeitig steigt die Komplexität der Schnittstelle zum Anwenderprogramm unerwünscht stark an.

Ein eleganterer Weg wäre, wenn man einzelne Funktionen der Unit an seine eigenen Bedürfnisse anpassen, den Rest aber unverändert übernehmen könnte. Die Technik der Vererbung bietet hier einige Möglichkeiten. Durch Definition von abgeleiteten Objekten können Methoden wahlweise übernommen oder aber neu definiert werden. Das im letzten Kapitel entwickelte Fenstersystem zeigt ein Beispiel für diese Einsatzmöglichkeit auf: Während die `Init`-Methoden vererbt werden, definiert jeder abgeleitete Objekttyp z.B. eigene `Open`-Methoden.

Die Grenzen dieser Technik werden im letzten Programm in Kapitel 6 ersichtlich: Vom Sinn her identischer Code muß dupliziert werden, um die unterschiedlichen Typen in einer Objekthierarchie richtig behandeln zu können. Ein Programmierer kann sich zwar neue Objekttypen für spezielle Fenster ableiten, muß jedoch dann in (evtl. sehr vielen) `case`-Anweisungen im Programm eine weitere Fallunterscheidung einbauen. Das letzte Programm aus Kapitel 6 macht diesen Zwang wohl ausreichend deutlich.

Zumindest wäre das Problem aber lösbar, wenn auch mit Mühe. Schlimmer wird die Lage jedoch dann, wenn der Programmierer der Units `Stack` und `Window` den Code zum Öffnen und Schließen der Fenster zusammen mit den

Stackoperationen in einer weiteren Unit zusammengefaßt hätte. Der Interfaceteil einer solchen Unit `sWindow` (für Stack/Window) könnte etwa folgendermaßen aussehen:

```
type SWindowT              = object( StackT )

        procedure Init;

        procedure OpenBaseWnd( XMin, XMax, YMin, YMax : integer );

        procedure OpenWnd1( XMin, XMax, YMin, YMax : integer;
                            Name : WNameT );

        procedure OpenWnd2( XMin, XMax, YMin, YMax : integer;
                            Name : WNameT; XStart, YStart : integer );

        procedure OpenWnd3( XMin, XMax, YMin, YMax : integer;
                            Name : WNameT; XStart, YStart : integer );

        procedure CloseWnd;

        end; {-- SWindowT }

type WndStackPT            = ^WndStackT;
```

Für jeden der möglichen vier Typen von Fenstern wurde eine eigene `OpenWnd`-Routine definiert, die eine Instanz des gewünschten Typs erzeugt und auf einem Stack ablegt. Das jeweils letzte Fenster ist auch das aktuelle Fenster, in das Daten ausgegeben werden können. Zum Schließen reicht eine Prozedur aus, da der Programmierer von `sWindow` die Instanzen an Hand ihres `ObjectType`-Statusfeldes richtig identifizieren kann.

Da der Sourcecode für die Unit nicht zur Verfügung steht, kann ein Nutzer zwar die vier Fenstertypen verwenden, er kann jedoch keine eigenen, selbst abgeleiteten Fenstertypen zusammen mit dieser Unit verwenden. Und das, obwohl zum Öffnen bzw. Schließen eines *jeden* Fensters immer die gleichen Operationen notwendig sind: Erzeugen mit `New`, Aufrufen von `Init` und `Open` und Ablegen auf dem Stack mit `Push`, bzw. wieder abholen mit `Pop`, Aufrufen von `Close` und `Done` und zum Schluß wieder Löschen mit `Delete`.

Man kann sich leicht vorstellen, daß diese Situation typisch für eine Vielzahl von Programmieraufgaben ist. Allein in einem Fenstersystem lassen sich unzählige Anwendungsfälle finden: So ist der Code zum Verschieben eines Fensters mit der Maus sicherlich nicht trivial, besteht aber wohl für jeden der vier Fenstertypen aus den gleichen Schritten. Ebenso verhält es sich mit Code zum Ändern der Größe eines Fensters und vielen anderen Operationen, die auf Fenstern möglich sind. Alle diese Operationen sollen möglichst nur ein Mal implementiert werden und dann für alle Fenstertypen anwendbar sein. Eine zusätzliche Forderung ist, daß die Operationen auch für später zu definierende Fenstertypen anwendbar sein sollen.

Die Entwicklung der Technik virtueller Methoden in der objektorientierten Programmierung ist aus genau dieser Problemstellung entstanden.

7.2 Ein Beispiel

Betrachten wir zu Beginn ein einfaches Beispiel. Die beiden Objekte AT und BT definieren jeweils eine Prozedur DoIt. BT ist als Nachfolger von AT definiert.

```
{-- Beispiel 1 fuer virtuelle Methoden
    Datei Kap7/Bsp01 }

type AT                         = object
         AVar                   : integer;
         procedure DoIt;
         end; {-- AT }
     APT                        = ^AT;

type BT                         = object( AT )
         BVar                   : integer;
         procedure DoIt;
         end; {-- BT }
     BPT                        = ^BT;

procedure AT.DoIt;
begin
Writeln( 'Hier ist AT.DoIt' );
end; {-- DoIt }

procedure BT.DoIt;
begin
Writeln( 'Hier ist BT.DoIt' );
end; {-- DoIt }

var AP : APT;
    BP : BPT;

begin

New( AP );
New( BP );

AP^.DoIt;
BP^.DoIt;
AP:= BP;

{-- hier wird AT.DoIt aufgerufen, da AT der Basistyp von AP ist }
AP^.Doit;

end.
```

Das Programm liefert als Ergebnis die Zeilen

```
Hier ist AT.DoIt
Hier ist BT.DoIt
Hier ist AT.DoIt
```

Der Compiler hat bei der Übersetzung der Anweisung `AP^.DoIt` einen Aufruf der Methode `AT.DoIt` codiert, da `AP` ein Zeiger auf eine Instanz von `AT` ist. Analoges gilt für die Anweisung `BP^.DoIt`.

Wenn `DoIt` als virtuelle Methode deklariert wird, ergibt sich ein unterschiedliches Bild.

```
{-- Beispiel 2 fuer virtuelle Methoden
    Datei Kap7/Bsp02 }

type AT                         = object
        AVar                    : integer;

        constructor Make;
        procedure DoIt; virtual;
        end; {-- AT }
     APT                        = ^AT;

type BT                         = object( AT )
        BVar                    : integer;

        procedure DoIt; virtual;
        end; {-- BT }
     BPT                        = ^BT;

constructor AT.Make;
begin
end; {-- Make }

procedure AT.DoIt;
begin
Writeln( 'Hier ist AT.DoIt' );
end; {-- DoIt }

procedure BT.DoIt;
begin
Writeln( 'Hier ist BT.DoIt' );
end; {-- DoIt }

var AP : APT;
    BP : BPT;

begin

New( AP ); AP^.Make;
New( BP ); BP^.Make;

AP^.DoIt;
BP^.DoIt;
AP:= BP;
```

```
{-- hier wird BT.DoIt aufgerufen, da DoIt virtuell ist und AP auf eine
    Instanz von BT zeigt. }
AP^.Doit;

end.
```

Die Programmausführung liefert das Ergebnis

```
Hier ist AT.DoIt
Hier ist BT.DoIt
Hier ist BT.DoIt
```

Offenbar wurde bei der ersten `AP^.DoIt`-Anweisung `AT.DoIt`, bei der zweiten aber `BT.DoIt` aufgerufen. Der Grund liegt in der vorausgegangenen Zuweisung. Sind nämlich `AP` und `BP` Zeiger auf Instanzen in einer Objekthierarchie mit virtuellen Methoden, wird bei einer Zuweisung der Typ der Instanz mit zugewiesen. `AP` ist zwar als Zeiger auf `AT` deklariert, kann aber auch Instanzen der Nachfolgeobjekte aufnehmen.

Die Regeln für Zuweisungen innerhalb von Objekthierarchien gelten auch hier, d.h. eine Zuweisung `AP:= BP` ist möglich, die umgekehrte Zuweisung dagegen nicht.

Eine Voraussetzung zur Verwendung virtueller Methoden ist die Deklaration eines sog. "Konstruktors". Das Schlüsselwort `constructor` ersetzt dabei das Schlüsselwort `procedure`, ansonsten ist die Syntax identisch zur Deklaration einer gewöhnlichen Methode. Ein Konstruktor wird aber anders übersetzt. Weiterhin muß eine Instanz eines Objekts mit virtuellen Methoden immer durch Aufruf des Konstruktors initialisiert werden, ansonsten ist ein Laufzeitfehler (bzw. der Systemabsturz) vorprogrammiert.

Der Konstruktor `Make` enthält in diesem Beispiel keine sichtbaren Anweisungen. Es werden jedoch bestimmte interne Initialisierungen durchgeführt, die zur korrekten Verwendung der Instanz erforderlich sind. Der Compiler hat den Code für diese Initialisierungen in `Make` aufgenommen, da `Make` mit dem Schlüsselwort `constructor` definiert wurde. Beachten Sie bitte, daß der Konstruktor an `BT` vererbt wurde.

Konstruktoren können wie normale Methoden ausführbare Anweisungen enthalten. Üblicherweise initialisiert man im Konstruktor den Datenbereich des Objekts.

```
type AT                         = object
        AVar                    : integer;

        constructor Make;
        procedure DoIt; virtual;
        end; {-- AT }
     APT                        = ^AT;
```

```
type BT                         = object( AT )
        BVar                    : integer;
        constructor Make;
        procedure DoIt; virtual;
        end; {-- BT }
     BPT                        = ^BT;

constructor AT.Make;
begin
AVar:= 0;
end; {-- Make }

constructor BT.Make;
begin
AT.Make;
BVar:= 0;
end; {-- Make }
```

Beachten Sie, daß der Konstruktor von BT den Datenbereich von AT nicht selber initialisiert, sondern dafür den Konstruktor von AT verwendet.

Man sieht, daß Konstruktoren auch wie normale Methoden aufrufbar sind. Die volle Mächtigkeit virtueller Methoden zeigt sich, wenn das Objekt AT in eine Unit verlegt wird (Sourcecode auf der Begleitdiskette im Verzeichnis KAP7).

```
unit Vtest;

interface

type AT                         = object

        AVar                    : integer;
        constructor Make;
        procedure DoIt; virtual;

        end; {-- AT }

type APT                        = ^AT;

var AP                          : APT;

procedure DoSomething;

implementation


constructor AT.Make;
begin
end; {-- Make }

procedure AT.DoIt;
begin
writeln( 'Hier ist AT.DoIt' );
end; {-- DoIt }
```

```
procedure DoSomething;

begin
AP^.DoIt;
end; {-- DoSomething }

begin
new( AP ); AP^.Make;

end.
```

Wird die Prozedur `DoSomething` aus einem Hauptprogramm aufgerufen, wird natürlich der Text "`Hier ist AT.DoIt`" ausgegeben:

```
uses VTest;

begin
DoSomething;
end.
```

Nun fügen wir im Hauptprogramm das abgeleitete Objekt `BT` hinzu und weisen `AP` einen Zeiger auf eine initialisierte Instanz dieses neuen Objekts zu.

```
uses VTest;

type BT                     = object( AT )

        BVar                : integer;
        procedure DoIt; virtual;

        end; {-- BT }

type BPT                    = ^BT;

procedure BT.DoIt;
begin
writeln( 'Hier ist BT.DoIt' );
end; {-- DoIt }

var BP : BPT;

begin

DoSomething;

new( BP ); BP^.Make;
AP:= BP;

DoSomething;
end.
```

Bei der Ausführung dieses Programms wird "`Hier ist BT.DoIt`" ausgegeben! *Ohne daß* `VTest` *neu übersetzt werden müßte, hat* `DoSomething` *eine erst im Anwenderprogramm definierte Routine aufgerufen.*

7.3 Late Binding

Bei näherer Betrachtung stellt sich die Frage, welche Adresse der Compiler bei Übersetzung von VTest beim Antreffen einer Anweisung wie AP^.DoIt für DoIt einsetzt. Zum Zeitpunkt der Übersetzung von VTest ist nicht bekannt, welche DoIt-Prozedur im Endeffekt aufgerufen werden soll. Nachfolgende Units oder Anwendungsprogramme können beliebig viele eigene DoIt-Prozeduren implementieren. Erst zur Laufzeit des Programms kann aus dem Wert (bzw. genaugenommen aus dem mommentanen *Typ*) von AP entnommen werden, welche DoIt-Prozedur gemeint ist.

Die Zuordnung von Prozeduraufruf und tatsächlich aufgerufener Prozedur wird hier erst zur Laufzeit des Programms hergestellt. Diesen Vorgang nennt man *late binding*. Im Gegensatz dazu bedeutet *early binding*, daß die Verbindung bereits zur Übersetzungszeit hergestellt wird. Technisch bedeutet early binding, daß beim Übersetzen einer Prozeduranweisung sofort ein Sprung auf die Adresse der gleichnamigen Prozedur codiert wird. Eine Folge davon ist, daß Prozeduren bei early binding immer erst definiert werden müssen, bevor sie verwendet werden können. Early binding ist das aus konventionellen Programmiersprachen bekannte Verfahren. Auch bei Objekten ohne virtuelle Methoden wird early binding verwendet.

Late Binding bedeutet aber nicht, daß die Prozedur zur Übersetzungszeit überhaupt noch nicht definiert sein muß. Selbst dann, wenn grundsätzlich eine erst später zu definierende Prozedur aufgerufen werden soll, muß trotzdem aus formalen Gründen eine lokale Prozedur diesen Namens implementiert werden.

7.4 Formale Voraussetzungen

Um virtuelle Methoden richtig einsetzen zu können, sind einige Voraussetzungen bei der Programmierung zu beachten.

7.4.1 Einmal virtuell - immer virtuell

Virtuelle Methoden können nur innerhalb von Objekthierarchien verwendet werden. In letzten Beispiel mußte BT deshalb als Nachfolger von AT definiert werden.

Ist eine Methode einmal als virtuell deklariert, muß sie auch in allen Nachfolgern virtuell sein. Wird die Methode vererbt, ist dies automatisch der Fall, wird sie redefiniert, muß sie explizit mit dem Schlüsselwort virtual versehen werden. Wird eine virtuelle Methode redefiniert, muß die Deklaration *exakt* der Deklaration im Vorgänger entsprechen. Nur die Implementierung kann unterschiedlich sein.

Eine Objekthierarchie mit virtuellen Methoden könnte etwa so aussehen:

```
type BaseT                    = object

        procedure DoIt( XPos, YPos : integer );

        end; {-- DoIt }


type Obj1T                    = object( BaseT )

        constructor Make;
        procedure DoIt( XPos, YPos : integer; Start : integer ); virtual;

        end; {-- Obj1T }

type Obj2T                    = object( Obj1T )

        procedure DoIt( XPos, YPos : integer; Start : integer ); virtual;

        end; {-- Obj2T }

type Obj3T                    = object( Obj2T )

        procedure DoSomethingElse;

        end; {-- Obj3T }
```

`BaseT` ist ein gewöhnliches Objekt mit einer Methode. In `Obj1T` wird diese Methode redefiniert und gleichzeitig virtuell. Beachten Sie, daß `BaseT.DoIt` und `Obj1T.DoIt` unterschiedliche Parameterlisten haben. `Obj2T` redefiniert `DoIt`, da `Obj1T.Doit` bereits virtuell ist, muß auch `Obj2T.DoIt` virtuell und *exakt* wie `Obj1T.DoIt` definiert werden. Der Konstruktor `Make` wird vererbt. `Obj3T` schließlich erbt `Make` und `DoIt`, `DoIt` bleibt virtuell. Die neudefinierte Methode `DoSomethingElse` ist nicht virtuell.

Wird eine redefinierte virtuelle Methode nicht genau wie im Vorgängerobjekt deklariert, bricht Turbo-Pascal die Übersetzung mit der Fehlermeldung `Error 131: Header does not match previous definition` ab. Wird versucht, eine virtuelle Methode mit einer nicht-virtuellen Methode zu redefinieren, bricht Turbo-Pascal mit der Meldung `Error 149: VIRTUAL expected` ab.

7.4.2 Konstruktoren

Eine Instanz eines Objekts mit virtuellen Methoden muß immer durch den Aufruf eines Konstruktors initialisiert werden. Wird dies unterlassen, führt ein Aufrufversuch einer Methode dieses Objekts im allgemeinen zum Systemabsturz. Wenn die Bereichsprüfung (Compilerschalter $R, "Range checking") eingeschaltet ist, prüft Turbo-Pascal vor Aufruf jeder Methode, ob die Instanz initialisiert wurde, d.h. ob der Konstruktor für diese Instanz aufgerufen wurde. Falls nicht, wird der Laufzeitfehler `Error 210: Objekt not initialized` ausgelöst.

Ein Konstruktor ist eine Methode, in deren Deklaration das Schlüsselwort `procedure` (oder `function`) durch `constructor` ersetzt ist. Ein Konstruktor kann ausführbare Pascal-Anweisungen enthalten. Bevor diese beim Aufruf des Konstruktors ausgeführt werden, führt Turbo-Pascal interne Initialisierungen durch, die für die Arbeit mit virtuellen Methoden erforderlich sind. Aus diesem Grunde muß ein Konstruktor auch dann aufgerufen werden, wenn er keine sichtbaren Anweisungen enthält.

Da der erfolgreiche Aufruf eines Konstruktors erst die Voraussetzungen zur Verwendung der Instanz schafft, können Konstruktoren selber nicht virtuell sein. Konstruktoren haben ansonsten die gleichen Eigenschaften wie gewöhnliche Methoden. Sie können vererbt, redefiniert, oder von anderen Methoden aufgerufen werden. Für ein Objekt können mehrere Konstruktoren definiert werden, ebenso ist der mehrmalige Aufruf eines Konstruktors für die gleiche Instanz nicht verboten.

7.5 Virtuelle Methoden und dynamische Objekte

Virtuelle Methoden können sinnvoll nur im Zusammenhang mit dynamischer Speicherverwaltung bzw. mit Zeigern verwendet werden. In den beiden Beispielprogrammen aus Abschnitt 7.2 wird durch die Zuweisung `AP:= BP` nicht die Instanz selber, sondern nur ein Zeiger auf diese Instanz kopiert. Die Instanz selber bleibt unverändert. Wird dagegen die Instanz selber kopiert, wird der Typ nicht mitübertragen, wie das folgende Beispiel zeigt.

```
type AT                     = object

        AVar                : integer;
        constructor Make;
        procedure DoIt; virtual;

        end; {-- AT }

type APT                    = ^AT;
```

```
type BT                    = object( AT )

        BVar               : integer;
        procedure DoIt; virtual;

        end; {-- BT }

type BPT                   = ^BT;

constructor AT.Make;
begin
end; {-- Make }

procedure AT.DoIt;
begin
writeln( 'Hier ist AT.DoIt' );
end; {-- DoIt }

procedure BT.DoIt;
begin
writeln( 'Hier ist BT.DoIt' );
end; {-- DoIt }

var A : AT;
    B : BT;

begin

A.Make;
B.Make;

A.DoIt;
B.DoIt;
A:= B;
A.Doit;

end.
```

Das Programm gibt als Ergebnis

```
Hier ist AT.Doit
Hier ist BT.Doit
Hier ist AT.Doit
```

aus. Das Ergebnis ist identisch mit dem Programm Bsp01 aus Abschnitt 7.2 ohne virtuelle Methoden. Das Versagen des Mechanismus virtueller Methoden im letzten Beispiel hat einen tieferen Grund. Bei der Zuweisung `A:= B` wird nur das Datenelement `B.AVar` auf `A.Avar` kopiert. `B.BVar` wird nicht kopiert, da `AT` keine solche Variable definiert. Würde also nach der Zuweisung `A:= B` bei der Anweisung `A.DoIt` die Methode `B.DoIt` aufgerufen, besteht die Gefahr, daß `B.DoIt` auf nichtexistente Datenbereiche zugreift.

7.6 Das Problem der Objektgröße

Verschiedene Objekte einer Objekthierarchie haben im allgemeinen verschieden große Datenbereiche. Die Regeln der erweiterten Zuweisungskompatibilität ermöglichen die Zuweisung von Instanzen verschiedener Objekte der Hierarchie an ein- und dieselbe Variable. Bei Verwendung virtueller Techniken ist dies sogar die Regel. Das Beispielprogramm aus Abschnitt 7.2 zeigt, daß erst durch die Zuweisung `AP:= BP` der Unterschied zu normalen Objekten deutlich wird.

Möchte man nun den für eine Instanz zugewiesenen Speicherplatz zurückgeben, kann man nicht einfach `Dispose( AP )` schreiben. Nach der klassischen Definition von `Dispose` wird die Größe des Basistyps von `AP` (hier also `AT`) zur Berechnung des freizugebenden Speicherplatzes verwendet. Zeigt `AP` gerade auf eine Instanz eines Nachfolgers von `AT`, wird im allgemeinen zuwenig Speicher freigegeben.

Das Problem bei der Speicherfreigabe ist nicht neu. Es tritt in der klassischen Programmierung ebenfalls auf, z.B. dann, wenn dynamische Variable verschiedener Typen mit typlosen Zeigern verwaltet werden sollen. Dort führt man eine Variable in den Datenstrukturen mit, die die Größe der Struktur angibt. Das Wichtige ist, daß diese Variable vom Programmierer explizit gesetzt und bei der Rückgabe von Speicher verwendet werden muß.

In der objektorientierten Programmierung haben wir in der Fallstudie Kellerspeicher in Abschnitt 5.13 eine ähnliche Konstruktion verwendet, nur wurde dort nicht die tatsächliche Größe, sondern ein Aufzählungstyp zur Unterscheidung der Typen verwendet. Das Setzen bzw. das Abfragen der entsprechenden Variablen bei der Rückgabe des Speichers war auch hier Aufgabe des Programmierers. Objektorientiertes Programmieren mit virtuellen Methoden bietet hier eine einfache Möglichkeit, Objekte dynamisch zu verwalten, ohne sich um die Größe der Datenbereiche kümmern zu müssen.

7.7 Destruktoren und Dispose

Ein Destruktor ist eine Methode eines Objekts, die mit dem Schlüsselwort `destructor` deklariert wird. Der Destruktor im Zusammenhang mit `Dispose` wird dazu verwendet, die richtige Anzahl Bytes zurückzugeben. Dazu wird der Destruktor als zweites Argument von `Dispose` aufgerufen. Das Programm Bsp01 aus Abschnitt 7.2 kann nun um die noch fehlenden Anweisungen zur Speicherfreigabe erweitert werden.

```
type AT                     = object

       AVar                 : integer;
       constructor Make;
       destructor Kill;
       procedure DoIt; virtual;

       end; {-- AT }

type APT                    = ^AT;

type BT                     = object( AT )

       BVar                 : integer;
       procedure DoIt; virtual;

       end; {-- BT }

type BPT                    = ^BT;

constructor AT.Make;
begin
end; {-- Make }

destructor AT.Kill;
begin
end; {-- Kill }

procedure AT.DoIt;
begin
writeln( 'Hier ist AT.DoIt' );
end; {-- DoIt }

procedure BT.DoIt;
begin
writeln( 'Hier ist BT.DoIt' );
end; {-- DoIt }

var AP : APT;
    BP : BPT;

begin

new( AP ); AP^.Make;
new( BP ); BP^.Make;

AP^.DoIt;
BP^.DoIt;
Dispose( AP, kill );

AP:= BP;
AP^.Doit;

dispose( AP, kill );
end.
```

Obwohl `Dispose` beidesmal mit `AP` aufgerufen wird, wird beim zweiten Aufruf die der Größe von `BT` entsprechende Anzahl Bytes zurückgegeben. Der Destruktor `Kill` enthält in diesem Beispiel keine ausführbaren Anweisungen. Der Compiler hat jedoch - gesteuert durch das Schlüsselwort `destructor` - Code zur Berechnung der Größe der aktuellen Instanz generiert. In Verbindung mit `Dispose` kann so erreicht werden, daß immer die der Größe der gerade zugewiesenen Instanz entsprechende Menge Speicher freigegeben wird.

Wie jede Methode kann ein Destruktor ausführbare Anweisungen enthalten. Diese Anweisungen werden ausgeführt, *bevor* der Code zur Speicherplatzberechnung ausgeführt wird. Ein Objekt kann mehrere verschiedene Destruktoren definieren, und Destruktoren können virtuell sein. Beachten Sie bitte, daß im obigen Beispiel `Kill` an `BT` vererbt wird. Es ist zur korrekten Funktion des Freigabemechanismus nicht erforderlich, daß jedes Objekt seinen eigenen Destruktor definiert oder daß der Destruktor virtuell ist.

Destruktoren sollen aufgerufen werden, wenn ein dynamisch erzeugtes Objekt nicht mehr gebraucht wird. Alle Arbeiten, die zum Ende der Verwendung einer Instanz erforderlich sind, sollten in einem Destruktor zusammengefaßt werden. Im allgemeinen handelt es sich bei diesen Arbeiten um die Rückgabe dynamisch angeforderten Speichers. Oft benötigen Objekte einen variabel großen Speicherbereich zur Durchführung ihrer Aufgaben. Dieser Speicher wird normalerweise bei der Initialisierung des Objekts vom Heap angefordert und bei Beendigung der Arbeit wieder zurückgegeben.

Die Deklaration einer Methode als Destruktor hat außer im Zusammenhang mit `Dispose` keine Wirkung. Aus diesem Grunde sollten für jedes Objekt ein Konstruktor und ein Destruktor definiert werden. Das Objekt kann dadurch flexibler verwendet werden. Vielleicht entscheidet sich doch einmal ein Anwender, das Objekt auf dem Heap zu erzeugen? Ähnlich wie sich für den Namen eines Konstruktors `Make` oder `Init` eingebürgert hat, werden Destruktoren meist `Kill` oder `Done` genannt.

7.8 Konstruktoren und New

Genauso wie `Dispose` kann auch `New` als zweites Argument eine Methode übergeben werden. Diese Methode wird dann sofort nach Zuteilung des Speichers aufgerufen. Werden virtuelle Methoden verwendet, ist diese Methode meist der Konstruktor des Objekts. Statt

```
New( BP ); BP^.Make;
```

schreibt man dann einfacher

```
New( BP, Make );
```

Ist `Make` ein Konstruktor, bietet die neue Syntax neben der Schreibvereinfachung vor allem eine Möglichkeit zur bequemen Behandlung eines Heap-overflow-Fehlers.

7.9 Abfangen von Heap-Overflow-Fehlern

Wird versucht. mehr Speicher auf dem Heap zu reservieren als dort noch verfügbar ist, reagiert Turbo-Pascal standardmäßig mit dem Laufzeitfehler `Error 203: Heap overflow error`. Eine Möglichkeit, diesen Fehler und den folgenden Programmabsturz zu vermeiden, ist die explizite Abfrage des noch zur Verfügung stehenden Speichers vor dem Aufruf von `New` durch die Funktion `MaxAvail`. Der normalerweise beschrittene Weg ist die Installation einer Heap-Error Routine, so daß das Fehlschlagen einer Speicheranforderung nicht zu einem Laufzeitfehler, sondern zu der Zuweisung von `nil` an den übergebenen Zeiger führt. Das nachfolgende Programm muß dann die Variable entsprechend auswerten.

Wird `New` zusammen mit einem Konstruktor verwendet, werden eventuell vorhandene Anweisungen des Konstruktors nur dann ausgeführt, wenn die Speicherzuweisung erfolgreich war. Wenn nicht, wird der Konstruktor nicht aufgerufen und `nil` zurückgeliefert. Fordert der Konstruktor selber noch dynamischen Speicher an, muß auch hier ein eventueller Speicherüberlauf abgefangen werden. Ein gut programmierter Konstruktor macht die bis dahin erfolgreich durchgeführten Initialisierungen rückgängig. Auch in einem solchen Falle wäre es wünschenswert, daß der bereits zugewiesene Speicherplatz für die Instanz wieder freigegeben und der zugeordnete Zeiger auf `nil` gesetzt wird. Turbo-Pascal stellt für diesen Zweck die neue Prozedur `Fail` bereit.

Der Aufruf von `Fail` macht das erfolgreiche Ergebnis von `New` rückgängig. Im folgenden Programm benötigt das Objekt `AT` 10k-Byte internen Speicher, die auf zwei Variablen verteilt werden sollen. Sowohl der Speicherplatz für die Instanz selber als auch der für die lokalen Daten werden vom Heap angefordert.

```
type TenKT                    = array[ 1..10000 ] of char;

type AT                       = object

        Local1P, Local2P      : ^TenKT;

        constructor Make;
        destructor Kill;
        procedure DoIt; virtual;

        end; {-- AT }

type APT                      = ^AT;

constructor AT.Make;
begin

new( Local1P );
if Local1P = nil then
   fail;

new( Local2P );
if Local2P = nil then
   begin
   Dispose( Local1P );
   fail;
   end;

end; {-- Make }

destructor AT.Kill;
begin
Dispose( Local1P );
Dispose( Local2P );
end; {-- Kill }

procedure AT.DoIt;
begin
writeln( 'Hier ist AT.DoIt' );
end; {-- DoIt }

var AP : APT;

{$F+}
function HeapFunc( Size : word ) : integer;
begin
HeapFunc:= 1;
end; {-- HeapFunc }
{$F-}
```

```
begin

{-- Installation Heap Error Routine --}
HeapError:= @HeapFunc;

new( AP, Make );
if AP = nil then
   begin
   writeln( 'nicht genuegend Speicher !' );
   halt( 1 );
   end;

{-- Eigentliches Programm --}
.....


Dispose( AP, Kill );
end.
```

In diesem Programm kann an drei Stellen ein Speicherüberlauf auftreten. Zuerst versucht `New`, ausreichend Speicher für eine Instanz von `AT` zu reservieren. Gelingt das nicht, liefert `New` sofort `nil` zurück, ansonsten wird `Make` ausgeführt. Wenn in `Make` keine 10k-Bytes reserviert werden können, sorgt der Aufruf von `Fail` dafür, daß bereits zugewiesener Speicher für die Instanz von `AT` wieder zurückgegeben wird und `AP` wiederum den Wert `nil` erhält. Die zweite Speicheranforderung wurde in das Programm aufgenommen, um auf einen häufig gemachten Fehler hinzuweisen. Es darf nämlich nicht vergessen werden, vor dem Aufruf von `Fail` die bereits erfolgreich zugewiesenen ersten 10k-Bytes auch wieder freizugeben!

Im obigen Beispiel braucht nach der Erzeugung der Instanz nur der zurückgelieferte Zeiger auf den Wert `nil` geprüft werden, um alle Fehlersituationen abfangen zu können. Wird `AT` zur Ableitung eines weiteren Objekts verwendet und wird dort der Konstruktor von `AT` aufgerufen, kann keine Variable abgefragt werden. Ein Konstruktor kann deshalb auch als Funktion vom Typ `boolean` verwendet werden. Liefert der Konstruktor `false`, wurde innerhalb des Konstruktors `Fail` aufgerufen.

Im folgenden Programmsegment ist `BT` von `AT` abgeleitet. `BT` benötigt zusätzlich 10k-Bytes Speicher.

```
type BT                          = object( AT )
        LocalP                   : ^TenKT;

        constructor Make;
        destructor Kill;
        procedure DoIt; virtual;
        end; {-- AT }
     BPT                         = ^BT;
```

```
constructor BT.Make;
begin

if not AT.Make then
   Fail;

New( LocalP );
if LocalP = nil then
   Fail;

end; {-- Make }

destructor BT.Kill;
begin
AT.Kill;
Dispose( LocalP );
end; {-- Kill }

procedure BT.DoIt;
begin
Writeln( 'Hier ist BT.DoIt' );
end; {-- DoIt }
```

Da `BT` von `AT` abgeleitet ist, sollte der Konstruktor von `BT` zunächst den Konstruktor von `AT` aufrufen, bevor eigene Initialisierungen durchgeführt werden. `AT.Make` wird hier als Funktion verwendet, obwohl die Methode als Prozedur deklariert wurde. Der zurückgelieferte Funktionswert ist `true`, wenn `AT.Make` richtig ausgeführt werden konnte. Der Aufruf von `Fail` innerhalb von `AT.Make` bewirkt die Rückgabe von `false`.

7.10 Zweite Fallstudie Kellerspeicher

In Abschnitt 5.13 haben wir Routinen zur Implementierung eines Kellerspeichers vorgestellt. Wir haben dabei von der erweiterten Zuweisungskompatibilität innerhalb von Objekthierarchien Gebrauch gemacht, um verschiedene Objekte mit dem Kellerspeicher verwalten zu können. Die Handhabung des Kellerspeichers war jedoch etwas umständlich, vor allem weil der Typ der Objekte explizit verwaltet werden mußte, um eine korrekte Beförderung durchführen zu können.

7.10.1 Aufgabenstellung

In dieser Fallstudie soll der Kellerspeicher unter Verwendung virtueller Methoden so erweitert werden, daß die Notwendigkeit zur expliziten Beförderung von Instanzen durch den Programmierer und damit auch die Notwendigkeit zum Mitführen des Objekttyps entfällt.

7.10.2 Realisierung

Die eigentlichen Kellerspeicherroutinen werden kaum geändert, die Neuerung liegt in der Gestaltung der abzulegenden Objekte mit virtuellen Methoden. Auch in dieser Implementierung des Kellerspeichers weiß der Entwickler nicht, für welche Datentypen der Kellerspeicher verwendet werden wird. Er muß deshalb auch hier ein Urelement deklarieren, von dem der Anwender dann die eigentlichen Datentypen ableutet. Die Ausstattung des Urelements mit der Statusvariablen `ObjektType` ist aber nicht mehr erforderlich, dafür werden ein Konstruktor und ein Destruktor definiert.

7.10.3 Der Interfaceteil

Der Interfaceteil hat sich gegenüber dem ursprünglichen Kellerspeicher wenig geändert. Im Wesentlichen sind Konstruktoren und Destruktoren sowie die Methode `StackT.Clear` hinzugekommen. Der Objekttyp heißt weiterhin `StackT`, er ist jedoch nun in der Unit `VStack` untergebracht.

```
unit VStack;
{
   StackT definiert einen Stack mit 10 Elementen.
   Push legt ein Element ab, liefert true wenn noch Platz
        fuer ein weiteres Element ist.
   Pop  liefert eine Element, nil wenn Stack leer ist.
}

interface

{-- Urtyp eines Stackelements -----------------------------------------}

type StackElmT              = object
      constructor Init;
      destructor Done; virtual;
      end; {-- StackElmT }
  StackElmPT                = ^StackElmT;
```

```
{-- Der Stack selber ---------------------------------------------}

const MaxEntriesC            = 10;

type StackT                  = object
        Buffer               : array[ 1..MaxEntriesC ] of StackElmPT;
        Index                : integer;

        constructor Init;
        destructor Done;

        function Push( EP : StackElmPT ) : boolean;
        function Pop : StackElmPT;
        procedure Clear;

        end; {-- StackT }

implementation


{$I S110 }  {-- Init, Done }
{$I S120 }  {-- Push, Pop }
{$I S130 }  {-- Clear }

{$I S210 }  {-- Init, Done fuer StackElmT }

end.
```

7.10.4 Die Implementierung

Im neuen Objekttyp `StackT` sind die Methoden `Init` und `Done` nun als Konstruktor und Destruktor deklariert. Das ist zwar nicht unbedingt erforderlich, schadet aber auch nicht und ist zudem guter Programmierstil. Die Definition von Konstruktoren und Destruktoren hilft jedoch spätestens dann, wenn ein Anwender `StackT`-Objekte dynamisch auf dem Heap erzeugen möchte.

Die Implementierung unterscheidet sich (bis auf die Schlüsselwörter `constructor` und `destructor`) nicht von der Implementierung in der Unit `StackT`:

```
{--- Implementierung StackT  Init, Done ----}

constructor StackT.Init;
begin
Index:= 1;
end; {-- Init }

destructor StackT.Done;
begin
end; {-- Done }
```

Die neue Methode `Clear` soll alle Einträge des Kellerspeichers löschen und gleichzeitig den für die Instanzen zugewiesenen Speicherplatz zurückgeben.

```
procedure StackT.Clear;

var I                          : integer;

begin
for I:= 1 to Pred( Index ) do
   Dispose( Buffer[ I ], Done );
end; {-- Clear }
```

Hier ist ersichtlich, daß man sich beim Entwurf von `Clear` nicht um die tatsächliche Größe der abgelegten Instanzen kümmern muß. `Dispose` in Verbindung mit dem Destruktor `Done` stellt sicher, daß die Größe der aktuellen Instanz verwendet wird. Beachten Sie bitte, daß die Speicherberechnung auch dann korrekt durchgeführt würde, wenn `StackElmT.Done` nicht virtuell wäre. Die Deklaration von `Done` als Destruktor bewirkt die richtige Berechnung, nicht die Deklaration als virtuelle Methode. Warum `Done` trotzdem virtuell sein sollte, werden wir später sehen.

Obwohl `StackElmT.Done` keine Anweisungen hat, muß der Destruktor implementiert werden (Datei S210). Der Vollständigkeit halber fügen wir auch gleich einen (ebenfalls leeren) Konstruktor `StackElmT.Init` hinzu.

Die einzige Voraussetzung zur korrekten Arbeit von `Clear` ist, daß die zu verwaltenden Objekte von `StackElmT` abgeleitet sein müssen: `StackElmT` und die Typen für die Nutzdatenobjekte müssen zu einer Objekthierarchie gehören.

Das folgende Listing zeigt den noch fehlenden Teil der Implementierung der Unit `VStack`:

```
{--- Implementierung StackT  Push, Pop --}


function StackT.Push( EP : StackElmPT ) : boolean;
begin

if Index = MaxEntriesC then {-- Speicher voll. EP nicht eintragen }
   begin
   Push:= false;
   exit;
   end;

Buffer[ Index ] := EP;
inc( Index );
Push:= true;

end; {-- Push }
```

```
function StackT.Pop : StackElmPT;
begin

if Index = 1 then {-- Speicher leer. nil zurueckliefern }
   begin
   Pop:= nil;
   exit;
   end;

dec( Index );
Pop:= Buffer[ Index ];

end; {-- Pop }


constructor StackElmT.Init;
begin
end; {-- Init }

destructor StackElmT.Done;
begin
end; {-- Done }
```

7.10.5 Eine kleine Anwendung

Betrachten wir nun die fertige Unit aus der Sicht eines Anwendungsprogrammierers.

Bei der Entwicklung eines Anwenderprogramms entstehe die Aufgabe, eine wechselnde Anzahl von Gleitkommazahlen und komplexen Gleitkommazahlen zu verwalten. Die Zahlen werden in umgekehrter Entstehungsreihenfolge benötigt, d.h. zur Verwaltung wird sinnvollerweise ein Stackobjekt verwendet.

Aus den in den vorigen Abschnitten geschilderten Gründen müssen alle Datentypen, die mit dem Kellerspeicher verwaltet werden sollen, von `StackElmT` abgeleitet werden. Wir definieren also die beiden Objekttypen `RealT` und `ComplexT` folgendermaßen:

```
type RealT                    = object( StackElmT )
        R                     : real;
        end; {-- RealT }
     RealPT                   = ^RealT;

type ComplexT                 = object( StackElmT )
        XReal, XImg           : real;
        end; {-- ComplexT }
     ComplexPT                = ^ComplexT;
```

Damit sind bereits alle Voraussetzungen geschaffen, um Objekte dieser beiden Typen verwalten zu können. Das folgende Testprogramm erzeugt jeweils vier Instanzen der beiden Typen und speichert sie im Kellerspeicher ab. Danach werden durch den Aufruf von `Stck.Clear` alle gespeicherten Elemente gelöscht. Die beiden `writeln`-Anweisungen zeigen, daß `Clear` tatsächlich den dynamischen Speicher korrekt zurückgegeben hat, ohne daß die Größe von `RealT` oder `ComplexT` irgendwie vom Programmierer bestimmt und den Routinen des Kellerspeichers mitgeteilt werden müßte.

```
{-- Beispiel 3: Speichern von Realzahlen und komplexen Realzahlen
    mit StackT
    Datei Bsp03 --}

uses VStack;

type RealT                      = object( StackElmT )
        R                       : real;
        end; {-- RealT }
     RealPT                     = ^RealT;

type ComplexT                   = object( StackElmT )
        XReal, XImg             : real;
        end; {-- ComplexT }
     ComplexPT                  = ^ComplexT;

var Stck                        : StackT;

var RealP                       : RealPT;
    ComplexP                    : ComplexPT;

var I                           : integer;

begin
Writeln( 'vor  Programmausfuehrung : ', MemAvail );
Stck.Init;

for I:= 1 to 8 do
   if Odd( I ) then
      begin
      New( RealP, Init );
      if not Stck.Push( RealP ) then Halt;
      end
   else
      begin
      New( ComplexP, Init );
      if not Stck.Push( ComplexP ) then Halt;
      end;


Stck.Clear;
Stck.Done;
writeln( 'nach Programmausfuehrung : ', MemAvail );
end.
```

Die beiden Ausgabeanweisungen liefern den gleichen Wert und zeigen damit, daß die Speicherverwaltung richtig funktioniert.

Beachten Sie bitte, daß die Objekttypen RealT und ComplexT weder Konstruktoren noch Destruktoren definieren. Konstruktor und Destruktor werden von StackElmT geerbt.

Nachdem die Verwaltung der Objekte richtig funktioniert, müssen RealT und ComplexT um die eigentlichen Arbeitsroutinen erweitert werden. Stellvertretend werden wir im folgenden eine Print-Routine implementieren, die die Aufgabe hat, das jeweilige Datenelement auf dem Bildschirm darzustellen. Man könnte sowohl RealT als auch ComplexT einfach um die Methode Print ergänzen. Für Elemente, die aus dem Kellerspeicher kommen, kann Print nun aber nicht ohne weiteres aufgerufen werden.

Folgendes Programmsegment zeigt das Problem:

```
var StackElmP                : StackElmPT;

....

StackElmP := Stck.Pop;
StackElmP^.Print;
```

Die Übersetzung der letzten Anweisung führt zu einem Syntaxfehler, da in StackElmT keine Print-Methode definiert ist.

Zur Lösung führt man ein *Zwischenobjekt* ein, in dem man alle Prozeduren, die die unterschiedlichen Nachfolger gemeinsam haben, sozusagen als "Prototypen" deklariert. In unserem Beispiel ist das nur die Print-Methode. Das folgende Beispielprogramm zeigt die Definition dieses zusätzlichen Objekttyps MyStackElmT. Weiterhin erhalten RealT und ComplexT Konstruktoren, um die Objekte mit Daten besetzen zu können. Die Formulierung als Konstruktor ist vorteilhaft, da der Konstruktor als Argument zur New-Funktion verwendet werden kann.

```
{-- Beispiel 4: Ein Zwischen-Objekttyp wird definiert
    Datei Kap7\Bsp04 }

uses VStack;

type MyStackElmT              = object ( StackElmT )

        procedure Print; virtual;
        end; {-- MyStackElmT }

     MyStackElmPT             = ^MyStackElmT;

type RealT                    = object( MyStackElmT )

        R                     : real;

        constructor Init( NewR : real );
        procedure Print; virtual;

        end; {-- RealT }
```

```
    RealPT                     = ^RealT;

type ComplexT                  = object( MyStackElmT )

       XReal, XImg             : real;

       constructor Init( NewXReal : real; NewXImg : real );
       procedure Print; virtual;

       end; {-- ComplexT }

    ComplexPT                  = ^ComplexT;


procedure MyStackElmT.Print;
begin
end;


constructor RealT.Init( NewR : real );
begin
R := NewR;
end;

procedure RealT.Print;
begin
writeln( 'Realzahl      : ', R );
end;

constructor ComplexT.Init( NewXReal : real; NewXImg : real );
begin
XReal := NewXReal;
XImg  := NewXImg;
end;

procedure ComplexT.Print;
begin
writeln( 'komplexe Zahl : ', XReal, ' / ', XImg );
end;


var Stck                       : StackT;

var RealP                      : RealPT;
    ComplexP                   : ComplexPT;

var I                          : integer;

var P                          : StackElmPT;

begin

Stck.Init;
```

```
{-- 8 Instanzen erzeugen, mit Werten versehen und speichern
    In der Reihenfolge des Speicherns drucken --}

writeln( '--- Erzeugen ---' );
for I:= 1 to 8 do
   if Odd( I ) then
      begin
      New( RealP, Init( random ) );
      RealP^.Print;
      if not Stck.Push( RealP ) then Halt;
      end
   else
      begin
      New( ComplexP, Init( random, random ) );
      ComplexP^.Print;
      if not Stck.Push( ComplexP ) then Halt;
      end;


{-- hier die gespeicherten Elemente wieder lesen --}

writeln( '--- Zurueckholen ---' );
P := Stck.Pop;
while  P <> nil do
   begin
   MyStackElmPT( P )^.Print;
   P := Stck.Pop;
   end;

Stck.Done;
end.
```

Die Nutzdatentypen `RealT` und `ComplexT` werden nun von `MyStackElmT` abgeleitet. Das Programm zeigt, wie die von `StackT` zurückgelieferten Zeiger vom Typ `StackElmT` explizit zum Typ `MyStackElmT` befördert werden, so daß dann `Print` aufgerufen werden kann.

Die in `MyStackElmT` definierte `Print`-Funktion wird eigentlich nie aufgerufen. Sie ist virtuell und dient nur dazu, um die richtigen Printfunktionen von `RealT` und `ComplexT` *ableiten* zu können. Nur deshalb ist es möglich, daß die Anweisung

```
MyStackElmPT( P )^.Print;
```

eine der abgeleiteten Printfunktionen aufruft.

In der objektorientierten Programmierung verwendet man oft Konstruktionen dieser Art. Allgemein heißen Methoden, die nie aufgerufen werden, sondern nur zur Ableitung dienen, *abstrakte* Methoden. In anderen objektorientierten Programmiersprachen wie z.B. C++ hat man die Möglichkeit, abstrakte Methoden auch als solche zu deklarieren. In Pascal muß man sich mit einer eigenen Konstruktion helfen:

```
procedure MyStackElmT.Print;
begin
Writeln( 'Semi-abstrakte Methode MyStackT.Print aufgerufen!' );
Halt;
end; {-- Print }
```

So kann -allerdings leider erst zur Laufzeit des Programms- erkannt werden, wenn eine solche "semi-abstrakte" Methode aufgerufen wird.

7.10.6 Erweiterung des Kellerspeichers

Im Allgemeinen reicht die Funktionalität von vorhandenen, allgemeinen Objekttypen wie z.B. `StackT` für spezielle Anwendungen nicht aus. Das Objekt muß für solche Aufgaben erweitert ("verfeinert", engl. *refined*) werden. Andererseits möchte man selten verwendeten Code nicht in einer allgemeinen Unit unterbringen, sondern lokal zu der Anwendung, die die speziellen Anforderungen hat.

In der objektorientierten Programmierung werden solche Aufgaben einfach dadurch gelöst, daß man sich einen eigenen Objekttyp ableitet, in dem man die zusätzliche, spezielle Funktionalität unterbringt.

Zur Demonstration nehmen wir an, daß der Ausdruck aller im Kellerspeicher vorhandenen Elemente eine solche, spezielle Aufgabe sei. Das folgende Listing zeigt, wie die Verfeinerung `MyStackT` von `StackT` abgeleitet wird:

```
{-- Beispiel 5: Das Stackobjekt wird um eine eigene Funktion erweitert.
    Datei Kap7\Bsp05 }

uses VStack;

type MyStackT                 = object( StackT )

        procedure PrintAll;
        end; {-- MyStackT }

......

procedure MyStackT.PrintAll;

var P                         : MyStackElmPT;

begin
P := MyStackElmPT( Pop );
while  P <> nil do
   begin
   P^.Print;
   P := MyStackElmPT( Pop );
   end;

end; {-- PrintAll }
```

Will man den neuen Stack verwenden, deklariert man die Variable `stck` nun vom Typ `MyStackT` anstatt von `StackT`. Anstelle der Schleife in Programm Bsp04 zum Ausdrucken des StackInhalts schreibt man nun einfacher:

```
.....

{-- hier die gespeicherten Elemente wieder lesen --}

writeln( '--- Zurueckholen ---' );

Stck.PrintAll;

.....
```

7.10.7 Neue Syntax für New

In den letzten Programmen konnte auf die explizite Beförderung des von `Pop` zurückgelieferten Zeigers verzichtet werden. "Polymorphische" Konstruktionen wie `PrintAll` wurden dadurch erst möglich. Zum Erzeugen der Instanzen von `RealP` und `ComplexP` dagegen werden noch spezielle Zeiger der richtigen Typen verwendet.

Turbo-Pascal bietet die Möglichkeit, auch bei der *Erzeugung* von Instanzen allgemeine Variablen zu verwenden. Zeigervariable werden dann nur noch vom Typ des Urvaterobjekts in der Hierarchie deklariert. Diesen Zeigern können Instanzen beliebiger Objekte der Hierarchie zugewiesen werden.

In unserem Beispiel ist das Urvaterobjekt `MyStackElmT`. Zur Arbeit mit Instanzen von `RealT` und `ComplexT` (und später evtl. weiteren Objekten der Hierarchie) reichen -wegen der erweiterten Zuweisungskompatibilität in Objekthierarchien- Zeigervariablen vom Typ `MyStackElmPT` aus. Damit dieses Konzept durchgängig gehalten werden kann, wurde in Turbo-Pascal eine zusätzliche Aufrufmöglichkeit für `New` eingeführt. Statt

```
New( RealP, Init( x ) );
```

schreibt man jetzt

```
RealP:= New( RealPT, Init( x ) );
```

`New` erhält als erstes Argument nur noch den Typ der gewünschten Instanz und liefert einen Zeiger auf den angeforderten Datenbereich (bzw. `nil`) zurück. Die aufnehmende Variable muß nicht mehr vom Typ `RealPT` sein, sondern kann - wegen der erweiterten Zuweisungskompatibilität - auch eine Zeigervariable eines Vorgängers von `RealT` sein, also eben z.B. von `MyStackElmT`:

```
var P                          : MyStackElmT;

...

P:= New( RealPT, Init( x ) );
```

7.10.8 Ein polymorphes Programm

Haupteigenschaft eines polymorphen Programms ist, daß zur Verwaltung von Objekteinstanzen soweit wie möglich Zeiger vom Typ des UrObjekts in der Hierarchie verwendet werden. In unserem Falle bedeutet das, daß statt der Zeiger `RealP` und `ComplexP` nur noch ein "generischer" Zeiger vom Typ `StackElmPT` verwendet wird, der sowohl auf Instanzen von `RealT` als auch auf Instanzen von `ComplexT` zeigen kann.

Der folgende Programmausschnitt des Programms Bsp06 zeigt, wie bei der Erzeugung der Instanzen der polymorphe Zeiger `P` verwendet wird. Der Rest des Programms ist identisch zu Bsp05.

```
{-- Beispiel 6: Ein polymorphes Programm
    Datei Kap7\Bsp06 }

uses VStack;


...

var P                          : MyStackElmPT;

begin

Stck.Init;

{-- 8 Instanzen erzeugen, mit Werten versehen und speichern
    In der Reihenfolge des Speicherns drucken --}

writeln( '--- Erzeugen ---' );
for I:= 1 to 8 do
   begin

   if Odd( I ) then
      P := New( RealPT, Init( random ) )
   else
      P := New( ComplexPT, Init( random, random ) );

   P^.Print;
   if not Stck.Push( P ) then Halt;
   end;


...
```

Einer der großen Vorteil solcher Programme liegt in ihrer einfachen Erweiterbarkeit gegenüber neuen Forderungen. Um z.B. das Programm um zweidimensionale Felder zu erweitern, reicht es aus, einen entsprechenden Objekttyp von `MyStackElmT` abzuleiten und mit einer `Print`-Methode zu versehen. Damit sind (theoretisch) bereits alle notwendigen Voraussetzungen erfüllt.

Bei genauerer Überlegung taucht jedoch die Frage auf, wie denn die unterschiedlichen Objekte mit Daten versorgt werden. In unserem Programm ist es ja bereits so, daß `RealT` einen Datenwert, `ComplexT` aber zwei und das neue zweidimensionale Feld evtl. eine unbekannte Anzahl von Datenwerten benötigen. Muß dann nicht doch wieder für jedes Objekt spezifischer Code im Hauptprogreamm vorgesehen werden?

In unseren letzten beiden Beispielprogrammen ist das der Fall, wie man an der Schleife zur Erzeugung der acht Instanzen sehen kann. Durch die Einführung eines neuen Objekttyps müßte das Hauptprogramm dort geändert werden.

Die Lösung liegt in einer Änderung des Programmentwurfs. Professionelles objektorientiertes Denken verlangt, daß ähnliche Aufgaben unterschiedlicher Objekte einer Hierarchie in virtuellen Methoden untergebracht werden. Für unser Beispiel bedeutet das, daß die Aufgabe "Füllen der Instanz mit Zufallszahlen" eine Methode werden muß, und zwar bereits in `MyStackElmT`. Das folgende, vollständige Listing zeigt eine mögliche Realisierung:

```
{-- Beispiel 7: Ein voll polymorphes Programm
    Datei Kap7\Bsp07 }

uses VStack;

type MyStackElmT              = object ( StackElmT )

        procedure SetRandomData; virtual;
        procedure Print; virtual;
        end; {-- MyStackElmT }

     MyStackElmPT             = ^MyStackElmT;


{-- Ein eigenes Stackobjekt definieren --}

type MyStackT                 = object( StackT )

        procedure PrintAll;
        end; {-- MyStackT }
```

```
type RealT                    = object( MyStackElmT )

        R                     : real;

        constructor Init;
        procedure SetRandomData; virtual;
        procedure Print; virtual;

        end; {-- RealT }

     RealPT                   = ^RealT;

type ComplexT                 = object( MyStackElmT )

        XReal, XImg           : real;

        constructor Init;
        procedure SetRandomData; virtual;
        procedure Print; virtual;

        end; {-- ComplexT }

     ComplexPT                = ^ComplexT;

procedure MyStackElmT.SetRandomData;
begin
end;

procedure MyStackElmT.Print;
begin
end;


procedure MyStackT.PrintAll;

var P                         : MyStackElmPT;

begin
P := MyStackElmPT( Pop );
while  P <> nil do
   begin
   P^.Print;
   P := MyStackElmPT( Pop );
   end;

end; {-- PrintAll }


constructor RealT.Init;
begin
end;

procedure RealT.SetRandomData;
begin
R := random;
end;
```

```
procedure RealT.Print;
begin
writeln( 'Realzahl      : ', R );
end;

constructor ComplexT.Init;
begin
end;

procedure ComplexT.SetRandomData;
begin
XReal := random;
XImg  := random;
end;

procedure ComplexT.Print;
begin
writeln( 'komplexe Zahl : ', XReal, ' / ', XImg );
end;


var Stck                    : MyStackT;

var P                       : MyStackElmPT;

var I                       : integer;

begin

Stck.Init;

{-- 8 Instanzen erzeugen, mit Werten versehen und speichern
    In der Reihenfolge des Speicherns drucken --}

writeln( '--- Erzeugen ---' );
for I:= 1 to 8 do
   begin

   if Odd( I ) then
      P := New( RealPT, Init )
   else
      P := New( ComplexPT, Init );

   P^.SetRandomData;
   P^.Print;
   if not Stck.Push( P ) then Halt;
   end;


{-- hier die gespeicherten Elemente wieder lesen --}

writeln( '--- Zurueckholen ---' );

Stck.PrintAll;

Stck.Done;
end.
```

In diesem Programm wird - bis auf die unvermeidlichen Unterscheidungen bei der Erzeugung von Instanzen - kein Unterschied mehr zwischen den Objekttypen gemacht. Die im Programm für alle Objekte bereitgestellte Funktionalität ist zwar trivial ("Besetzen mit Zufallszahlen", "Speichern im Kellerspeicher", "Zurückholen in umgekehrter Reihenfolge" und "Ausdrucken"), aber das Prinzip polymorpher Programme wird sicherlich deutlich.

7.11 Ein Objekt zur Verwaltung zweidimensionaler Felder mit variablen Indexgrenzen

In der Praxis objektorientierter Programmierung verwalten die meisten Objekttypen eigenen dynamischen Speicher. Meist wird im Konstruktor mit `GetMem` oder `New` ein Speicherbereich angefordert und im Destruktor wieder freigegeben. Wir demonstrieren dieses Vorgehen an einem neuen Objekttyp `TwoDimArrayT`, der die Aufgabe hat, ein zweidimensionales Feld von Integers zu speichern. Da die Feldgrenzen zur Laufzeit eingelesen werden sollen, ist der Speicherbedarf variabel. Im Konstruktor wird dieser Speicherplatzbedarf berechnet und der notwendige Speicher angefordert, im Destruktor wird er wieder freigegeben. Selbstverständlich sollen Objekte vom Typ `TwoDimaArrayT` mit dem Kellerspeicher verwaltet werden können, der Typ muß deshalb vom Urtyp `StackElmT` abgeleitet werden.

7.11.1 Die Objektimplementierung

Das folgende Listing zeigt die Implementierung des Typs `TwoDimArrayT` zusammen mit einem Beispiel eines 5x5-Feldes. Beachten Sie bitte, wie die Daten des Objekttyps durch das Schlüsselwort `private` vor dem Zugriff des restlichen Programms geschützt werden. Da das externe Programm nicht auf die Dimensionen des Feldes zugreifen kann, müssen die speziellen Prozeduren `GetDim1` und `GetDim2` implementiert werden, die diese Größen nach außen liefern. Dadurch wird erreicht, daß `Dim1` und `Dim2` zwar gelesen, von außen aber nicht verändert werden können. Methoden, die nur die Aufgabe haben, unter der Kontrolle des Objekts Datenelemente zu besetzen oder deren Wert zu liefern, nennt man in der objektorientierten Programmierung auch *Zugriffsprozeduren.*

`TwoDimArrayT` ist ein gutes Beispiel für die Verwendung einer als `private` deklarierten Prozedur. Die Methode `CalcOffset` berechnet aus den beiden Indizes den entsprechenden Offset in den linearen Speicherbereich auf dem Heap. Es ist klar, daß `CalcOffset` nur von anderen Methoden des Objekts sinnvoll verwendet werden kann, sie wird deshalb ebenfalls `private` deklariert.

Vor der Berechnung des Offsets führt `CalcOffset` noch eine Prüfung auf Zulässigkeit des Zugriffs durch. Ist die Speicherzuweisung im Konstruktor fehlgeschlagen, bricht das Programm ab. Der Code für die Prüfung der Feldgrenzen wird nur in das Programm aufgenommen, wenn der Compiler-Schalter `Range-Check` eingeschaltet ist. Tritt dann ein Zugriff außerhalb der Feldgrenzen auf, wird die übliche Range-Check Meldung des Compilers erzeugt.

```
{-- Beispiel 8 : Ein Objekt fuer eine zweidimensionale Matrix
    Datei Kap7\Bsp08 }

uses VStack;

type IntArrayT              = array[ 1..MaxInt ] of integer;
     IntArrayPT             = ^IntArrayT;

type TwoDimArrayT           = object( StackElmT )


        constructor Init( NewDim1, NewDim2 : integer );
        destructor Done; virtual;

        procedure SetValue( I1, I2, Value : integer );
        function GetValue( I1, I2 : integer ) : integer;

        function GetDim1 : integer;
        function GetDim2 : integer;

     private

        P                   : IntArrayPT;

        Dim1, Dim2          : integer;
        MemSize             : word;

        function CalcOffset( I1, I2 : integer ) : integer;

        end; {-- TwoDimArrayT }

     TwoDimArrayPT          = ^TwoDimArrayT;

constructor TwoDimArrayT.Init( NewDim1, NewDim2 : integer );
begin

MemSize := NewDim1 * NewDim2 * sizeof( integer );
GetMem( P, MemSize );

if p = nil then  {-- nicht genuegend Speicher fuer Array vorhanden }
   begin
   MemSize := 0;
   Dim1    := 0;
   Dim2    := 0;
   Fail;
   end;
```

```
{-- P zeigt auf einen Speicherblock der erforderlichen Groesse }

Dim1 := NewDim1;
Dim2 := NewDim2;
end; {-- Init }


destructor TwoDimArrayT.Done;
begin

if P <> nil then            {--- Freigeben nur wenn auch zugewiesen wurde }
   begin
   FreeMem( P, MemSize );
   P := nil ;               {-- als freigegeben markieren }
   end;
end; {-- Done }


procedure TwoDimArrayT.SetValue( I1, I2, Value : integer );

var Offset                  : integer;

begin

Offset := CalcOffset( I1, I2 );

P^[ Offset ] := Value;
end; {-- SetValue }


function TwoDimArrayT.GetValue( I1, I2 : integer ) : integer;

var Offset                  : integer;

begin

Offset := CalcOffset( I1, I2 );

GetValue := P^[ Offset ];
end; {-- GetValue }


function TwoDimArrayT.GetDim1 : integer;
begin
GetDim1:= Dim1;
end;

function TwoDimArrayT.GetDim2 : integer;
begin
GetDim2:= Dim2;
end;
```

```
function TwoDimArrayT.CalcOffset( I1, I2 : integer ) : integer;

{--- berechnet den zu I1, I2 gehoerenden Offset im Speicher
     fuehrt Bereichspruefungen durch, wenn RangeChecks eingeschaltet sind }
begin

if P = nil then
   begin
   writeln( 'Kein Speicher zugewiesen' );
   halt;
   end;

{$IFOPT R+}
if not ( I1 in [ 1..Dim1 ] ) or not ( I2 in [ 1..Dim2 ] ) then
   RunError( 201 ); {-- RangeCheck }
{$ENDIF}


CalcOffset := Dim1 * pred( I2 ) + I1;
end; {-- CalcOffset }



{-- Eigene HeapFunc-Routine: kein Programmabbruch, sondern zurueckliefern
    von nil bei zuwenig Speicher --}

function HeapFunc( Size : word ) : integer; far;
begin
HeapFunc := 1;
end;

var A : TwoDimArrayT;
var I, J : integer;


begin

HeapError := @HeapFunc;

if not A.Init( 5, 5 ) then
   begin
   writeln( 'nicht genuegend Heap-Speicher vorhanden' );
   exit;
   end;

for I := 1 to A.GetDim1 do
   for J := 1 to A.GetDim2 do
      A.SetValue( I, J, I*( J+10 ) );
```

```
for I := 1 to A.GetDim1 do
   begin
   writeln;
   for J := 1 to A.GetDim2 do
      write( A.GetValue( I, J ) : 4 );
   end;

A.Done;
end.
```

Beachten Sie bitte, daß im Programm eine Heap-Error Routine installiert wird. Diese ist erforderlich, da sonst bei Fehlschlagen der Speicheranforderung im Konstruktor `TwoDimArrayT.Init` ein Laufzeitfehler ausgelöst würde. Ein professionelles Programm sollte aber nicht einfach "abstürzen", sondern geeignete Maßnahmen einleiten. Der Einfachheit halber wird im obigen Programm nur eine Meldung angezeigt und das Programm beendet.

7.11.2 Verwaltung mit dem Kellerspeicher

Da `TwoDimArrayT` von `StackElmT` abgeleitet ist, können zweidimensionale Felder problemlos mit dem Kellerspeicher verwaltet werden.

Im Zusammenhang mit `StackT.Clear` ist dabei eine Feinheit zu beachten. `Clear` soll ja alle alle gespeicherten Objekte löschen. Die Methode ruft dazu den Destruktor `Done` der gespeicherten Instanzen auf, der automatisch die Objektgröße korrekt berechnet und an `Dispose` weitergibt.

```
procedure StackT.Clear;

var I                          : integer;

begin
for I:= 1 to Pred( Index ) do
   Dispose( Buffer[ I ], Done );
end; {-- Clear }
```

Im Falle von Objekten wie `TwoDimArrayT` muß jedoch auch der vom Objekt selber angeforderte Speicher wieder korrekt freigegeben werden. `Dispose` muß deshalb den Destruktor der gerade zu löschenden Instanz aufrufen. Dazu muß bereits der Destruktor von `StackElmT` virtuell sein. Da die Berechnung der Objektgröße auch dann richtig vorgenommen wird, wenn `Done` nicht virtuell ist, wird diese Tatsache oft übersehen. Die Probleme treten erst dann auf, wenn die Objekte *selber* dynamischen Speicher verwalten müssen. Am Besten ist es, wenn man Destruktoren in Objekthierarchien grundsätzlich virtuell macht.

Das folgende Programmsegment zeigt, wie Objekte vom Typ `TwoDimArrayT` mit dem Kellerspeicher verwaltet werden können (die Implementierung von

TwoDimArrayT ist nicht erneut abgedruckt).

```
{-- Beispiel 9 : Verwaltung von TwoDimArrayT-Objekten
    mit dem Kellerspeicher
    Datei Kap7\Bsp09 }

uses VStack;


var P                          : StackElmPT;
var I                          : integer;

var Stck                       : StackT;


begin

Stck.Init;

Writeln( 'vor  Programmausfuehrung : ', MemAvail );

for I:= 1 to 5 do
   begin
   P := New( TwoDimArrayPT, Init( Random( 10 ), Random( 10 ) ) );
   if P <> nil then
      if not Stck.Push( P ) then Halt;
   end;

Stck.Clear;
Stck.Done;

writeln( 'nach Programmausfuehrung : ', MemAvail );

end.
```

In diesem Programm wurde der Übersichtlichkeit halber auf die Heap-Error Routine verzichtet. Bei der Erzeugung der fünf Instanzen von TwoDimArrayT kann P aber trotzdem den Wert nil erhalten: nämlich dann, wenn eine der beiden Dimensionen 0 ist, was bei der Wahl durch den Zufallszahlengenerator nicht ausgeschlossen werden kann. Ein Null-Zeiger darf aber nicht auf dem Stack abgelegt werden, da die Dispose-Anweisung in Clear beim Versuch des Aufrufs von Done sonst einen Programmabsturz produziert. Die Übergabe von nil an StackT.Push wird deshalb durch eine explizite if-Anweisung vermieden.

Das Programm verwendet wieder die einfache Version des Stack ohne PrintAll-Methode. Um TwoDimArrayT zu einem vollwertigen Mitglied unserer Objekthierarchie zu machen, müßte man den Ausdruck des Feldinhalts wieder in eine Print-Methode verlegen. Analog dazu wäre eine SetRandomData-Routine zu implementieren, die die Feldelemente mit zufälligen Werten besetzt. Das folgende Listing zeigt die erforderlichen Umstellungen:

```
type TwoDimArrayT              = object( MyStackElmT )
```

```
      constructor Init( NewDim1, NewDim2 : integer );
      destructor Done; virtual;

      procedure SetValue( I1, I2, Value : integer );
      function GetValue( I1, I2 : integer ) : integer;

      function GetDim1 : integer;
      function GetDim2 : integer;

      procedure Print; virtual;
      procedure SetRandomData; virtual;

   private

      P                     : IntArrayPT;

      Dim1, Dim2            : integer;
      MemSize               : word ;

      function CalcOffset( I1, I2 : integer ) : integer;

      end; {-- TwoDimArrayT }

   TwoDimArrayPT            = ^TwoDimArrayT;

.....

procedure TwoDimArrayT.SetRandomData;

var I, J                    : integer;

begin

for I := 1 to Dim1 do
   for J := 1 to Dim2 do
      SetValue( I, J, random( 100 ) );

end; {-- SetRandomData }
```

```
procedure TwoDimArrayT.Print;

var I, J                    : integer;

begin

writeln( 'Zweisdimensionales Feld ', Dim1, 'x', Dim2 );

for I := 1 to Dim1 do
   begin
   writeln;
   for J := 1 to Dim2 do
      write( GetValue( I, J ) : 4 );
   end;

writeln;
writeln;
end; {-- Print }
```

Das abschließende Beispiel 10 erweitert das Beispielprogramm Bsp06 um `TwoDimArrayT`. Das Hauptprogramm muß (mit Ausnahme der Aufnahme der Definition und Implementierung von `TwoDimArrayT`) nur an einer Stelle verändert werden, um den neuen Objekttyp zu integrieren:

```
{-- Beispiel 10 : Der Typ TwoDimArrayT wird ein vollstaendiges
    Mitglied der Objekthierarchie
    Datei Kap7\Bsp10 }

.....

begin

Stck.Init;

{-- 8 Instanzen erzeugen, mit Werten versehen und speichern
    In der Reihenfolge des Speicherns drucken --}

writeln( '--- Erzeugen ---' );
for I:= 1 to 8 do
   begin

   case I mod 3 of

   0 :  P := New( RealPT, Init );
   1 :  P := New( ComplexPT, Init );
   2 :  P := New( TwoDimArrayPT, Init( Random( 10 ), Random( 10 ) ) );

   end;

   if P <> nil then
      begin
      P^.SetRandomData;
      P^.Print;
      if not Stck.Push( P ) then Halt;
      end
   else
```

```
      writeln( '***** Null-Instanz : nicht eingetragen' );

   end;

{-- hier die gespeicherten Elemente wieder lesen --}
```

7.11.3 Resume

Als Ergebnis können wir festhalten, daß der Kellerspeicher mit virtuellen Methoden ohne Kenntnis der in einem Anwenderprogramm auftretenden Datenstrukturen realisiert werden kann. Der damit normalerweise verbundene Aufwand zur expliziten Typumwandlung kann in den meisten Fällen vermieden werden. Ebenso kann das Problem der Bestimmung der aktuellen Größe einer Instanz bei Verwendung virtueller Methoden auf den Compiler abgewälzt werden. Diesen Vorteilen steht der Nachteil gegenüber, daß Objekte mit virtuellen Methoden grundsätzlich durch Aufruf eines Konstruktors initialisiert werden müssen. Dieser Nachteil wird allerdings dadurch relativiert, daß die meisten Objekte Datenbereiche definieren, die sowieso initialisiert werden müssen. Es ist guter Programmierstil, diese Initialisierungen im Konstruktor zusammenzufassen. Durch die Deklaration als Konstruktor wird die für Turbo-Pascal intern wichtige Initialisierung quasi nebenbei mit erledigt. Analoges gilt auch für den Destruktor.

7.12 "Virtuelle Methoden" in traditionellem Pascal

Erfahrene Turbo-Pascal Programmierer verwenden gerne Prozedurvariablen, wenn eine Prozedur aufgerufen werden soll, die erst zur Laufzeit bestimmt werden kann. Das folgende Programmsegment deklariert einen Prozedurtyp und eine Prozedurvariable.

```
type ProcT                  = procedure( S : string );

var Proc1                   : ProcT;
```

`Proc1` kann z.B. dazu verwendet werden, um für alle Elemente des Kellerspeichers eine Prozedur aufzurufen, die erst zur Laufzeit bestimmt werden kann. Wir haben vorausgesetzt, daß der Kellerspeicher Datenelemente vom Typ `pointer` verwalten soll. Eine Arbeitsprozedur, die dies leistet, könnte etwa so aussehen:

```
procedure DoSomething( var Stack : StackT; Proc : ProcT );

var I : integer;

begin
for I:= 1 to Stack.Index do
   Proc( Stack.Buffer[ I ] );
end; {-- DoSomething }
```

Die Prozedurdeklaration zusammen mit `DoSomething` und der Implementierung der Kellerspeicherroutinen für allgemeine Zeiger kann in einer Unit untergebracht werden. Im folgenden Listing sind die Kellerspeicherroutinen `Push` und `Pop` nicht gezeigt, da sie in diesem Zusammenhang unwichtig sind.

```
unit StackU2;
interface

type ProcT              = procedure( P : pointer );

const MaxEntriesC       = 10;
type StackT             = record
        Buffer          : array[ 1..MaxEntriesC ] of pointer;
        Index           : integer;
        end;

procedure DoSomething( var Stack : StackT; Proc : ProcT );

implementation

procedure DoSomething( var Stack : StackT; Proc : ProcT );
var I : integer;
begin
for I:= 1 to Stack.Index do
   Proc( Stack.Buffer[ I ] );
end; {-- DoSomething }

end.
```

Mit dieser Konstruktion hat man erreicht, daß die Prozedur `DoSomething` der Unit andere Prozeduren aufrufen kann, die zur Übersetzungszeit der Unit noch nicht bekannt sein müssen. Dieses Ziel kann auch durch objektorientierte Programmierung mit virtuellen Methoden erreicht werden. Wo liegt die Notwendigkeit der Programmierung mit virtuellen Methoden, wenn das gleiche Ergebnis auch mit konventioneller Programmierung erreicht werden kann?

Der Unterschied wird klar, wenn wir verlangen, daß der Kellerspeicher Datenelemente verschiedener Typen verwalten soll. Für die verschiedenen Typen soll `DoSomething` verschiedene Prozeduren aufrufen. Eine Möglichkeit zur Implementierung ist die Einführung einer `case`-Anweisung in `DoSomething`, in der ein spezieller Prozeduraufruf für jeden Datentyp untergebracht wird. Definiert der Anwender einen neuen Datentyp, muß die `case`-Anweisung entsprechend erweitert und `DoSomething` einen neuen Prozedurparameter erhalten.

Dieser Ansatz kann dem Anspruch auf datenunabhängige Implementierung des Kellerspeichers nicht genügen. Es bleibt praktisch nur die Möglichkeit, die Adresse der jeweils aufzurufenden Prozedur mit im Kellerspeicher zu verwalten. Das folgende Listing zeigt eine Implementierung dieses Ansatzes.

```
unit StackU3;
interface

type ProcT                  = procedure( P : pointer );

type DataElmT               = record
        Proc                : ProcT;
        DataP               : pointer; {-- Zeigt auf Nutzerdaten }
        end;

const MaxEntriesC           = 10;
type StackT                 = record
        Buffer              : array[ 1..MaxEntriesC ] of DataElmT;
        Index               : integer;
        end;

procedure DoSomething( var Stack : StackT );

implementation

procedure DoSomething( var Stack : StackT );
var I : integer;
begin
for I:= 1 to Stack.Index do
   with Stack.Buffer[ I ] do
      Proc( DataP );
end; {-- DoSomething }

end.
```

`DoSomething` hat nun einen Parameter weniger, denn die Prozedurvariable wird im Kellerspeicher selber mitgeführt. Die nicht gezeigte Prozedur `Push` muß nun aber einen Parameter mehr haben, denn der Anwender muß beim Ablegen eines Datenelementes nun angeben, welche Arbeitsprozedur von `DoSomething` für das übergebene Datenelement aufgerufen werden soll.

Bereits hier sieht man, daß die Lösung des Problems mit objektorientierter Programmierung wesentlich übersichtlicher und einfacher ist. Ein weiteres Manko des konventionellen Ansatzes ist die fehlende Fehlerprüfung, z.B. bei nicht oder falsch initialisierten Prozedurvariablen. Die Fehlerprüfung müßte durch den Programmierer explizit implementiert werden. Bei der Lösung mit objektorientierter Programmierung werden diese Prüfungen vom Turbo-Pascal automatisch durchgeführt, wenn der Schalter $R eingeschaltet ist.

7.13 Ein Blick hinter die Kulissen

Im Prinzip kann das Ergebnis objektorientierter Programmierung mit virtuellen Methoden auch durch die Verwendung von Prozedurvariablen erreicht werden. Intern bildet der Compiler Aufrufe von virtuellen Methoden mit einer ähnlichen Technik ab.

Für jedes Objekt mit virtuellen Methoden, Konstruktoren oder Destruktoren legt der Compiler im Datensegment eine Tabelle, die sog. *Virtual Methods Table* oder *VMT* an. Im ersten Wort der VMT steht die Größe des Datenbereiches dieses Objekts, im zweiten Wort steht ebenfalls die Größe, jedoch als negative Zahl. Diese Redundanz wird von internen Prüfroutinen verwendet, um die korrekte Initialisierung einer Instanz zur Laufzeit zu verifizieren. Die folgenden Einträge enthalten für jede virtuelle Methode des Objekts einen 32-bit Zeiger zum Einsprungpunkt der Methode.

Zusätzlich erweitert der Compiler den Datenbereich eines Objekts mit VMT um eine 16-bit Größe, das sog. *VMT-Feld*. Dieses Feld nimmt später die Adresse der zugehörigen VMT auf. Da dem VMT-Feld kein Pascal-Bezeichner im Datenbereich entspricht, ist es dem Programmierer nicht direkt zugänglich. Das VMT-Feld wird sofort nach dem Datenbereich des Objekts angeordnet. Wird eine virtuelle Methode, ein Konstruktor oder Destruktor vererbt, wird auch das VMT-Feld des Vorgängers vererbt. Betrachten wir als Beispiel die folgende Objekthierarchie:

```
type AT                           = object
        AVar                      : integer;

        procedure Proc1( X, Y : word );
        end; {-- AT }

type BT                           = object( AT )
        BVar                      : integer;

        constructor Make;
        procedure Proc1( X, Y, Start : word ); virtual;
        procedure Proc2; virtual;
        end; {-- BT }

type CT                           = object( BT )
        CVar                      : integer;

        procedure Proc1( X, Y, Start : word ); virtual;
        procedure Proc3; virtual;
        end; {-- CT }
```

In der folgenden Zeichnung der Datenbereiche von AT, BT und CT bedeutet jedes Rechteck ein Datenwort.

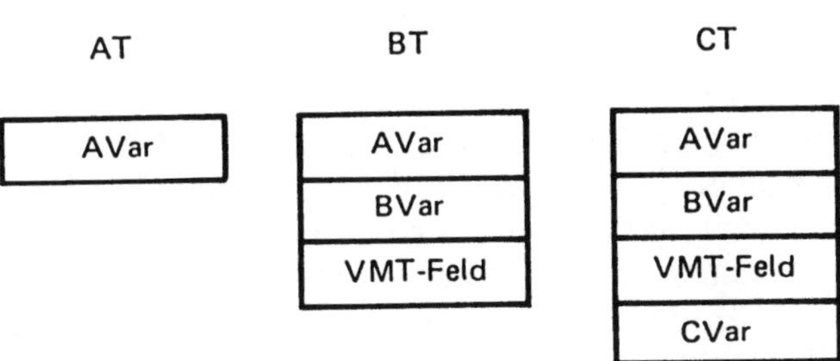

Bild 7-1 : Layout der Datenbereiche der Objekte

Da BT zum ersten Mal virtuelle Methoden (bzw. einen Konstruktor) definiert, wird das VMT-Feld im Datenbereich nach BVar angeordnet. CT erbt dieses Feld und definiert zusätzlich CVar.

Die VMTs der drei Objekte haben folgende Form (kleine Rechtecke bedeuten ein Wort, große zwei Worte):

VMT für BT	VMT für CT
$6	$8
$FFFA	$FFF8
∂BT.Proc1	∂CT.Proc1
∂BT.Proc2	∂BT.Proc2
	∂CT.Proc3

Bild 7-2 : VMT-Layout

Beachten Sie bitte, daß in den VMTs für BT und CT gleiche Prozedurnamen auch gleiche Offsets haben, egal ob die Methoden vererbt oder redefiniert wurden. Proc2 wird an CT vererbt, daher steht an der entsprechenden Stelle in der VMT von CT die Adresse von BT.Proc2.

Die Verbindung zwischen dem VMT-Feld einer Instanz und der VMT des zugehörigen Objekts wird zur Laufzeit durch einen Konstruktor des Objekts durchgeführt. In der obigen Objekthierarchie erbt CT den Konstruktor von BT. Es ist deshalb nicht möglich, daß der Initialisierungsteil eines Konstruktors die VMT-Adresse seines Objekts enthält. Instanzen von CT würden sonst mit der VMT von BT initialisiert. Vielmehr ist es erforderlich, die Adresse der jeweiligen VMT als zusätzlichen Parameter an den Konstruktor zu übergeben.

Zur Übergabe dieses Wertes besitzen Konstruktoren vor dem `self`-Parameter einen zusätzlichen, versteckten Parameter vom Typ `word`. Da Konstruktoren selbst nicht virtuell sein können, ist bei der Übersetzung eines Konstruktors das zugehörige Objekt eindeutig bestimmt. Der Compiler kann deshalb die Adresse der VMT dieses Objekts als Konstante in diesem zusätzlichen Parameter übergeben. Bei der Ausführung des Konstruktors zur Laufzeit kann das VMT-Feld der Instanz immer richtig besetzt werden, auch wenn der Konstruktor vererbt wird. Für Instanzen von Objekten mit virtuellen Methoden, Konstruktoren oder Destruktoren ist deshalb immer der Aufruf eines Konstruktors erforderlich, auch wenn der Konstruktor keine Pascal-Anweisungen enthält.

In Turbo-Pascal 5.5 wurde der Compilerschalter $R um die Funktion "VMT-Prüfung" erweitert. Ist der Schalter aktiviert, fügt der Compiler vor jedem Aufruf einer virtuellen Prozedur einen Sprung zu einer Prüfungsroutine ein. Diese Routine prüft, ob das erste Wort der VMT ungleich Null und die Summe der ersten beiden Worte der VMT gleich Null ist. Liefert eine der beiden Prüfungen ein falsches Ergebnis, wird der Laufzeitfehler `Error 210: Object not initialized` ausgelöst.

Der große Augenblick kommt, wenn eine virtuelle Methode aufgerufen wird. Bei der Übersetzung eines Aufrufes einer virtuellen Methode codiert der Compiler nicht einen Sprung zu einer festen Adresse, sondern zu einer Adresse, die sich aus dem festen Offset in einer VMT ergibt. Ist die Instanz richtig initialisiert, steht die Adresse der VMT im VMT-Feld der aktuellen Instanz. Je nachdem, zu welchem Objekt die Instanz gehört, wird dann die richtige Methode aufgerufen.

Eine Voraussetzung dazu ist, daß Adressen vom Methoden gleichen Namens auch an gleichen Offsets in der VMT abgelegt werden. Der Compiler stellt dies beim Aufbau der VMT zur Übersetzungszeit sicher, auch dann, wenn in abgeleiteten Objekten die virtuellen Methoden in einer anderen Reihenfolge definiert werden.

Beachten Sie bitte, daß auch dann eine VMT angelegt werden kann, wenn ein Objekt keine virtuellen Methoden definiert. Zur Anlage einer VMT reicht die Definition eines Konstruktors oder Destruktors aus. Die VMT enthält dann keine Einträge für virtuelle Methoden, sondern nur die beiden Felder für die Größe der aktuellen Instanz.

7.14 Die Funktion SizeOf

Bis zur Version 5.0 von Turbo-Pascal lieferte die Funktion `sizeof` die deklarierte Größe eines Typs oder einer Variablen. Wird `sizeof` auf eine Instanz eines Objekts mit einer VMT angewendet, wird als Ergebnis die aktuelle

Größe der Instanz zurückgeliefert.

```
type AT                          = object
         AVar                    : integer;

         constructor Make;
         end; {-- AT }
     APT                         = ^AT;

type BT                          = object( AT )
         BVar                    : string;
         end; {-- BVar }
     BPT                         = ^BT;


constructor AT.Make; begin end;

var AP   : APT;
    BP   : BPT;

begin

New( AP, Make );
New( BP, Make );

Writeln( SizeOf( AP^ ) );
AP:= BP;
Writeln( SizeOf( AP^ ) );

end.
```

In diesem Beispiel haben `AT` und `BT` zwar keine virtuellen Methoden, aber einen Konstruktor. Dies bewirkt, daß für beide Objekte eine VMT angelegt wird. Das Programm liefert als Ergebnis die Werte 4 und 260. Dies zeigt, daß `sizeof( AP )` die aktuelle und nicht die deklarierte Größe der Instanz liefert. Die Datenbereiche der beiden Objekte sind jedoch nur 2 bzw. 258 Bytes groß. Die zwei zusätzlichen Bytes in jedem Objekt entsprechen dem vom Compiler automatisch hinzugefügten VMT-Feld.

Zum Vergleich ändern wir das letzten Programm so ab, daß keine VMT erzeugt wird:

```
type AT                          = object
         AVar                    : integer;

         procedure Make;
         end; {-- AT }
     APT                         = ^AT;

type BT                          = object( AT )
         BVar                    : string;
         end; {-- BVar }
     BPT                         = ^BT;

procedure AT.Make; begin end;
```

```
var AP   : APT;
    BP   : BPT;

begin

New( AP );
New( BP );

Writeln( SizeOf( AP^ ) );
AP:= BP;
Writeln( SizeOf( AP^ ) );

end.
```

Die Programmausführung liefert als Ergebnis für beide sizeof-Anweisungen den Wert 2. Dies entspricht der deklarierten Größe des Basistyps von AP.

7.15 Die Funktion TypeOf

Typeof ist eine mit der Version 5.5 neu hinzugekommene Funktion vom Typ pointer. TypeOf kann nur auf eine Instanz eines Objekts mit einer VMT angewendet werden. Als Ergebnis wird ein Zeiger auf die VMT zurückgeliefert. Meist wird die Typeof-Funktion dazu verwendet, verschiedene Instanzen daraufhin zu prüfen, ob sie Instanzen des gleichen Objekts sind.

```
type AT                         = object
        AVar                    : integer;

        constructor Make;
        end; {-- AT }
     APT                        = ^AT;

type BT                         = object( AT )
        BVar                    : string;
        end; {-- BVar }
     BPT                        = ^BT;

constructor AT.Make; begin end;

var AP   : APT;
    BP   : BPT;

begin

New( BP, Make );

AP:= BP;
writeln( TypeOf( AP^ ) = TypeOf( BP^ ) );

end.
```

Obwohl AP und BP verschiedenen Basistypen haben, liefert der Vergleich true.

Das Argument von TypeOf muß immer ein Bezeichner sein, der vom Typ eines Objekts mit einer VMT ist. Das folgende Programm ist syntaktisch nicht korrekt:

```
type AT                         = object
          AVar                  : integer;
          end; {-- AT }
     APT                        = ^AT;

type BT                         = object( AT )
          BVar                  : string;

          constructor Make;
          end; {-- BVar }
     BPT                        = ^BT;

constructor BT.Make; begin end;

var AP   : APT;
    BP   : BPT;

begin

New( BP, Make );

AP:= BP;
Writeln( TypeOf( AP^ ) = TypeOf( BP^ ) );

end.
```

In diesem Programm hat AT keine VMT. Obwohl nach der Zuweisung AP:= BP der Zeiger AP auf eine Instanz mit VMT-Feld zeigen würde, bricht der Compiler die Übersetzung dieses Programms beim Ausdruck TypeOf(AT) mit der etwas irreführenden Meldung Error 147: Object type expected ab. Es kommt bei der Verwendung von sizeof nur auf die Deklaration des Arguments, nicht unbedingt auf seinen aktuellen Wert an.

8 Das endgültige Fenstersystem

In diesem Kapitel wird das Fenstersystem aus Kapitel 6 vervollständigt. Wir werden dabei von den mächtigen neuen Sprachmitteln wie z.B. virtuellen Methoden Gebrauch machen, um die Probleme des ursprünglichen Fenstersystems zu vermeiden.

8.1 Aufgabenstellung

Unser Ziel ist es, ein Gerüst für eine Bibliothek von Fensterfunktionen anzugeben, die der Nutzer nach seinen Wünschen erweitern kann. Erweitern wird hier in zweifacher Hinsicht verstanden: Einmal kann der Leser natürlich den Quelltext der Unit verändern und so die Funktionalität des Fenstersystems seinen Wünschen anpassen. Zum anderen aber soll es möglich sein, daß auch ein Nutzer, der keinen Zugriff auf den Quellcode hat, eigene Erweiterungen hinzufügen kann.

Eine weitere Forderung, die wir an die fertige Unit stellen, ist, daß der Nutzer einzelne Funktionen redefinieren kann, ohne die Unit verändern zu müssen. Die neue Funktionalität soll einfach -z.B. auch im Hauptprogramm- hinzugefügt werden können, ohne die alten Routinen explizit zu entfernen. Es soll Aufgabe des Compilers sein, zur Laufzeit die neuen Routinen aufzurufen und die alten zu ignorieren. Wir zeigen die dazu erforderliche Technik an Hand der Fehlerbehandlungsroutinen des Fenstersystems. In der fertigen Unit `Window` kann ein Anwender eine eigene Fehlerbehandlung durchführen, indem er einfach im Hauptprogramm entsprechende Routinen *hinzufügt*- die Unit selber bleibt unverändert und muß noch nicht einmal neu übersetzt werden. Tritt innerhalb der Unit ein Fehler auf, werden automatisch die neuen Routinen aufgerufen.

In unserem Fenstersystem gehen wir davon aus, daß immer das zuletzt geöffnete Fenster aktiv ist, d.h. Ausgaben aufnehmen kann. Es bietet sich daher an, die Instanzen der einzelnen Fensterobjekte mit einem Kellerspeicher zu verwalten. Durch den Einsatz von virtuellen Methoden kann dabei auf die explizite Führung einer Statusvariablen verzichtet werden.

Die Unit `Window` wird wieder eine Objekthierarchie mit den schon bekannten Fensterobjekten `BaseWndT`, `Wnd1T` und `Wnd2T` implementieren. Da die Operationen mit Fenstern mit polymorphen Zeigern arbeiten, kann der

Nutzer problemlos eigene Fenstertypen definieren und mit dem Fenstersystem verwalten lassen. Die in diesem Kapitel an einem selbst programmierten Beispiel gezeigten Techniken zum Einsatz virtueller Methoden sind eine gute Grundlage zum Verständnis von Turbo-Vision, das im abschließenden Kapitel 9 behandelt wird.

8.2 Der Objekttyp WndSystemT

In `WndSystemT` sind diejenigen Verarbeitungsschritte zusammengefaßt, die für das gesamte Fenstersystem erforderlich sind. Neben Prozeduren zum Verwalten mehrerer übereinanderliegender Fenster ist die Fehlerbehandlung in `WndSystemT` untergebracht. Zur Arbeit mit den verschiedenen Fenstern werden grundsätzlich Zeiger von Typ `BaseWndPT` verwendet (s.u.).

`WndSystemT` ist von `StackT` abgeleitet. Die Routinen `Push` und `Pop` sind deshalb zwar vorhanden, sollen aber nicht verwendet werden. Stattdessen sind die Methoden `OpenWnd` und `CloseWnd` vorhanden, die zwar `Push` und `Pop` aufrufen, darüberhinaus aber z.B. auch die Variable `ActiveWP` (den Zeiger auf das gerade aktive Window) setzen.

```
{---------- WndSystemT -------------------------------------------}

type WndSystemT              = object( StackT )

       {-- ActiveWP zeigt auf das aktuelle Fenster oder ist nil --}
       ActiveWP              : BaseWndPT;

       {-- WndOK wird von WndSystemT.WndError besetzt und sollte nach
           jeder Operation mit dem Fenstersystem abgefragt werden.
           Das Zuruecksetzen auf true ist Aufgabe des Nutzerprogramms --}

       WndOK                 : boolean;

       constructor Init;

       procedure OpenWnd( NewWndP : BaseWndPT );
       function CloseWnd : boolean;

       procedure RePositionWnd( DeltaX, DeltaY : integer );

       procedure DoFirst; virtual;
       procedure WndError( ErrorCode : byte ); virtual;

       end; {-- WndSystemT }

    WndSystemPT              = ^WndSystemT;

var WndSystemP               : WndSystemPT;
```

In einem Programm wird normalerweise nur eine Instanz vom Typ WndSystemT erzeugt. Die Variable WndSystemP ist ein globaler Zeiger, der auf diese Instanz zeigen muß. Über WndSystemP können die Fensterobjekte auf die Methoden von WndSystemT (z.B. die Fehlerroutine) zugreifen.

8.2.1 Die Fehlerbehandlung

Alle Methoden des Fenstersystems rufen bei Auftreten eines Fehlers über den globalen Zeiger WndSystemP die Fehlerbehandlungsmethode WndSystemT.WndError mit einem entsprechenden Parameter auf. WndError ist so implementiert, daß eine Meldung ausgegeben und die Statusvariable WndOK auf false gesetzt wird. Die möglichen Werte des Parameters sind in der Datei WI102.DCL zusammen mit den Stringkonstanten für die Fehlermeldungen definiert.

```
{-- Fehlervariablen und Konstanten }

const WndWrongParam        = 1;
      WndTooSmall          = 2;
      WndNoMem             = 3;
      WndWrongStat         = 4;
      WndWrongStart        = 5;
      WndWrongScroll       = 6;

      WndStackEmpty        = 7;
      WndStackFull         = 8;


const WndWrongParamC       : string[ 17 ] = 'Falsche Parameter';
      WndTooSmallC         : string[ 16 ] = 'Fenster zu klein';
      WndNoMemC            : string[ 18 ] = 'Kein Speicher mehr';
      WndWrongStatC        : string[ 15 ] = 'Falscher Status';
      WndWrongStartC       : string[ 18 ] = 'Falsche Startwerte';
      WndWrongScrollC      : string[ 18 ] = 'Falsche Scrollbars';

      WndStackEmptyC       : string[ 26 ] = 'Keine offenen Fenster mehr';
      WndStackFullC        : string[ 25 ] = 'Kein Platz mehr auf Stack';
```

Wesentlich ist, daß WndError als virtuelle Methode implementiert ist. Leitet sich der Nutzer von WndSystemT ein eigenes Objekt mit einer eigenen WndError-Routine ab, wird im Fehlerfalle seine eigene Fehlerroutine aufgerufen. Wir werden darauf später noch genauer eingehen.

8.2.2 Die Methode DoFirst

WndSystemT definiert die Methode DoFirst, die in (fast) jeder Methode des Fenstersystems als erste Anweisung aufgerufen wird. DoFirst selber enthält jedoch keine ausführbaren Anweisungen, so daß durch einen Aufruf von DoFirst nichts bewirkt wird.

Analog zum Vorgehen zur Installation einer eigenen Fehlerroutine (siehe letzter Abschnitt) kann der Nutzer auch eine eigene DoFirst-Routine installieren. Man hat damit die Möglichkeit, die Kontrolle vor jedem Aufruf einer Methode des Fenstersystems zu erhalten. Ein solches "Hook" wird von Programmierern gern verwendet, um z.B. in der Entwicklungsphase vor der Ausführung der eigentlichen Methode die Datenbereiche der Objekte zu überprüfen bzw. gezielt zu verändern. Eine andere Anwendungsmöglichkeit besteht darin, die Methoden schrittweise ausführen zu lassen. DoFirst wird dazu so programmiert, daß die Programmausführung bis zu einem Tastendruck unterbrochen wird - dies ist eine wertvolle Entwicklungshilfe, wenn der Quellcode der Unit nicht zur Verfügung steht bzw. das Programm zu groß zum Arbeiten mit dem Turbo-Pascal-Debugger ist.

Wir werden die Methode DoFirst später verwenden, um vor der Ausführung des Codes der Methode weitere Fehlerprüfungen zu implementieren.

8.2.3 Die Methode RePositionWnd

Mit der Methode RePositionWnd können Fenster auf dem Bildschirm verschoben werden. Inhalt und Cursorposition bleiben dabei unverändert. RePositionWnd verschiebt immer das aktive Fenster. Die Methode verschiebt das Fenster durch Schließen an der alten Stelle und erneutes Öffnen an der neuen Stelle. RePositionWnd braucht deshalb über den internen Aufbau eines Fensterobjekts nichts zu wissen- solange das Objekt Open- und Close-Methoden bereitstellt (genaugenommen werden zusätzlich zu Open und Close noch andere Methoden benötigt, s.u.).

Werden in einem Anwenderprogramm abgeleitete Fensterobjekte definiert, können auch diese deshalb mit RePositionWnd verschoben werden, ohne daß für jeden neuen Fenstertyp eine spezielle Verschiebeprozedur geschrieben werden müßte.

Die Methode RepositionWnd steht stellvertretend für eine ganze Reihe von möglichen Operationen mit Fenstern. In der gleichen Weise (also allein durch geeigneten Aufruf von Methoden der Fensterobjekte) können z.B. eine Zoom-Funktion, das Kopieren von Daten aus einem Fenster in eine anderes oder das Schreiben von Inhalten auf Disk implementiert werden. Nur wenn die Implementierung dieser Funktionen die Methoden der Fensterobjekte verwendet ist sichergestellt, daß nachträglich hinzugefügte Fenstertypen problemlos integeriert werden können.

8.2.4 Allgemeine Anforderungen an alle Fensterobjekte

Damit ein Fensterobjekt mit `WndSystemT` verwaltet werden kann, muß dieses also bestimmte Methoden definieren - wie z.B. `Open` und `Close`, die beim Verschieben des Fensters aufgerufen werden. Allgemein werden alle Methoden, die `WndSystemT` für die Operationen mit Fenstern braucht, in einem Basisfensterobjekt zusammengefaßt. Dieser Typ `BaseWndT` bildet den Urtyp in einer Objekthierarchie, von dem alle anderen Fensterobjekte abgeleitet werden. Selbst wenn Ableitungen nicht alle dieser Methoden redefinieren, können sie trotzdem mit `WndSystemT` verwaltet werden, da die nicht redefinierten Methoden vererbt werden.

8.3 Das Basisfensterobjekt BaseWndT

Das folgende Listing zeigt den Basisfensterobjekttyp `BaseWndT` mit der für `WndSystemT` erforderlichen Minnimalausstattung an Daten und Methoden. Da `WndSystemT` sowohl auf Methoden als auch auf einige Daten von `BaseWndT` zugreifen können muß, können die Mitglieder von `BaseWndT` nicht als `private` deklariert werden. Dadurch sind vor allem die Daten von `BaseWndT` aber auch an anderer Stelle (z.B. im Hauptprogramm) änderbar. Was man sich hier wünscht, wäre eine Möglichkeit analog etwa zu C++, wo man zwei Objekttypen als Freunde (*friends*) deklarieren kann. Als Freunde deklarierte Typen haben dann Zugriff auch auf private Daten des jeweils anderen Objekts, Dritte können aber trotzdem nicht zugreifen.

```
{---------- BaseWndT ---------------------------------------------------}

type BaseWndT              = object( StackElmT )

        {-- Diese Daten muessen public bleiben, da WndSystem zugreifen
            muss --}

        WXMin, WXMax,
        WYMin, WYMax           : integer;

        XCur, YCur             : integer; {-- Cursorposition im Fenster }

        Status                 : WndStatusT;

        constructor Init( XMin, XMax, YMin, YMax : integer );
        destructor Done; virtual;

        procedure   Allocate;     virtual;
```

```
      procedure   Activate;      virtual;
      procedure DeActivate;      virtual;
      procedure DeAllocate;      virtual;

      procedure Open;            virtual;
      procedure Close;           virtual;

  private

      SaveP                  : LongArrayPT; {-- gesicherter Bildschirmbereich }

      ColCount, LineCount    : integer;
      Amount                 : integer;

      end; {-- BaseWndT }

    BaseWndPT                = ^BaseWndT;
```

Die vier Methoden `Allocate`, `Activate`, `DeActivate` und `DeAllocate` enthalten die eigentliche Funktionalität eines Fensters. Von `BaseWndT` abgeleitete Typen redefinieren diese Methoden, um ihre erweiterte Funktionalität zu implementieren. `Allocate` und `Activate` entsprechen im Wesentlichen dem früheren `Open`, `DeActivate` und `DeAllocate` entsprechen der Methode `Close`. Entsprechend sind die hier ebenfalls vorhandenen `Open`- und `Close`-Methoden implementiert: Sie rufen nur `Allocate` und `Activate` bzw. `DeActivate` und `DeAllocate` auf.

`BaseWndT` ist der UrTyp in einer Objekthierarchie von Fensterobjekten. Der Typ ist seinerseits wieder von `BaseElmT` abgeleitet, um Mitglieder der Hierarchie mit dem Kellerspeicher verwalten zu können.

Da von `BaseWndT` abgeleitete Objekte im allgemeinen zusätzliche Parameter benötigen, kann die Methode zur Übergabe der Parameter nicht virtuell sein, denn virtuelle Methoden müssen identische Parameterlisten aufweisen. Die hier gewählte Lösung verwendet den Konstruktor `Init` zur Übergabe der Parameter an das Objekt. Alle anderen Methoden benötigen keine Parameter mehr.

Die einzelnen Methoden in `BaseWndT` haben folgende Aufgaben:

8.3.1 Init

Da virtuelle Methoden verwendet werden, ist ein Konstruktor erforderlich. Da ein Konstruktor selber nicht virtuell sein kann, eignet er sich zur Übergabe von Parametern an das Objekt. Der Konstruktor `Init` ist die einzige Stelle, an der Daten in das Fensterobjekt gelangen. Alle anderen Methoden arbeiten dann auf den im Objekt gespeicherten Daten.

Wenn der Compilerschalter $R (*Range-Check*) eingeschaltet ist, werden die übergebenen Parameter auf Zulässigkeit geprüft. Dieser Schalter sollte während der Entwicklung eines Programms grundsätzlich eingeschaltet sein.

8.3.2 Allocate

Aufgrund der im Datenbereich abgelegten gewünschten Fenstergröße berechnet `Allocate` die erforderliche Speichermenge, fordert den Speicher vom Heap an und legt den Bildschirminhalt unter dem zukünftigen Fenster dort ab.

8.3.3 Activate

`Activate` schließlich definiert mittels der `Crt-Window` Prozedur das Fenster. Das Fenster ist nun aktiv, Ausgaben mit `Write` bzw. `Writeln` sind auf den Bereich des Fensters beschränkt. `Activate` setzt den Cursor auf die Stelle, an der er beim Deaktivieren des Fensters stand, bzw. an den linken, oberen Rand, wenn das Fenster noch nicht aktiv war.

8.3.4 DeActivate

Die Methode deaktiviert ein Fenster, ohne den darunterliegenden Bildschirminhalt wiederherzustellen. Nun kann z.B. ein anderes Fenster aktiviert werden. `DeActivate` speichert die mommentane Cursorposition im Datenbereich des Objekts. Bei einem späteren Aufruf von `Activate` kann so die ursprüngliche Cursorposition vor dem Deaktivieren wiederhergestellt werden.

8.3.5 DeAllocate

`DeAllocate` stellt den unter dem Fenster befindlichen Bildschirminhalt wieder her und gibt den angeforderten Speicher wieder frei.

8.3.6 Done

Der Destruktor enthält keine für das Fenstersystem wesentlichen Anweisungen. Ein Destruktor erleichtert jedoch die korrekte Speicherverwaltung bei dynamischen Objekten.

8.3.7 Implementierung des Objekts BaseWndT

```
{-- Implementierung BaseWndT }

{*************************************************************************
*                                                                        *
*  Init                                                                  *
*                                                                        *
*************************************************************************}

constructor BaseWndT.Init( XMin, XMax, YMin, YMax : integer );

begin WndSystemP^.DoFirst;
Status:= NotInitialized;

{-- Parameterpruefung --}
{$IFOPT R+}

if ( XMin < 1 ) or ( XMax > ScrColumnsC ) or
   ( YMin < 1 ) or ( YMin > ScrLinesC ) then
   begin
   WndSystemP^.WndError( WndWrongParam );
   exit;
   end;

{-- Fenster muss mindestens 1x1 gross sein --}
if ( XMax - XMin < 2 ) or ( YMax - YMin < 2 ) then
   begin
   WndSystemP^.WndError( WndTooSmall );
   exit;
   end;

{$ENDIF}

{-- Fensterkoordinaten speichern -- }
WXMin:= XMin; WXMax:= XMax;
WYMin:= YMin; WYMax:= YMax;

Status:= Made;
end; {-- Init }
```

```
{****************************************************************************
*                                                                           *
*  Allocate                                                                 *
*                                                                           *
****************************************************************************}

procedure BaseWndT.Allocate;

var I, J                    : integer;

begin WndSystemP^.DoFirst;

{-- Statuspruefung --}
if not ( Status in [ Made, DeAllocated ] ) then
   begin
   WndSystemP^.WndError( WndWrongStat );
   exit;
   end;

{-- Feststellen des zu sichernden Bildschirmbereiches --}
ColCount:= 2*succ( WXMax-WXMin ); {-- bytes pro Zeile }
LineCount:= succ( WYMax-WYMin );  {-- Anzahl Zeilen }
Amount:= LineCount * ColCount;

{-- hier waere die Verwendung von Fail moeglich, diese Loesung ist
    aber besser, da ein spezifischer Fehlercode erzeugt wird }

if MaxAvail < Amount then
   begin
   WndSystemP^.WndError( WndNoMem );
   exit;
   end;

GetMem( SaveP, Amount );

{-- Zeilenweise in SaveP^ ablegen --}
J:= 1;
for I:= WYMin to WYMax do
   begin
   move( ScreenP^[ I, WXMin ], SaveP^[ J ], ColCount );
   J:= J + ColCount;
   end;

XCur:= 1;
YCur:= 1;

Status:= Allocated;
end; {-- Allocate }
```

```
{*****************************************************************************
*                                                                            *
*  Activate                                                                  *
*                                                                            *
*****************************************************************************}

procedure BaseWndT.Activate;

begin WndSystemP^.DoFirst;

{-- Programmteil Statuspruefung --}
if not ( Status in [ Allocated, DeActive ] ) then
   begin
   WndSystemP^.WndError( WndWrongStat );
   exit;
   end;

{-- Fenster oeffnen und Cursor auf letzte Position --}
crt.Window( WXMin, WYMin, WXMax, WYMax );
gotoXY( XCur, YCur );

Status:= Active;
end; {-- Activate }

{*****************************************************************************
*                                                                            *
*  DeActivate                                                                *
*                                                                            *
*****************************************************************************}

procedure BaseWndT.DeActivate;

begin WndSystemP^.DoFirst;

{-- Statuspruefung --}
if Status <> Active then
   begin
   WndSystemP^.WndError( WndWrongStat );
   exit;
   end;

XCur:= WhereX; YCur:= WhereY;
crt.Window( 1, 1, ScrColumnsC, ScrLinesC );

Status:= DeActive;
end; {-- DeActivate }
```

```
{******************************************************************************
*                                                                             *
*  DeAllocate                                                                 *
*                                                                             *
******************************************************************************}

procedure BaseWndT.DeAllocate;

var I, J                    : integer;

begin WndSystemP^.DoFirst;

{-- Statuspruefung --}
if not ( Status in [ Allocated, DeActive ] ) then
   begin
   WndSystemP^.WndError( WndWrongStat );
   exit;
   end;

{-- Zeilenweise aus SaveP^ holen --}
J:= 1;
for I:= WYMin to WYMax do
   begin
   move( SaveP^[ J ], ScreenP^[ I, WXMin ], ColCount );
   J:= J + ColCount;
   end;

FreeMem( SaveP, Amount );
Status:= DeAllocated;
end; {-- DeAllocate }

{******************************************************************************
*                                                                             *
*  Done                                                                       *
*                                                                             *
******************************************************************************}

destructor BaseWndT.Done;

begin WndSystemP^.DoFirst;

{-- Statuspruefung --}
if not ( Status in [ Made, DeAllocated ] ) then
   begin
   WndSystemP^.WndError( WndWrongStat );
   exit;
   end;

end; {-- Done }
```

```
{*****************************************************************************
*                                                                            *
*  Open                                                                      *
*                                                                            *
*****************************************************************************}

procedure BaseWndT.Open;

begin WndSystemP^.DoFirst;

Allocate;
Activate;

end; {-- Open }

{*****************************************************************************
*                                                                            *
*  Close                                                                     *
*                                                                            *
*****************************************************************************}

procedure BaseWndT.Close;

begin WndSystemP^.DoFirst;

DeActivate;
DeAllocate;

end; {-- Close }
```

8.3.8 Zulässige Aufrufreihenfolgen

Die verschiedenen Methoden können nicht in jeder beliebigen Reihenfolge aufgerufen werden. So würde z.B. bei einer mehrfachen Reservierung von Speicher der Zeiger auf den ursprünglichen Speicherbereich verloren. Die Folge wäre, daß dieser Speicher nicht mehr zurückgegeben werden könnte.

Zur Einhaltung der zulässigen Aufrufreihenfolgen ist in jeder Methode der Programmteil Statusprüfung vorhanden. Dort wird an Hand der Variablen `Status` geprüft, ob die Methode im gegenwärtigen Zustand des Objekts ausgeführt werden darf. Falls nicht, wird `WndError` aufgerufen. Die möglichen Stati sind als Aufzählungstyp in der Datei WI101.DCL definiert:

```
{-- Bezeichnet den Zustand eines Fensters. Sinnvoll fuer
    erweiterte Fehlerpruefungen --}

type WndStatusT

   = ( NotInitialized,  {-- Init nicht erfolgreich                 }
       Made,            {-- Init erfolgreich                       }
       Allocated,       {-- Speicher zugewiesen                    }
       Active,          {-- Fenster fuer Ausgabe aktiv             }
       DeActive,        {-- Fenster nicht fuer Ausgabe aktiv       }
       DeAllocated );   {-- Speicher zurueckgegeben                }


{-- LongArrayT erlaubt die Interpretation eines Speicherbereiches als
    Folge von Einzelzeichen --}

type LongArrayT             = array[ 1..MaxInt ] of char;
     LongArrayPT            = ^LongArrayT;

{-- WNameT aus Speicherplatzgruenden eingefuehrt --}

type WNameT                 = string[ 20 ];
```

Das Bild 8-1 zeigt die möglichen Abfolgen.

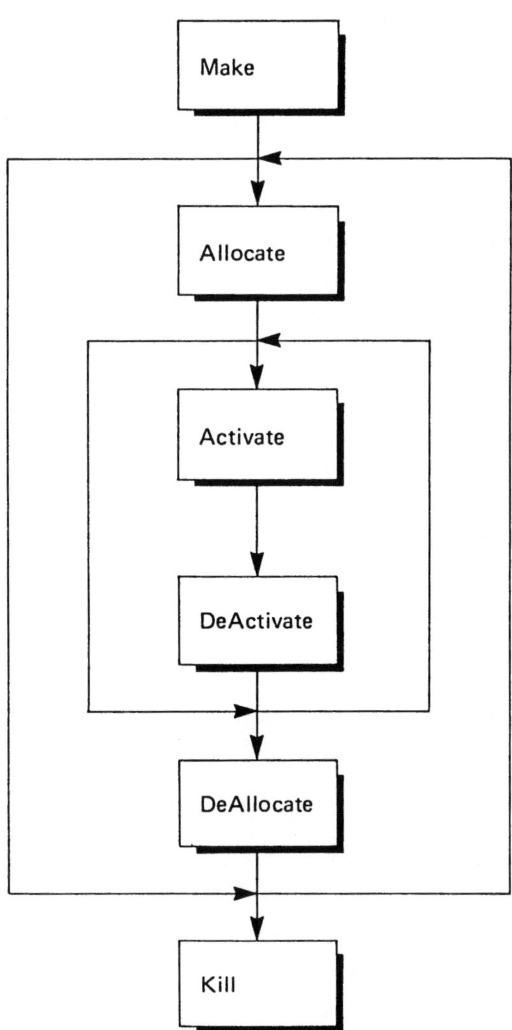

Bild 8-1 : Zulässige Aufrufreihenfolgen

8.4 Quellcode des Objekttyps WndSystemT

Das folgende Listing zeigt den Quellcode der Implementierung des Objektyps `WndSystemT`:

```
{-- Implementierung WndSystemT }

{*****************************************************************************
*                                                                            *
*  Init                                                                      *
*                                                                            *
*****************************************************************************}

constructor WndSystemT.Init;
begin
StackT.Init;
ActiveWP:= nil;
WndOK:= true;

ScreenP:= ptr( GetScreenBase, 0 );
end; {-- Init }

{*****************************************************************************
*                                                                            *
*  OpenWnd                                                                   *
*                                                                            *
*****************************************************************************}

procedure WndSystemT.OpenWnd( NewWndP : BaseWndPT );

begin DoFirst;

if ActiveWP <> nil then
   begin
   ActiveWP^.DeActivate;
   if not Push( ActiveWP ) then
      begin
      WndError( WndStackFull );
      exit;
      end;
   end;

ActiveWP:= NewWndP;
ActiveWP^.Open;
end; {-- OpenWnd }
```

```
{*****************************************************************************
*                                                                            *
*  CloseWnd                                                                  *
*                                                                            *
*****************************************************************************}

function WndSystemT.CloseWnd : boolean;

var WorkWP                  : BaseWndPT;

begin DoFirst;

if ActiveWP = nil then
   begin
   CloseWnd:= false;
   exit;
   end;

ActiveWP^.Close;
dispose( ActiveWP, Done );

ActiveWP:= BaseWndPT( Pop );
if ActiveWP <> nil then
   ActiveWP^.Activate;

CloseWnd:= true;
end; {-- CloseWnd }

{*****************************************************************************
*                                                                            *
*  RepositionWnd                                                             *
*                                                                            *
*****************************************************************************}

procedure WndSystemT.RePositionWnd( DeltaX, DeltaY : integer );

var SwapW                   : BaseWndT;
    SaveXCur, SaveYCur      : integer;

begin DoFirst;

if ActiveWP = nil then exit; {-- kein Fenster offen }

{-- Altes Fenster deaktivieren, um Cursorposition zu speichern --}
ActiveWP^.DeActivate;

{-- Temporaeres Fenster zum Zwischenspeichern des aktuellen
    Fensters erzeugen --}

with ActiveWP^ do
   SwapW.Init( WXMin, WXMax, WYMin, WYMax );

{-- Aktuellen Fensterbereich sichern }
SwapW.Open;

{-- Auf dem Heap befindet sich jetzt eine Kopie des aktuellen Fensterinhalts }
{-- Aktuelles Fenster schliessen und an neuen Koordinaten oeffnen --}
```

```
with ActiveWP^ do
   begin
   DeAllocate;
   inc( WXMin, DeltaX );
   inc( WXMax, DeltaX );
   inc( WYMin, DeltaY );
   inc( WYMax, DeltaY );
   SaveXCur:= XCur; SaveYCur:= YCur;
   Allocate;
   XCur:= SaveXCur; YCur:= SaveYCur;
   end;

{-- nun den gesicherten Bildschirminhalt auf die neuen Koordinaten kopieren }

with SwapW do
   begin
   inc( WXMin, DeltaX );
   inc( WXMax, DeltaX );
   inc( WYMin, DeltaY );
   inc( WYMax, DeltaY );
   Close;
   end;
SwapW.Done;

ActiveWP^.Activate;
end; {-- RePositionWnd }

{*****************************************************************************
*                                                                            *
*  DoFirst                                                                   *
*                                                                            *
*****************************************************************************}

procedure WndSystemT.DoFirst;
begin
end; {-- DoFirst }

{*****************************************************************************
*                                                                            *
*  WndError                                                                  *
*                                                                            *
*****************************************************************************}

procedure WndSystemT.WndError( ErrorCode : byte );
begin

{-- Standardmaessig wird eine Fehlermeldung ausgegeben und WndOK auf false
    gesetzt --}

case ErrorCode of

WndWrongParam         : writeln( WndWrongParamC );
WndTooSmall           : writeln( WndTooSmallC );
WndNoMem              : writeln( WndNoMemC );
WndWrongStat          : writeln( WndWrongStatC );
WndWrongStart         : writeln( WndWrongStartC );
WndWrongScroll        : writeln( WndWrongScrollC );

WndStackEmpty         : writeln( WndStackEmptyC );
```

```
WndStackFull            : writeln( WndStackFullC );

end; {-- case }

WndOK:= false;

end; {-- WndError  }
```

Die Methode OpenWnd öffnet nicht mehr selber ein Fenster, sondern erhält als Parameter einen Zeiger auf eine Instanz eines Fensters. Damit andere Methoden des Objekts WndSystemT das aktuelle Fenster bearbeiten können, wird der Zeiger ActiveWP auf die übergebene Instanz gesetzt. Ein evtl. vorher aktives Fenster wird deaktiviert und mit Push im Kellerspeicher abgelegt. Umgekehrt schließt CloseWnd das aktuelle Fenster, holt mit Pop das nächste Fenster aus dem Kellerspeicher (falls vorhanden) und aktiviert dieses.

Die Verschiebung eines Fensters läuft in drei Schritten ab. Zuerst wird der aktuelle Bildschirminhalt im Fenster in einem Zwischenspeicher gesichert. Diese Aufgabe übernimmt das Fenster SwapW, das zu diesem Zweck genau über dem aktuellen Fenster definiert wird. Im zweiten Schritt wird das aktuelle Fenster geschlossen und an den neuen Koordinaten geöffnet. Zuletzt wird noch der gesicherte Fensterinhalt aus SwapW an die neue Stelle kopiert. Da es nicht erforderlich ist, SwapW dynamisch zu erzeugen, wird die Instanz als gewöhnliche Variable (auf dem Stack) definiert.

Die Methode WndError ist die Fehlerbehandlungsroutine des Fenstersystems. Standardmäßig wird im Fehlerfalle eine entsprechende Meldung ausgegeben und die Variable WndOK auf false gesetzt. Der Programmierer kann WndOK im Anwenderprogramm abfragen, um z.B. falsche Parameter zu korrigieren. Die Fehlerkonstanten werden exportiert, um auch in einer redefinierten Fehlerbehandlungsroutine die vordefinierten Meldungen zur Verfügung zu haben.

8.5 Der Objekttyp Wnd1T

Ein Fenster vom Typ Wnd1T besitzt einen Rahmen, der je nach Status des Fensters unterschiedlich sein kann. Die zwei vorhandenen Rahmentypen werden verwendet, um ein aktives von einem nicht aktiven Fenster zu unterscheiden. Der Aufruf der zwei Rahmenprozeduren wird deshalb in Activate bzw. DeActivate durchgeführt. Activate und DeActivate müssen daher redefiniert werden, die restlichen Methoden des Basisfensters werden geerbt.

```
{----------- Wnd1T    ---------------------------------------------}

type Wnd1T                    = object( BaseWndT )

        WName                 : WNameT;
        FrameType             : ( Standard, Alternate );

        constructor Init( XMin, XMax, YMin, YMax : integer; Name : WNameT );
        procedure   Activate;    virtual;
        procedure DeActivate;    virtual;

        procedure SetStandard;
        procedure SetAlternate;

        end; {-- Wnd1T }

     Wnd1PT                   = ^Wnd1T;

{-- Implementierung Wnd1T --}

{*****************************************************************************
*                                                                            *
*  Init                                                                      *
*                                                                            *
*****************************************************************************}

constructor Wnd1T.Init( XMin, XMax, YMin, YMax : integer; Name : WNameT );

begin WndSystemP^.DoFirst;

{-- Parameterpruefung --}
{$IFOPT R+}

if XMax > ScrColumnsC - 2 then
   begin
   WndSystemP^.WndError( WndWrongParam );
   exit;
   end;

{$ENDIF}

BaseWndT.Init( pred( XMin ), succ( XMax ), pred( YMin ), succ( YMax ) );

{-- Namen speichern --}
WName:= Name;

FrameType:= Alternate;
end; {-- Init }
```

```
{****************************************************************************
*                                                                           *
*  Activate                                                                 *
*                                                                           *
****************************************************************************}

procedure Wnd1T.Activate;

begin WndSystemP^.DoFirst;

BaseWndT.Activate;
SetAlternate;

end; {-- Activate }

{****************************************************************************
*                                                                           *
*  DeActivate                                                               *
*                                                                           *
****************************************************************************}

procedure Wnd1T.DeActivate;

begin WndSystemP^.DoFirst;
SetStandard;
BaseWndT.DeActivate;

end;

{****************************************************************************
*                                                                           *
*  SetStandard                                                              *
*                                                                           *
****************************************************************************}

procedure Wnd1T.SetStandard;

var I                          : integer;
    XSpan, YSpan               : integer;
    DspName                    : WNameT;

var SaveCurX, SaveCurY         : integer;

begin WndSystemP^.DoFirst;

{-- Cursor Sichern, am Ende der Prozedur wiederherstellen }
SaveCurX:= WhereX; SaveCurY:= WhereY;

crt.Window( WXMin, WYMin, succ( WXMax ), WYMax );

XSpan:= succ( WXMax - WXMin ); {-- Spaltenzahl }
YSpan:= succ( WYMax - WYMin ); {-- Zeilenzahl }

gotoXY( 1, 1 );
write( UpperLeft1C );
for I:= 2 to pred( XSpan ) do
   write( Horizontal1C );
write( UpperRight1C );
```

```
for I:= 2 to pred( YSpan ) do
   begin
   gotoXY( 1, I );
   write( Vertical1C );
   gotoXY( XSpan, I );
   write( Vertical1C );
   end;

gotoXY( 1, YSpan );
write( LowerLeft1C );
for I:= 2 to pred( XSpan ) do
   write( Horizontal1C );
write( LowerRight1C );

{-- Namen eintragen --}
DspName:= copy( WName, 1, XSpan-2 ); {-- Maximale Laenge ist XSpan-2 }
gotoXY( succ( trunc( succ( XSpan )/2 - length( DspName )/2 ) ), 1 );
write( DspName );

crt.Window( succ( WXMin ), succ( WYMin ), pred( WXMax ), pred( WYMax ) );
gotoXY( SaveCurX, SaveCurY );

end; {-- SetStandard }

{****************************************************************************
*                                                                           *
*  SetAlternate                                                             *
*                                                                           *
****************************************************************************}

procedure Wnd1T.SetAlternate;

var I                        : integer;
    XSpan, YSpan             : integer;
    DspName                  : WNameT;

var SaveCurX, SaveCurY       : integer;

begin WndSystemP^.DoFirst;

{-- Cursor Sichern, am Ende der Prozedur wiederherstellen }
SaveCurX:= WhereX; SaveCurY:= WhereY;

crt.Window( WXMin, WYMin, succ( WXMax ), WYMax );

XSpan:= succ( WXMax - WXMin ); {-- Spaltenzahl }
YSpan:= succ( WYMax - WYMin ); {-- Zeilenzahl }

gotoXY( 1, 1 );
write( UpperLeft2C );
for I:= 2 to pred( XSpan ) do
   write( Horizontal2C );
write( UpperRight2C );
```

```
for I:= 2 to pred( YSpan ) do
   begin
   gotoXY( 1, I );
   write( Vertical2C );
   gotoXY( XSpan, I );
   write( Vertical2C );
   end;

gotoXY( 1, YSpan );
write( LowerLeft2C );
for I:= 2 to pred( XSpan ) do
   write( Horizontal2C );
write( LowerRight2C );

{-- Namen eintragen --}
DspName:= copy( WName, 1, XSpan-2 ); {-- Maximale Laenge ist XSpan-2 }
gotoXY( succ( trunc( succ( XSpan )/2 - length( DspName )/2 ) ), 1 );
write( DspName );

crt.Window( succ( WXMin ), succ( WYMin ), pred( WXMax ), pred( WYMax ) );
gotoXY( SaveCurX, SaveCurY );

end; {-- SetAlternate }
```

Die Implementierung der Methoden `Activate` und `DeActivate` zeigt deutlich, wie das neue Objekt `Wnd1T` auf die bereits im Basisfenster implementierte Funktionalität aufbaut.

8.6 Der Objekttyp Wnd2T

Das Objekt `Wnd2T` implementiert die Exploding Windows aus Abschnitt 6.2. Das Öffnen eines Fensters geschieht hierbei nicht schlagartig, sondern - ausgehend von einem Ursprungspunkt - in einem kontinuierlichen Prozess. Analog wird das Schließen zu diesem Punkt hin durchgeführt. Die dazu erforderlichen Verarbeitungsschritte sind in den Methoden `Allocate` und `DeAllocate` implementiert, diese beiden Methoden müssen daher redefiniert werden. Alle anderen Methoden (mit Aushahme des Konstruktors natürlich) werden geerbt. Für bestimmte Anwendungen kann es günstiger sein, das Öffnen und Schließen in gesonderte Methoden zu verlegen.

```
{---------- Wnd2T    -----------------------------------------------}

type Wnd2T                    = object( Wnd1T )

        WXStart, WYStart      : integer;

        constructor Init( XMin, XMax, YMin, YMax : integer; Name : WNameT;
                          XStart, YStart : integer );
        procedure Allocate;      virtual;
        procedure DeAllocate;    virtual;

        end; {-- Wnd2T }

     Wnd2PT                   = ^Wnd2T;

{-- Implementierung Wnd2T }

{******************************************************************************
*                                                                             *
*  Init                                                                       *
*                                                                             *
******************************************************************************}

constructor Wnd2T.Init( XMin, XMax, YMin, YMax : integer; Name : WNameT;
                        XStart, YStart : integer );

begin WndSystemP^.DoFirst;

{-- Parameterpruefung --}
{$IFOPT R+}

if ( XStart < 2 ) or ( YStart < 2 ) then
   begin
   WndSystemP^.WndError( WndWrongStart );
   exit;
   end;

{$ENDIF}

WXStart:= XStart;
WYStart:= YStart;

Wnd1T.Init( XMin, XMax, YMin, YMax, Name );
end; {-- Init }
```

```
{*****************************************************************************
*                                                                            *
*  Allocate                                                                  *
*                                                                            *
*****************************************************************************}

procedure Wnd2T.Allocate;

var XMinDelta, XMaxDelta,
    YMinDelta, YMaxDelta,
    TempXMin, TempXMax,
    TempYMin, TempYMax       : integer;

var DoneFlag                 : boolean;
    D                        : integer;

var TempW                    : Wnd1T;

begin WndSystemP^.DoFirst;

XMinDelta:= Sign( succ( WXMin ) - WXStart );
XMaxDelta:= Sign( pred( WXMax ) - WXStart );
YMinDelta:= Sign( succ( WYMin ) - WYStart );
YMaxDelta:= Sign( pred( WYMax ) - WYStart );

TempXMin:= WXStart + XMinDelta;
TempXMax:= WXStart + XMaxDelta;
TempYMin:= WYStart + YMinDelta;
TempYMax:= WYStart + YMaxDelta;

TempW.Init( TempXMin, TempXMax, TempYMin, TempYMax, WName );
TempW.Open;
DoneFlag:= false;
D:= 20;

while not DoneFlag do
   begin
   DoneFlag:= true;

   Delay( D );
   D:= 0;
   TempW.Close;
   TempW.Done;

   {-- Neue Koordinaten berechnen --}

   if TempXMin <> succ( WXMin ) then
      begin
      inc( TempXMin, XMinDelta );
      inc( D, 5 );
      DoneFlag:= false;
      end;
```

```
    if TempXMax <> pred( WXMax ) then
       begin
       inc( TempXMax, XMaxDelta );
       inc( D, 5 );
       DoneFlag:= false;
       end;

    if TempYMin <> succ( WYMin ) then
       begin
       inc( TempYMin, YMinDelta );
       inc( D, 5 );
       DoneFlag:= false;
       end;

    if TempYMax <> pred( WYMax ) then
       begin
       inc( TempYMax, YMaxDelta );
       inc( D, 5 );
       DoneFlag:= false;
       end;

    TempW.Init( TempXMin, TempXMax, TempYMin, TempYMax, WName );
    TempW.Open;
    end; {-- while not DoneFlag }

{-- Temporaeres Fenster befindet sich jetzt an der Stelle
    des aktuellen Fensters. Temp loeschen und aktuelles Fenster oeffnen }

TempW.Close;
TempW.Done;
Wnd1T.Allocate;

end; {-- Allocate }

{*****************************************************************************
*                                                                            *
*  DeAllocate                                                                *
*                                                                            *
*****************************************************************************}

procedure Wnd2T.DeAllocate;

var XMinDelta, XMaxDelta,
    YMinDelta, YMaxDelta,
    TempXMin, TempXMax,
    TempYMin, TempYMax        : integer;

var DoneFlag                  : boolean;
    D                         : integer;

var TempW                     : Wnd1T;

begin WndSystemP^.DoFirst;

XMinDelta:= Sign( WXStart - WXMin );
XMaxDelta:= Sign( WXStart - WXMax );
YMinDelta:= Sign( WYStart - WYMin );
YMaxDelta:= Sign( WYStart - WYMax );
```

```
TempXMin:= WXMin;
TempXMax:= WXMax;
TempYMin:= WYMin;
TempYMax:= WYMax;

Wnd1T.DeAllocate;
DoneFlag:= false;

while not DoneFlag do
   begin
   DoneFlag:= true;
   D:= 0;

   if ( TempXMax = TempXMin ) and ( TempYMax = TempYMin ) then
      begin {-- Verschieben --}

      D:= 20;
      if TempXMin <> WXStart then
         begin
         inc( TempXMin, XMinDelta );
         inc( TempXMax, XMaxDelta );
         DoneFlag:= false;
         end;

      if TempYMax <> WYstart then
         begin
         inc( TempYMin, YMinDelta );
         inc( TempYMax, YMaxDelta );
         DoneFlag:= false;
         end;

      end   {-- Verschieben }
   else
      begin {-- Verkleinern }

      if ( XMinDelta > 0 ) and ( TempXMin <> WXStart ) then
         begin
         if TempXMax - TempXMin > 0 then
            inc( TempXMin, XMinDelta );
         inc( D, 5 );
         DoneFlag:= false;
         end;

      if ( XMaxDelta < 0 ) and ( TempXMax <> WXStart ) then
         begin
         if TempXMax - TempXMin > 0 then
            inc( TempXMax, XMaxDelta );
         inc( D, 5 );
         DoneFlag:= false;
         end;

      if ( YMinDelta > 0 ) and ( TempYMin <> WYStart ) then
         begin
         if TempYMax - TempYMin > 0 then
            inc( TempYMin, YMinDelta );
         inc( D, 5 );
         DoneFlag:= false;
         end;
```

```
      if ( YMaxDelta < 0 ) and ( TempYMax <> WYStart ) then
         begin
         if TempYMax - TempYMin > 0 then
            inc( TempYMax, YMaxDelta );
         inc( D, 5 );
         DoneFlag:= false;
         end;
      end;

   TempW.Init( TempXMin, TempXMax, TempYMin, TempYMax, WName );
   TempW.Open;
   Delay( D );
   TempW.Close;
   TempW.Done;
   end; {-- while }

end; {-- DeAllocate }
```

8.7 Die Unitdatei WINDOW.PAS

Wie in Kapitel 6 werden die Definitionsteile der Objekte wieder im Interfaceteil und die Implementierungen im Implementierungsteil der Unit `Window` untergebracht.

```
unit window;

interface

uses crt, General, VStack;

{$I WI101.dcl    } {-- Im InterfaceTeil gebrauchte Deklarationen }
{$I WI102.dcl    } {-- Fehlervariablen und -Konstanten          }

{---------- BaseWndT ------------------------------------------------}

type BaseWndT               = object( StackElmT )

        {-- Diese Daten muessen public bleiben, da WndSystem zugreifen
            muss --}

        WXMin, WXMax,
        WYMin, WYMax          : integer;

        XCur, YCur            : integer; {-- Cursorposition im Fenster }

        Status                : WndStatusT;

        constructor Init( XMin, XMax, YMin, YMax : integer );
        destructor Done; virtual;

        procedure  Allocate;    virtual;
        procedure  Activate;    virtual;
```

```
        procedure DeActivate;    virtual;
        procedure DeAllocate;    virtual;

        procedure Open;          virtual;
        procedure Close;         virtual;

   private

        SaveP                  : LongArrayPT; {-- gesicherter Bildschirmbereich }

        ColCount, LineCount    : integer;
        Amount                 : integer;

        end; {-- BaseWndT }

     BaseWndPT                 = ^BaseWndT;

{---------- Wnd1T    ---------------------------------------------------}

type Wnd1T                     = object( BaseWndT )

        WName                  : WNameT;
        FrameType              : ( Standard, Alternate );

        constructor Init( XMin, XMax, YMin, YMax : integer; Name : WNameT );
        procedure  Activate;     virtual;
        procedure DeActivate;    virtual;

        procedure SetStandard;
        procedure SetAlternate;

        end; {-- Wnd1T }

     Wnd1PT                    = ^Wnd1T;

{---------- Wnd2T    ---------------------------------------------------}

type Wnd2T                     = object( Wnd1T )

        WXStart, WYStart       : integer;

        constructor Init( XMin, XMax, YMin, YMax : integer; Name : WNameT;
                          XStart, YStart : integer );
        procedure Allocate;      virtual;
        procedure DeAllocate;    virtual;

        end; {-- Wnd2T }

     Wnd2PT                    = ^Wnd2T;
```

```
{---------- WndSystemT ----------------------------------------------}

type WndSystemT              = object( StackT )

        {-- ActiveWP zeigt auf das aktuelle Fenster oder ist nil --}
        ActiveWP             : BaseWndPT;

        {-- WndOK wird von WndSystemT.WndError besetzt und sollte nach
            jeder Operation mit dem Fenstersystem abgefragt werden.
            Das Zuruecksetzen auf true ist Aufgabe des Nutzerprogramms --}

        WndOK                : boolean;

        constructor Init;

        procedure OpenWnd( NewWndP : BaseWndPT );
        function CloseWnd : boolean;

        procedure RePositionWnd( DeltaX, DeltaY : integer );

        procedure DoFirst; virtual;
        procedure WndError( ErrorCode : byte ); virtual;

        end; {-- WndSystemT }

     WndSystemPT             = ^WndSystemT;

var WndSystemP               : WndSystemPT;

implementation


{$I W100.dcl   } {-- ScreenT }
{$I W101.dcl   } {-- Konstanten fuer Rahmen }

{$I W100       } {-- Methoden BaseWndT }
{$I W101       } {-- Methoden Wnd1T    }
{$I W102       } {-- Methoden Wnd2T    }
{ I W103       } {-- Methoden Wnd3T noch nicht integriert }

{$I W210       } {-- Methoden WndSystemT }

end.
```

Die Includedateien W100.DCL und W101.DCL sind gegenüber der Implementierung des Fenstersystems in Kapitel 6 nicht verändert worden. Sie sind im Folgenden noch einmal im Zusammenhang abgedruckt:

Datei W100.DCL:

```
{-- Interpretation eines Hauptspeicherbereiches als Bildschirmspeicher }

const ScrColumnsC             = 80; {-- Spalten pro Zeile }
      ScrLinesC               = 25; {-- Bildschirmzeilen }


type ScrCharT                 = record
        Ch                    : char; {-- Das eigentliche Zeichen }
        Attr                  : byte; {-- Attribut des Zeichens }
        end; {-- ScrCharT }

type ScrLineT                 = array[ 1..ScrColumnsC ] of ScrCharT;

type ScreenPT                 = ^ScreenT;
     ScreenT                  = array[ 1..ScrLinesC ] of ScrLineT;

{-- ScreenP zeigt auf Hardwarebildschirm. Wird im Initialisierungsteil
    von Window initialisiert --}

var ScreenP                   : ScreenPT;
```

Datei W101.DCL:

```
{-- Konstanten fuer Rahmen und Scrollbars etc --}

{-- Einfacher Rahmen --}

const UpperLeft1C             = #218;
      LowerLeft1C             = #192;
      UpperRight1C            = #191;
      LowerRight1C            = #217;

      Vertical1C              = #179;
      Horizontal1C            = #196;

{-- Doppelter Rahmen --}

const UpperLeft2C             = #201;
      LowerLeft2C             = #200;
      UpperRight2C            = #187;
      LowerRight2C            = #188;

      Vertical2C              = #186;
      Horizontal2C            = #205;
```

Zur Übersetzung der Unit `Window` werden die Units `General` und `VStack` benötigt. Diese Units sind gegenüber dem Stand in Kapitel 6 bzw. 7 unverändert. Auf der Begleitdiskette ist im Verzeichnis KAP8 auch der Sourcecode dieser beiden Units nocheinmal vollständig vorhanden.

In der hier abgedruckten Version der Unit `Window` ist der Fenstertyp `Wnd3T` aus

Kapitel 6 nicht integriert. In Abschnitt 8.11 werden wir Wnd3T als "neuen" Typ integrieren und dabei zeigen, wie einfach die Integration selbstdefinierter Fenstertypen in die Objekthierarchie ist.

8.8 Eine erste Anwendung

Als erstes Beispiel sollen zunächst zwei voneinander unabhängige Fenster auf dem Bildschirm geöffnet werden, die abwechselnd als aktives Ausgabefenster definiert werden können. Zur Umschaltung zwischen den Fenstern sollen die Ziffern 1 bzw. 2 dienen.

```
{-- Beispiel 1 : Zwei Fenster werden geoeffnet, zwischen denen mit
    1 und 2 umgeschaltet werden kann
    Datei Kap8\Bsp01 }

uses crt, Window;

var WP1, WP2                : BaseWndPT;
    I                       : integer;
    C                       : char;
    ActiveWnd               : integer;

begin
ClrScr;

new( WndSystemP, Init );

WP1:= new( Wnd1PT, Init( 10, 20, 5, 10, 'Fenster 1' ) );
WP2:= new( Wnd1PT, Init( 30, 40, 5, 10, 'Fenster 2' ) );

with WP2^ do
   begin
   Open;
   DeActivate;
   end;


WP1^.Open;
ActiveWnd:= 1;


   repeat;
   C:= ReadKey;

   case C of

   '1' : if ActiveWnd = 2 then
           begin
           WP2^.DeActivate;
           WP1^.Activate;
           ActiveWnd:= 1;
           end;
```

```
    '2' : if ActiveWnd = 1 then
             begin
             WP1^.DeActivate;
             WP2^.Activate;
             ActiveWnd:= 2;
             end;

    else write( C );

    end; {-- case }

until C = 'X';

if ActiveWnd = 1 then
   begin
   WP1^.Close;
   WP2^.DeAllocate;
   end
else
   begin
   WP1^.DeAllocate;
   WP2^.Close;
   end;

dispose( WP1, Done );
dispose( WP2, Done );

dispose( WndSystemP, Done );

end.
```

In diesem Programm werden zwei Instanzen des Objekts `Wnd1T` erzeugt. Die Zeiger `WP1` und `WP2` zeigen auf diese Instanzen. Beachten Sie bitte, daß `WP1` und `WP2` zwar vom Typ `BaseWndT` sind, aber Instanzen von `Wnd1T` aufnehmen. `WP2` wird nach dem Öffnen zunächst wieder deaktiviert, während `WP1` aktiv bleibt. Dadurch wird `WP1` zum aktuellen Ausgabefenster. Eingegebene Zeichen (außer den Ziffern 1 und 2) werden in dieses Fenster geschrieben. Gibt man die Ziffer 2 ein, wird `WP1` durch den Aufruf von `DeActivate` deaktiviert, das Fenster bleibt jedoch auf dem Bildschirm sichtbar. `WP2` ist nun das aktuelle Ausgabefenster. Da `DeActivate` die augenblickliche Cursorposition vor dem Verlassen von Fenster 1 abgespeichert hat, kann beim Zurückschalten auf Fenster 1 mit der Methode `Activate` der Cursor wieder an die richtige Stelle positioniert werden. Bild 8-2 zeigt die Ausgabe des Programms.

Beachten Sie, daß die beiden Fenster keine Verbindung zueinander haben. In den meisten der bekannten Fenstersysteme wird beim Öffnen eines neuen Fensters die Zeigerposition gespeichert, um den Zeiger nach dem Schließen des Fensters wieder an diese Stelle positionieren zu können. Dadurch wird es unmöglich, ein anderes als das gerade aktuelle Fenster zu manipulieren. So ist es z.B. im allgemeinen nicht möglich, Fenster in beliebiger Reihenfolge zu schließen. Vielmehr müssen die Fenster in der umgekehrten Reihenfolge des Öffnens wieder geschlossen werden.

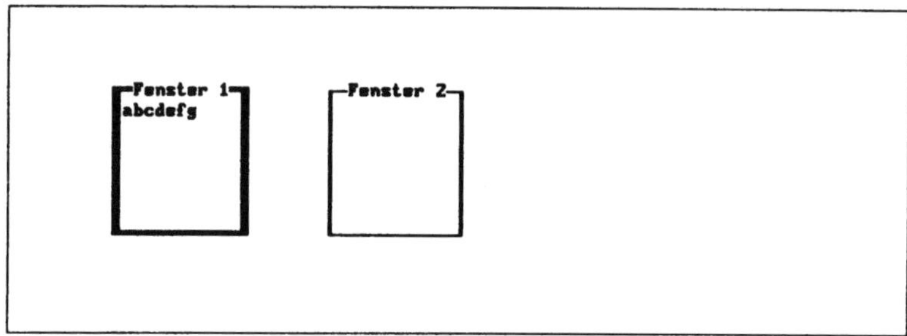

Bild 8-2 : Zwei Fenster nebeneinander

In dem hier vorgestellten Fenstersystem bestehen solche Beschränkungen nicht. Auch wenn WP2 nach WP1 geöffnet wurde, kann WP1 geschlossen werden, während WP2 noch aktiv ist. Außerdem können z.B. beide Fenster deaktiviert werden, aber auf dem Bildschirm sichtbar bleiben. Fehlermeldungen können so in einen Bildschirmbereich außerhalb der Fenster plaziert werden.

Im folgenden Beispielprogramm Bsp02 bewirken die Ziffern 3 bzw. 4 das Schließen bzw. Öffnen des Fensters 1, unabhängig davon, wieviele andere Fenster noch vorhanden sind.

```
{-- Beispiel 2 : Die Ziffern 3 und 4 bewirken das Schliessen bzw.
    Oeffnen des linken Fensters
    Datei Kap8\Bsp02 }

uses crt, Window;

var WP1, WP2                  : BaseWndPT;
    I                         : integer;
    C                         : char;
    ActiveWnd                 : integer;

begin
ClrScr;

new( WndSystemP, Init );

WP1:= new( Wnd1PT, Init( 10, 20, 5, 10, 'Fenster 1' ) );
WP2:= new( Wnd1PT, Init( 30, 40, 5, 10, 'Fenster 2' ) );

with WP2^ do
   begin
   Open;
   DeActivate;
   end;


WP1^.Open;
ActiveWnd:= 1;


   repeat;
   C:= ReadKey;
```

```
   case C of

   '1' : if ActiveWnd = 2 then
            begin
            WP2^.DeActivate;
            WP1^.Activate;
            ActiveWnd:= 1;
            end;
   '2' : if ActiveWnd = 1 then
            begin
            WP1^.DeActivate;
            WP2^.Activate;
            ActiveWnd:= 2;
            end;

   '3' : WP1^.DeAllocate;

   '4' : begin
         WP2^.DeActivate;
         WP1^.Open;
         ActiveWnd:= 1;
         end;

   else write( C );

   end; {-- case }

until C = 'X';

if ActiveWnd = 1 then
   begin
   WP1^.Close;
   WP2^.DeAllocate;
   end
else
   begin
   WP1^.DeAllocate;
   WP2^.Close;
   end;

dispose( WP1, Done );
dispose( WP2, Done );

dispose( WndSystemP, Done );

end.
```

Das Programm kann leicht zu einem Fehler führen, z.B. dann, wenn `WP1` aktiv ist und dann versucht wird, durch Eingabe der Ziffer 3 das Fenster 1 zu schließen. Die Fehlermeldung `Falscher Status` wird auf dem Bildschirm ausgegeben, das Programm läuft jedoch weiter. Der Fehler könnte leicht durch eine Änderung der Unit vermieden werden, hier ist er jedoch beabsichtigt.

8.9 Erweiterte Fehlerprüfung

Eine der wesentlichen Eigenschaften guter objektorientierter Programme ist es, daß der Nutzer gezielt einzelne Eigenschaften des Programms verändern kann, ohne bestehenden Code verändern zu müssen. Erreicht wird das dadurch, daß Funktionen, die der Wahrscheinlichkeit nach von solchen Änderungen betroffen werden, als virtuelle Methoden implementiert werden. Der Nutzer kann dann seine eigene Funktionalität implementieren, indem er die betreffende Funktion in einem abgeleiteten Objekt redefiniert.

Wir zeigen diese Technik an Hand der Fehlerbehandlung in der Unit `Window`. Die Standard-Fehlerroutine in `WndSystemT` gibt zwar eine Meldung auf dem Bildschirm aus, läßt aber weiterhin den Aufruf anderer Routinen des Fenstersystems zu (vgl. Programmbeispiel 2). Wir wollen diese vordefinierte Fehlerbehandlung so abändern, daß vor Aufruf jeder Routine geprüft wird, ob `WndOK` den Wert `true` hat. Da `WndOK` durch die Standard-Fehlerroutine `WndError` nach einem Fehler auf `false` gesetzt wird, kann so erreicht werden, daß Routinen des Fenstersystems erst dann wieder aufgerufen werden können, wenn der Fehler vom Nutzer behandelt und `WndOK` explizit wieder auf `true` gesetzt wurde. Die Methode `DoFirst` wird von jeder Fensterroutine als erste Anweisung aufgerufen und eignet sich deshalb zur Implementierung der Abfrage.

Um die neue Funktionalität zu implementieren, muß `DoFirst` redefiniert werden. Dazu ist eine Ableitung von `WndSystemT` erforderlich. Im folgenden Programm Bsp03 ist `MyWndSystem` dieser abgeleitete Objekttyp. Das Programm ist ansonsten identisch zu Bsp02.

```
{-- Beispiel 3 : Erweiterte Fehlerpruefung durch eine eigene
    DoFirst-Methode
    Datei Kap8\Bsp03 }


uses crt, Window;

{*******************************************************************************
*                                                                              *
*  MyWndSystemT     ( eigene Ableitung von WndSystemT )                        *
*                                                                              *
*******************************************************************************}

type MyWndSystemT              = object( WndSystemT )

        procedure DoFirst; virtual;

        end; {-- MyWndSystemT }

     MyWndSystemPT              = ^MyWndSystemT;
```

```
procedure MyWndSystemT.DoFirst;

begin

WndSystemT.DoFirst;

if not WndOK then
   begin
   writeln( 'WndOK ist false - Programm abgebrochen' );
   halt( 1 );
   end;

end; {-- DoFirst }


{*****************************************************************************
*                                                                            *
*  Hauptprogramm                                                             *
*                                                                            *
*****************************************************************************}

var WP1, WP2               : BaseWndPT;
    I                      : integer;
    C                      : char;
    ActiveWnd              : integer;

begin
ClrScr;

WndSystemP:= new( MyWndSystemPT, Init );

WP1:= new( Wnd1PT, Init( 10, 20, 5, 10, 'Fenster 1' ) );
WP2:= new( Wnd1PT, Init( 30, 40, 5, 10, 'Fenster 2' ) );

with WP2^ do
   begin
   Open;
   DeActivate;
   end;


WP1^.Open;
ActiveWnd:= 1;


    repeat;
    C:= ReadKey;
```

```
   case C of

   '1' : if ActiveWnd = 2 then
            begin
            WP2^.DeActivate;
            WP1^.Activate;
            ActiveWnd:= 1;
            end;
   '2' : if ActiveWnd = 1 then
            begin
            WP1^.DeActivate;
            WP2^.Activate;
            ActiveWnd:= 2;
            end;

   '3' : WP1^.DeAllocate;

   '4' : begin
         WP2^.DeActivate;
         WP1^.Open;
         ActiveWnd:= 1;
         end;

   else write( C );

   end; {-- case }

until C = 'X';

if ActiveWnd = 1 then
   begin
   WP1^.Close;
   WP2^.DeAllocate;
   end
else
   begin
   WP1^.DeAllocate;
   WP2^.Close;
   end;

dispose( WP1, Done );
dispose( WP2, Done );

dispose( WndSystemP, Done );

end.
```

Nun bricht das Programm nach Ausgabe einer Fehlermeldung beim nächsten Aufruf einer Fensterprozedur mit dem Text `WndOK ist false - Programm abgebrochen` ab.

Die im obigen Programm definierte Methode `DoFirst` wird von allen Routinen des Fenstersystems aufgerufen. Es ist guter Stil, im neuen `DoFirst` zuerst das geerbte `DoFirst` aufzurufen, selbst wenn bekannt ist, daß dort keine Anweisungen ausgeführt werden. Der Entwickler des Fenstersystems könnte in einer späteren Version in `WndSystemT.DoFirst` Code unterbringen.

Beachten Sie bitte, daß zur Erzeugung einer Instanz von `MyWndSystem` nicht mehr `New( WndSystemP, Init )` geschrieben werden kann, denn durch diese Anweisung würde weiterhin eine Instanz von `WndSystemT` erzeugt. Andererseits kann zwar eine Variable vom Typ `MyWndSystemPT` deklariert werden, aber die Routinen in Window verwenden die Variable `WndSystemP`. Die neue Syntax von `New` löst dieses Problem: Sie gestattet die Erzeugung einer Instanz vom Typ `MyWndSystemT`, auch wenn die aufnehmende Zeigervariable einen anderen Basistyp hat.

8.10 Eine eigene Fehlerroutine

Falls nicht beabsichtigt ist, die Variable `WndOK` nach jedem Aufruf einer Fensterprozedur abzufragen, sollte das Programm bereits beim Auftreten eines Fehlers und nicht erst beim nächsten Aufruf einer Fensterprozedur abgebrochen werden. Da bei jedem Fehler `WndError` aufgerufen wird, ist diese Methode die richtige Stelle, um das Programm abzubrechen.

Dazu wird die Fehlerbehandlungsroutine `WndError` redefiniert. Analog zur Redefinition von `DoFirst` im letzten Abschnitt ruft das neue `WndError` zuerst die geerbte Methode auf, bevor zusätzliche Schritte ausgeführt werden. In unserem Fall reicht es aus, als zusätzlichen Verarbeitungsschritt eine `Halt`-Anweisung einzufügen.

```
{-- Implementierung einer eigenen Fehlerbehandlungsroutine
    Datei Kap8\Bsp04 }

uses crt, Window;

{****************************************************************************
*                                                                           *
*  MyWndSystemT     ( eigene Ableitung von WndSystemT )                     *
*                                                                           *
****************************************************************************}

type MyWndSystemT              = object( WndSystemT )

        procedure WndError( ErrorCode : byte ); virtual;

        end; {-- MyWndSystemT }

     MyWndSystemPT              = ^MyWndSystemT;
```

```
procedure MyWndSystemT.WndError( ErrorCode : byte );

begin

WndSystemT.WndError( ErrorCode );
halt( 1 );

end; {-- WndError }

{*****************************************************************************
*                                                                            *
*  Hauptprogramm                                                             *
*                                                                            *
*****************************************************************************}

var WP1, WP2                : BaseWndPT;
    I                       : integer;
    C                       : char;
    ActiveWnd               : integer;


begin
ClrScr;

WndSystemP:= new( MyWndSystemPT, Init );

WP1:= new( Wnd1PT, Init( 10, 20, 5, 10, 'Fenster 1' ) );
WP2:= new( Wnd1PT, Init( 30, 40, 5, 10, 'Fenster 2' ) );

with WP2^ do
   begin
   Open;
   DeActivate;
   end;

WP1^.Open;
ActiveWnd:= 1;

   repeat;
   C:= ReadKey;

   case C of

   '1' : if ActiveWnd = 2 then
           begin
           WP2^.DeActivate;
           WP1^.Activate;
           ActiveWnd:= 1;
           end;
   '2' : if ActiveWnd = 1 then
           begin
           WP1^.DeActivate;
           WP2^.Activate;
           ActiveWnd:= 2;
           end;

   '3' : WP1^.DeAllocate;
```

```
    '4' : begin
          WP2^.DeActivate;
          WP1^.Open;
          ActiveWnd:= 1;
          end;

    else write( C );

    end; {-- case }

until C = 'X';

if ActiveWnd = 1 then
   begin
   WP1^.Close;
   WP2^.DeAllocate;
   end
else
   begin
   WP1^.DeAllocate;
   WP2^.Close;
   end;

dispose( WP1, Done );
dispose( WP2, Done );

dispose( WndSystemP, Done );

end.
```

Die zusätzliche Funktionalität der neuen Fehlerbehandlungsroutine ist natürlich nicht auf die Ausführung der Halt-Anweisung beschränkt. Denkbar wäre z.B. die zusätzliche Ausgabe der Fehlermeldung in eine Protokolldatei, evtl. ergänzt durch einen Abzug des augenblicklichen Bildschirminhalts. Später kann dann die Protokolldatei - bei professionellen Programmen z.B. im Rahmen der Programmwartung - analysiert werden.

8.11 Eigene Fensterobjekte

Ein Anspruch, den wir an das neue Fenstersystem gestellt haben, ist die Möglichkeit zur Integration von Fenstern, die erst im Anwenderprogramm definiert werden. Wir wollen als Beispiel das aus Kapitel 6 bekannte Fensterobjekt Wnd3T betrachten. Damit der Objekttyp richtig integriert werden kann, muß Wnd3T ein Mitglied der von BaseWndT ausgehenden Objekthierarchie werden. Das bedeutet, daß Wnd3T von BaseWndT selber oder einem Nachfolger abgeleitet werden muß. Damit besitzt Wnd3T bereits die sechs notwendigen Routinen Allocate, Activate, DeAllocate, DeActivate, Open und Close. Damit sich der Objekttyp von seinem Vorgänger unterscheidet, müssen nun noch einige (bzw. alle) diese Routinen redefiniert werden.

Wir entscheiden uns hier, den neuen Objekttyp von `Wnd1T` abzuleiten. Das folgende Programmsegment zeigt Definition und Implementierung des Objekttyps `Wnd3T`.

```
{*****************************************************************************
*                                                                            *
*  Objektdefinition Wnd3T                                                    *
*                                                                            *
*****************************************************************************}


{-- Scrollbars --}

const ScrollBarHC           = #176; {-- Horizontal : graues Viereck }
const ScrollBarVC           = #176; {-- Vertikal   : graues Viereck }

type Wnd3T                  = object( Wnd1T )

        WHorizontalScroll,
        WVerticalScroll     : integer;

        constructor Init( XMin, XMax, YMin, YMax : integer; Name : WNameT );

        procedure  Activate; virtual;

        procedure SetHorizontalScroll( Percent : integer );
        procedure SetVerticalScroll( Percent : integer );

        end; {-- Wnd3T }

     Wnd3PT                 = ^Wnd3T;


{*****************************************************************************
*                                                                            *
*  Wnd3T.Init                                                                *
*                                                                            *
*****************************************************************************}

constructor Wnd3T.Init( XMin, XMax, YMin, YMax : integer; Name : WNameT );

begin WndSystemP^.DoFirst;

Wnd1T.Init( XMin, XMax, YMin, YMax, Name );

WHorizontalScroll:= 0;
WVerticalScroll:= 0;

end; {-- Init }
```

```
{*****************************************************************************
*                                                                            *
*  Wnd3T.Activate                                                            *
*                                                                            *
*****************************************************************************}

procedure Wnd3T.Activate;

begin WndSystemP^.DoFirst;

Wnd1T.Activate;
SetHorizontalScroll( WHorizontalScroll );
SetVerticalScroll( WVerticalScroll );

end; {-- Activate }

{*****************************************************************************
*                                                                            *
*  Wnd3T.SetHorizontalScroll                                                 *
*                                                                            *
*****************************************************************************}

procedure Wnd3T.SetHorizontalScroll( Percent : integer );

var I                          : integer;
    Size                       : integer;

var SaveXCur, SaveYCur         : integer;

begin WndSystemP^.DoFirst;

{-- RangeCheck --}
if ( Percent < 0 ) or ( Percent > 100 ) then
   begin
   WndSystemP^.WndError( WndWrongScroll );
   exit;
   end;

WHorizontalScroll:= Percent;

SaveXCur:= WhereX; SaveYCur:= WhereY;
crt.Window( WXmin, WYMin, WXMax, WYMax );
Size:= pred( WXMax - WXMin ); {-- Anzahl Zeichen in ScrollArea }

gotoXY( 2, succ( WYMax-WYMin ) );
for I:= 1 to Size do
   write( ScrollBarHC );

gotoXY( trunc( Percent/100*pred( Size ) )+2, succ( WYMax - WYMin ) );
HighVideo;
write( ScrollBarHC );
LowVideo;

crt.Window( succ( WXMin ), succ( WYMin ), pred( WXMax ), pred( WYMax ) );
gotoXY( SaveXCur, SaveYCur );
end; {-- SetHorizontalScroll }
```

```
{*****************************************************************************
*                                                                            *
*  Wnd3T.SetVerticalScroll                                                   *
*                                                                            *
*****************************************************************************}

procedure Wnd3T.SetVerticalScroll( Percent : integer );

var I                          : integer;
    Size                       : integer;

var SaveXCur, SaveYCur         : integer;

begin WndSystemP^.DoFirst;

{-- RangeCheck --}
if ( Percent < 0 ) or ( Percent > 100 ) then
   begin
   WndSystemP^.WndError( WndWrongScroll );
   exit;
   end;

WVerticalScroll:= Percent;

SaveXCur:= WhereX; SaveYCur:= WhereY;
crt.Window( WXmin, WYMin, WXMax, WYMax );
Size:= pred( WYMax - WYMin ); {-- Anzahl Zeichen in ScrollArea }

for I:= 1 to Size do
   begin
   gotoXY( succ( WXMax-WXMin ), succ( I ) );
   write( ScrollBarVC );
   end;

gotoXY( succ( WXMax - WXMin ), trunc( Percent/100*pred( Size ) )+2  );
HighVideo;
write( ScrollBarVC );
LowVideo;

crt.Window( succ( WXMin ), succ( WYMin ), pred( WXMax ), pred( WYMax ) );
gotoXY( SaveXCur, SaveYCur );
end; {-- SetVerticalScroll }
```

Das Listing zeigt, daß die Methoden `Allocate`, `DeActivate` und `DeAllocate` von `Wnd1T` geerbt werden können. Nur die Methode `Activate` muß redefiniert werden, denn in ihr werden die Scrollbars dargestellt. In dieser Implementierung sind die Scrollbars nur sichtbar, wenn das Fenster aktiv ist. Deaktivierte Fenster werden mit normalem Rahmen dargestellt. Sollen die Scrollbars auch in deaktiviertem Zustand sichtbar bleiben, muß der Aufruf von `SetHorizontalScroll` bzw. `SetVerticalScroll` in `Allocate` und `DeActivate` verlegt werden.

Im folgenden Beispielprogramm Bsp05 wird `Wnd3T` als zweites Fenster definiert. Zur Umschaltung zwischen beiden Fenstern werden die Tasten 1 und 2 verwendet.

```
{-- Beispiel 5 : Integration eines eigenen Fenstertyps
    Datei Kap8\Bsp05 }

uses crt, Window;

{******************************************************************************
*                                                                             *
*  MyWndSystemT     ( eigene Ableitung von WndSystemT )                       *
*                                                                             *
******************************************************************************}

type MyWndSystemT              = object( WndSystemT )

         procedure WndError( ErrorCode : byte ); virtual;

         end; {-- MyWndSystemT }

     MyWndSystemPT              = ^MyWndSystemT;


procedure MyWndSystemT.WndError( ErrorCode : byte );

begin

WndSystemT.WndError( ErrorCode );
halt( 1 );

end; {-- WndError }


{******************************************************************************
*                                                                             *
*  Objektdefinition Wnd3T                                                     *
*                                                                             *
******************************************************************************}

{--- nicht erneut abgedruckt }

{******************************************************************************
*                                                                             *
*  Hauptprogramm                                                              *
*                                                                             *
******************************************************************************}

var WP1, WP2                   : BaseWndPT;
    I                          : integer;
    C                          : char;
    ActiveWnd                  : integer;
```

```
begin
ClrScr;

WndSystemP:= new( MyWndSystemPT, Init );

WP1:= new( Wnd1PT, Init( 10, 20, 5, 10, 'Fenster 1' ) );
WP2:= new( Wnd3PT, Init( 30, 40, 5, 10, 'Fenster 2' ) );

with WP2^ do
   begin
   Open;
   DeActivate;
   end;

WP1^.Open;
ActiveWnd:= 1;

   repeat;
   C:= ReadKey;

   case C of

   '1' : if ActiveWnd = 2 then
            begin
            WP2^.DeActivate;
            WP1^.Activate;
            ActiveWnd:= 1;
            end;
   '2' : if ActiveWnd = 1 then
            begin
            WP1^.DeActivate;
            WP2^.Activate;
            ActiveWnd:= 2;
            end;

   else write( C );

   end; {-- case }

until C = 'X';

if ActiveWnd = 1 then
   begin
   WP1^.Close;
   WP2^.DeAllocate;
   end
else
   begin
   WP1^.DeAllocate;
   WP2^.Close;
   end;

dispose( WP1, Done );
dispose( WP2, Done );

dispose( WndSystemP, Done );

end.
```

Der einzige Unterschied zu früheren Beispielen liegt darin, daß in der New-Anweisung für das zweite Fenster nun Wnd3PT anstelle von Wnd1PT steht. Einfacher kann die Integration eigener Elemente kaum noch sein!

8.12 Die Verwendung des Kellerspeichers

WndSystemT exportiert zwei Methoden, die die Verwaltung übereinanderliegender Fenster übernehmen können. Bei übereinanderliegenden Fenstern muß darauf geachtet werden, daß die Fenster in umgekehrter Reihenfolge des Öffnens wieder geschlossen werden. Diese Reihenfolge wird automatisch eingehalten, wenn die Methoden OpenWnd und CloseWnd verwendet werden. Folgendes Beispielprogramm Bsp06 zeigt eine Anwendung dieser Methoden.

```
{-- Beispiel 6 : Die Verwendung des Kellerspeichers
    Datei Kap8\Bsp06 }

uses crt, Window;

{*****************************************************************************
*                                                                            *
*  MyWndSystemT     ( eigene Ableitung von WndSystemT )                      *
*                                                                            *
*****************************************************************************}

type MyWndSystemT              = object( WndSystemT )

        procedure WndError( ErrorCode : byte ); virtual;

        end; {-- MyWndSystemT }

     MyWndSystemPT             = ^MyWndSystemT;


procedure MyWndSystemT.WndError( ErrorCode : byte );

begin

WndSystemT.WndError( ErrorCode );
halt( 1 );

end; {-- WndError }


{*****************************************************************************
*                                                                            *
*  Objektdefinition Wnd3T                                                    *
*                                                                            *
*****************************************************************************}

{--- nicht erneut abgedruckt }
```

```
{*****************************************************************************
*                                                                            *
*  Hauptprogramm                                                             *
*                                                                            *
*****************************************************************************}

var C                         : char;

begin
ClrScr;

WndSystemP:= new( MyWndSystemPT, Init );
WndSystemP^.OpenWnd( new( Wnd1PT, Init( 10, 20, 5, 10, 'Fenster 1' ) ) );
WndSystemP^.OpenWnd( new( Wnd3PT, Init( 30, 40, 5, 10, 'Fenster 2' ) ) );

   repeat
   C:= ReadKey;
   case C of

   '1' : if WndSystemP^.CloseWnd then;

   else write( C );
   end; {-- case }

   until C = 'X';

   repeat
   until not WndSystemP^.CloseWnd;

dispose( WndSystemP, Done );

end.
```

Da die Verwaltung der Fenster nun vollständig von `WndSystemT` übernommen wird, sind im Anwendungsprogramm keine Variablen für die Instanzen der Fensterobjekte mehr erforderlich. Ein Anwendungsprogramm kann so eine variable Anzahl Fenster verwalten, ohne daß diese Zahl zur Übersetzungszeit bekannt sein müßte. Ebenso kann die Variable `ActiveWnd` entfallen, da automatisch das "obenliegende" (d.h. das zuletzt geöffnete Fenster) aktiviert und alle anderen Fenster deaktiviert sind. Als zusätzliche Leistung hält `WndSystemT` einen Zeiger auf das gerade aktive Fenster bereit. Dieser Zeiger wird z.B von `RepositionWnd` verwendet, um das aktuelle Fenster auf dem Bildschirm zu verschieben.

Beachten Sie bitte, daß `OpenWnd` und `CloseWnd` auch mit Instanzen des nachträglich im Hauptprogramm definierten Fensterobjekts `Wnd3T` korrekt arbeiten können.

Im folgenden Programm Bsp07 wird durch die Eingabe der Ziffer 1 ein neues Fenster geöffnet. Durch die Eingabe von 2 wird das jeweils oberste Fenster wieder geschlossen. Weiterhin können die Pfeiltasten dazu verwendet werden, mittels `RepositionWnd` das oberste Fenster auf dem Bildschirm zu verschieben.

```
{-- Beispiel 7 : Das oberste Fenster kann verschoben werden
    Datei Kap8\Bsp07 }

uses crt, Window;

var C                          : char;

begin
ClrScr;

WndSystemP:= new( WndSystemPT, Init );

   repeat

   C:= ReadKey;

   case C of

   '1' : begin
                               with WndSystemP^, ActiveWP^ do
           if ActiveWP = nil then
              OpenWnd( new( Wnd1PT, Init( 10, 20, 5, 10, '' ) ) )
           else
              OpenWnd( new( Wnd1PT,
                Init( WXMin + 3, WXMax + 3, WYMin + 2, WYMax + 2, '' ) ) );
         ClrScr;
         end;

   '2' : if WndSystemP^.CloseWnd then;


   #0  : begin
         C:= ReadKey;
         with WndSystemP^ do
           case C of

           #75 : RepositionWnd( -1, 0 ); {-- links  }
           #72 : RePositionWnd( 0, -1 ); {-- oben   }
           #77 : RepositionWnd( 1,  0 ); {-- rechts }
           #80 : RepositionWnd( 0,  1 ); {-- unten  }
           end; {-- case }
         end; {-- #0 }


   else write( C );
   end; {-- case }

   until C = 'X';

   repeat
      until not WndSystemP^.CloseWnd;

 dispose( WndSystemP, Done );

 end.
```

Dieses Programm zeigt, wie man mit einfachen Mitteln bereits eindrucksvolle Effekte auf dem Bildschirm hervorbringen kann (Bild 8-3):

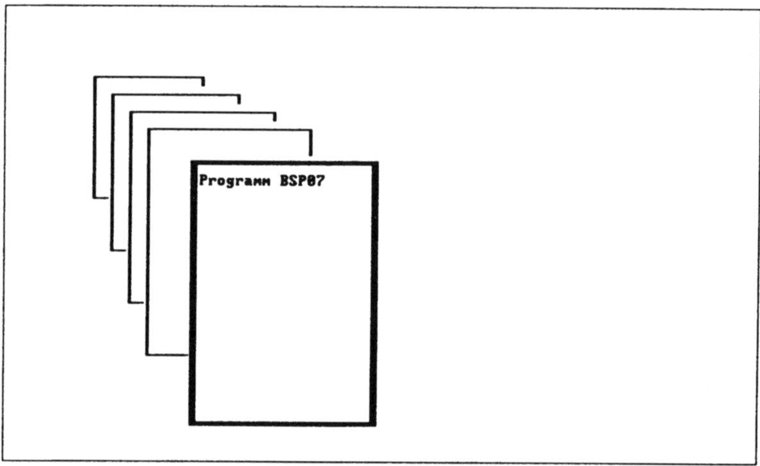

Bild 8-3 : Einige Fenster des Programms Bsp07

Für eine vollständige Anwendung müßten allerdings noch einige Probleme beseitigt werden. So werden beispielsweise einige Fehler nicht abgefangen. Verschiebt man z.B. ein Fenster bis an den Rand des Bildschirms, wird diese Situation nicht erkannt und führt zum Absturz des Programms. Auf die Implementierung zusätzlicher Fehlerprüfung zur Vermeidung dieses und ähnlicher Fehler wurde verzichtet, um den Quellcode nicht zu unübersichtlich zu machen.

8.13 Ein Beispiel mit Exploding Windows

Im folgenden Programm werden nicht Fenster vom Typ `Wnd1T` sondern vom Typ `Wnd2T` erzeugt. Der Konstruktor `Wnd2T.Init` hat zwei Parameter mehr, die den Startpunkt für den Öffnungsprozess angeben. Diese beiden Parameter müssen in absoluten Bildschirmkoordinaten angegeben werden. Um die Öffnung des neuen Fensters von der aktuellen Zeigerposition aus zu beginnen, ist daher eine Umrechnung der Fensterkoordinaten auf Bildschirmkoordinaten durchzuführen. Die Prozeduren `WhereX` und `WhereY` liefern die aktuelle Zeigerposition bezogen auf das aktuelle Fenster. Zur Umrechnung auf Bildschirmkoordinaten müssen nur die Offsets der Fensterkoordinaten addiert werden.

```
{-- Beispiel 8 : Neue Fenster werden von der mommentanen
    Cursorposition aus geoeffnet.
    Datei Kap8\Bsp07 }


uses crt, Window;

var C                          : char;

begin
ClrScr;

WndSystemP:= new( WndSystemPT, Init );

   repeat

   C:= ReadKey;

   case C of

   '1' : begin
         with WndSystemP^, ActiveWP^ do
            if ActiveWP = nil then
               OpenWnd( new( Wnd2PT, Init( 10, 20, 5, 10, '', 2, 2 ) ) )
            else
               OpenWnd( new( Wnd2PT,
                 Init( WXMin + 3, WXMax + 3, WYMin + 2, WYMax + 2, '',
                 WhereX + pred( WXMin ), WhereY + pred( WYMin ) ) ) );
         ClrScr;
         end;

   '2' : if WndSystemP^.CloseWnd then;


   #0  : begin
         C:= ReadKey;
         with WndSystemP^ do
            case C of

            #75 : RepositionWnd( -1, 0 ); {-- links  }
            #72 : RePositionWnd( 0, -1 ); {-- oben   }
            #77 : RepositionWnd( 1,  0 ); {-- rechts }
            #80 : RepositionWnd( 0,  1 ); {-- unten  }
            end; {-- case }
         end; {-- #0 }


   else write( C );
   end; {-- case }

   until C = 'X';

   repeat
   until not WndSystemP^.CloseWnd;

 dispose( WndSystemP, Done );

 end.
```

Die Berechnung der absoluten Bildschirmkoordinaten wird im obigen Programm direkt beim Aufruf von `OpenWnd` durchgeführt. Wenn Transformationen zwischen Fenster- und Bildschirmkoordinaten öfter gebraucht werden, sollten die Berechnungen in eigens dafür vorgesehene Methoden verlegt werden.

8.14 Zusammenfassung

Dieses Kapitel zeigt am Beispiel eines Fenstersystems die wesentlichen Techniken professioneller objektorientierter Programmierung auf. Das Fenstersystem ist bereits vom Entwurf her so ausgelegt, daß die Vorteile objektorientierter Programmierung zur Geltung kommen können. Die zentrale Eigenschaft, von der immer wieder Gebrauch gemacht wird, ist die Möglichkeit zur Redefinition virtueller Methoden in Objekthierarchien. In den Beispielprogrammen wird die Redefinition virtueller Methoden verwendet, um spezielle Fehlerbehandlungen sowie zusätzliche Fensterobjekte zu definieren. Da das Fenstersystem so einfach zu erweitern ist, muß der Entwickler nicht mehr alle Anwendungsfälle voraussehen, sondern kann spezielle Anwendungen dem Anwendungsprogrammierer überlassen. Die Struktur von allgemeinverwendbaren Units kann auf diese Weise einfacher und damit wartungsfreundlicher gehalten werden. Die Qualität von Toolboxen, die objektorientiert programmiert sind, wird nicht mehr an der Anzahl der bereitgestellten Funktionen gemessen, sondern an den Möglichkeiten, mit denen der Anwender die Funktionalität nach seinen Wünschen beeinflussen kann. Die *Hook*-Technik, hier dargestellt an der Prozedur `DoFirst`, ist ein speziell für die objektorientierte Programmierung geeignetes Mittel, um diese Flexibilität zu gewährleisten. Es reicht eben nicht aus, in ein fertiges System einige Objekte einzufügen, um eine "Objektorientierte Library" zu erhalten.

9 Turbo Vision

9.1 Was ist Turbo-Vision?

In der Dokumentation wird Turbo-Vision als *object-oriented application framework* bezeichnet. Mit *framework* ist hier alles das gemeint, was den eigentlich produktiven Teil eines Programms umgibt: Routinen, um Bildschirme zu initialisieren, Fenster zu definieren, Menüs anzuzeigen, vom Benutzer Auswahlen einzulesen etc.

Turbo-Vision nimmt dem Programmierer alle Aufgaben ab, die zur Generierung einer wirklich professionellen Benutzerschnittstelle nach heutigem Stand der Technik erforderlich sind, also z.B.

- Mehrere sich überlappende Fenster, die verschoben und in ihrer Größe verändert werden können
- Statuszeile
- Menüzeile, Pull-down Menüs, Submenüs
- volle Integration einer Maus
- standardisierte Möglichkeiten zur Kommunikation mit dem Benutzer: Dialogboxen, Knöpfe, Auswahlfelder, Eingabefelder, Eingabehistorie, etc.
- Standardisiertes Hilfe- und Fehlersystem

Turbo Vision liegt in Form von acht Units vor, für die teilweise auch der Sourcecode mitgeliefert wird. Dieser Kern wird ergänzt durch einige hilfreiche Anwendungen, die mit vollständigem Sourcecode sowie als unit vorliegen. Zu diesen Anwendungen gehören

- vordefinierte Dialogboxen zum Anzeigen und Wechseln von Verzeichnissen, zur Auswahl aus Dateilisten (analog *file/open* Kommando in der IDE), zum Einstellen von Farben oder zur Konfiguration der Maus
- ein einfacher Texteditor

- sog. *gadgets* (frei übersetzt etwa Schnickschnack), dazu gehören ASCII-Tabelle, Tachenrechner, Kalender
- Standard-Eingabefelder zur Ein-Ausgabe von Daten

Alle diese Anwendungen sind vollständig mit Turbo-Vision programmiert und können problemlos in eigene Turbo-Vision Programme eingebunden werden.

Ein gutes Beispiel für die Leistungsfähigkeit von Turbo-Vision ist die integrierte Entwicklungsumgebung (IDE) von Turbo-Pascal 6.0 selber. Sie ist nämlich vollständig mit Turbo-Vision entwickelt worden. Mit Turbo-Vision kann der Anwender nach kurzer Zeit auch seine Programme mit einem solchen professionellen Äußeren versehen.

Neben einem vollständigen Satz von Routinen zum Aufbau einer professionellen Benutzerschnittstelle bietet Turbo-Vision darüberhinaus einige Routinen bzw. Objekttypen von allgemeiner Nützlichkeit.

- Objekttypen für sog. *collections*
- Implementierung sog. *Persistente Objekte*
- sichere, schnelle und effiziente Heapspeicherverwaltung.

Diese Dinge sind hauptsächlich für fortgeschrittene Turbo-Vision Anwendungen interessant. Sie sind jedoch unabhängig von Turbo-Vision programmiert, so daß sie auch in normalen, objektorientierten Programmen eingesetzt werden können.

9.2 Eine weitere Toolbox?

Auf der ersten Blick scheint sich Turbo-Vision als ein weiteres Mitglied in die Riege der Toolboxen zur Bildschirmprogrammierung einzureihen. Fenster, Mausbedienung, Rollbalken: alles das gibt es auch schon in anderen Toolboxen. Es sind im Wesentlichen nur zwei Unterschiede, die Turbo-Vision von einer konventionell programmierten Toolbox unterscheiden:

- Turbo-Vision ist ereignisgesteuert (*event-driven*). Was das bedeutet werden wir im nächsten Abschnitt sehen.
- Turbo Vision ist vollständig objektorientiert programmiert. Die wesentlichen Routinen, die die Funktionalität von Turbo-Vision ausmachen,

sind virtuell, Polymorphismus wird an vielen Stellen verwendet.

Beide Punkte zusammen bewirken, daß mit Turbo-Vision in einer bis dato unbekannten Flexibilität programmiert werden kann.

Ein Problem mit vielen Toolboxen ist, daß die bereitgestellten Routinen nur für ein genau definiertes Problem eingesetzt werden können. Dies liegt sicherlich zum Teil daran, daß die Routinen im Zuge einer konkreten Programmentwicklung eben erforderlich waren und dort ihre zugewiesene Aufgabe lösen. Für ein anderes Vorhaben benötigt man zwar im Wesentlichen das gleiche, aber doch mit einigen kleinen Unterschieden. Die Folge ist meist, daß die Routinen angepaßt werden müssen- schon hat man zwei Versionen einer Routine für die gleiche Aufgabe.

Besser wäre es, wenn man einige Eigenschaften der Tollbox gezielt verändern könnte, ohne andere Eigenschaften oder gar das Zusammenspiel der Routinen verändern zu müssen. Als Beispiel sei die Forderung genannt, eine eigene Fehlerbehandlung für die Routinen der Toolbox zu implementieren. In Kapitel 8 haben wir am Beispiel des Fenstersystems gezeigt, wie so etwas mit Hilfe objektorientierter Techniken einfach und elegant implementiert werden kann.

In Turbo-Vision wird Polymorphismus noch in einem wesentlich höheren Grade verwendet. Um Turbo-Vision verstehen zu können, ist deshalb das Verständnis der Prinzipien objektorientierter Programmierung erforderlich. Selbstverständlich kann ein Einsteiger Turbo-Vision für seine Programme nutzen, die volle Leistungsfähigkeit wird sich jedoch nur dem erschließen, der schon einige Erfahrung mit objektorientierter Programmierung hat.

9.3 Aufbau und Arbeitsweise von Turbo-Vision

9.3.1 Miteinander verbundene Objekte

Die in Turbo-Vision vorhandenen Möglichkeiten sind in Form von Objekttypen implementiert. Um die Funktionalität zu nutzen, definiert der Programmierer Objekte dieser Typen und verbindet sie mit anderen Objekten. Es entsteht ein Geflecht voneinander abhängiger Strukturen, die die Funktionalität der Nutzerschnittstelle dieses speziellen Programms ausmacht.

Durch die Art und Weise, wie die einzelnen Objekte zu einem Ganzen zusammengefügt werden, wird letzten Endes das Aussehen der Nutzerschnittstelle festgelegt. Das Vorgehen ist in etwa vergleichbar mit dem Bau eines Hauses aus Lego-Steinen: Mit wenigen Typen von Steinen können ganz unterschiedliche Bauwerke entstehen: Die Information steckt im Bauplan, in der Art, wie die Einzelteile miteinander verbunden werden.

9.3.2 Bausteine eines Turbo-Vision Programms

View-Objekte

Ein Programm, das etwas auf dem Bildschirm ausgeben möchte, benötigt dazu ein sog. *View*-Objekt. Der Grund liegt darin, daß Turbo-Vision die vollständige Kontrolle über alle Bildschirmaktivitäten haben muß, um Operationen wie z.B. das Verschieben eines Fensters korrekt ausführen zu können. Pascal-Ausgabeanweisungen z.B. gehen aber an Turbo-Vision vorbei direkt auf den Bildschirm. Beim nächsten Bildschirm-update werden diese Ausgaben dann meist überschrieben.

In Turbo-Vision gibt es für die wichtigsten Anwendungen bereits vordefinierte View-Objekttypen. Darunter sind Typen zur Arbeit mit Feldern, Menüs, Auswahllisten, Schaltknöpfen etc. Alle z.B. in der integrierten Entwicklungsumgebung von Turbo Pascal 6.0 sichtbaren Objekte sind Instanzen von Turbo-Vision View-Objekttypen. Darüberhinaus kann sich der Programmierer bei Bedarf eigene View-Objekttypen definieren.

Ereignisse

Ein Programm reagiert ausschließlich auf Ereignisse *(events)*. Solange keine Ereignisse auftreten, befindet sich das Programm im Wartezustand. Ereignisse können extern ausgelöst werden (Drücken einer Taste auf der Tastatur, Drücken einer Maustaste, Loslassen einer Maustaste etc), oder aber vom Programm selber generiert werden (interne Ereignisse).

9.3.3 Ereignisgesteuerte Systeme

In einem konventionell organisierten Programm reagiert man normalerweise auf Ereignisse, indem man in einer `case`-Anweisung die einzelnen Ereignisse unterscheidet und für jedes Ereignis eine spezielle Behandlungsprozedur aufruft.

Ereignisgesteuerte Systeme arbeiten anders. Hier stehen die einzelnen Arbeitsroutinen alle gleichberechtigt nebeneinander, und alle Routinen bekommen auch alle Ereignisse mitgeteilt. Eine Routine muß nun selber entscheiden, ob sie auf ein Ereignis reagieren muß, oder ob sie es ignorieren soll.

Auch wenn eine Routine auf ein Ereignis reagiert hat, wird das Ereignis noch den anderen Routinen zugeleitet. Es macht also keinen Unterschied, ob eine Routine ein Ereignis bearbeitet: stets bekommen alle Routinen des Systems alle Ereignisse zu sehen.

Diese Technik hat zwei ganz wesentliche Vorteile:

- Da stets alle Routinen alle Ereignisse sehen, braucht der Programmierer einer Routine nichts von den anderen Routinen im System zu wissen. Er muß nur seine eigene Routine beim System anmelden, und ist sofort am Informationsfluß beteiligt.
- Es können mehrere Routinen auf ein Ereignis reagieren. Interessant wird diese Möglichkeit dann, wenn die Anzahl der Objekte nicht zur Compilezeit festgelegt werden kann.

Betrachten wir als Beispiel einen Nutzer eines Zeichenprogramms. Er hat gerade mehrere Objekte auf dem Bildschirm erzeugt und verkleinert nun das Anzeigefenster. Alle graphischen Objekte müssen jetzt daraufhin untersucht werden, ob sie evtl. zur Anzeige beschnitten werden müssen (*clipping*).

In einem ereignisgesteuerten System stellt das überhaupt kein Problem dar: Die Verkleinerungsfunktion für das Fenster generiert ein entsprechendes (internes) Ereignis, das automatisch alle graphischen Objekte sehen und entsprechend reagieren können (z.B. indem sie ihre *clip*-Routine aufrufen). Wichtig sind hier zwei Dinge:

- Die Verkleinerungsfunktion muß überhaupt nichts von ihrer Umwelt wissen: sie teilt der Umwelt einfach mit, daß das Fenster nun kleiner ist und überläßt es den anderen Objekten im System, zu überlegen, ob sie darauf reagieren müssen.
- Die einzelnen graphischen Objekte haben ihre eigene *clip*-Funktion. Es ist nicht mehr so wie in konventionellen Programmen, daß es eine *clip*-Funktion gibt, die für alle graphischen Objekte aufgerufen wird.

Der Vorteil wird vor allem dann deutlich, wenn ein neuer graphischer Objektyp hinzugefügt werden soll: Nachdem die Methoden des Typs implementiert sind, reicht es aus, das Programm an einer einzigen Stelle zu ändern: nämlich dort, wo Instanzen von graphischen Objekten erzeugt werden.

An diesem Beispiel wird deutlich, daß die Stärke der Bindungen in einem ereignisgesteuerten Programm wesentlich geringer ist als in einem konventionellen Programm. Was für den einzelnen Entwickler in einem großen Entwicklungsprojekt ein Vorteil ist (er braucht weniger Wissen über den Rest des Systems), hat auch eine Schattenseite. Diese zeigt sich, wenn das Programm mit einem Debugger schrittweise ausgeführt werden soll. Dann wird deutlich, was es heißt, das ständig alle Routinen für alle Ereignisse aufgerufen werden: Ein konkretes Ereignis wird zwar von den meisten Objekten ignoriert, aber das weiß man eben erst, wenn die "Handling"-Routine dieses Objekts aufgerufen ist- so kann man schon die Übersicht verlieren, bis endlich das richtige Objekt aktiviert ist.

Der Systemverwalter

In den letzten Abschnitten haben wir behauptet, daß Objekte Ereignisse "sehen" können. Damit ist gemeint, daß es einen zentralen Mechanismus gibt, der Ereignisse zwischenspeichert und für jedes Objekt eine bestimmte Methode (den sog. *Eventhandler*) mit einem Ereignis als Parameter aufruft. Nur auf diese Weise gelangt ein Ereignis in ein Objekt. Eine Folge daraus ist, daß Objekte explizit beim Systemverwalter angemeldet werden müssen, wenn sie an der Kommunikation teilhaben wollen.

Der Systemverwalter hat zur Kommunikation mit Tastatur und Maus jeweils eine *Interrupt-Service-Routine* (ISR) installiert. Wird eine Taste der Tastatur oder der Maus gedrückt, erzeugt der Systemverwalter ein externes Ereignis. Interne Ereignisse werden durch Objekte selber generiert und dem Systemverwalter über den Aufruf einer Methode mitgeteilt.

Turbo-Vision als ereignisgesteuertes System

Turbo-Vision hat einige Eigenschaften ereignisgesteuerter Systeme, bestimmte Aufgaben werden jedoch in konventioneller Technik gelöst. So gibt es z.B. einen Datentyp, der Ereignisse speichert (TEvent), und eine Art Systemverwalter, der Ereignisse verwaltet und an die einzelnen Objekte weiterleitet. Konventionell gelöst ist dagegen die Abarbeitung von Ereignissen in den vom Benutzer geschriebenen Teilen einer Turbo-Vision Anwendung. Was damit genau gemeint ist, werden wir nach einem einfachen Programmierbeispiel sehen.

9.3.4 Das minnimale Turbo-Vision Programm

Das kleinste mögliche Turbo-Vision Programm hat folgende Form:

```
{-- Programm TV01: das minnimale Turbo-Vision Programm --}
```

```
uses App;

var  A                    : TApplication;

begin

A.Init;
A.Run;
A.Done;

end.
```

Im Programm wird einfach eine Instanz des Objekttyps `TApplication` erzeugt und die Routinen `Init`, `Run` und `Done` ausgeführt. Das Programm produziert einen leeren Bildschirm, der oben bzw. unten von einer Menüzeile bzw. einer Statuszeile begrenzt wird:

Bild 9-1: Ausgabe des Programms TV01

Als Eingabe ist nur Alt-x zulässig, wodurch das Programm beendet wird.

In diesem Programm wurde kein eigener Objekttyp definiert, die gesamte Funktionalität des Programms ist also bereits in Turbo-Vision vorhanden. Im einzelnen werden folgende Schritte ausgeführt:

TApplication.Init:

- füllt den Bildschirm mit grauen Rasterzeichen

- Initialisiert Datenstrukturen für eine Menüleiste (leer) und eine Statuszeile (Eintrag "Alt-X Exit").
- stellt die Menüleiste oben und die Statuszeile unten dar
- installiert den Systemverwalter mit seinen Interrupt-Service-Routinen für Maus und Tastatur

TApplication.Run:

- führt in einer Schleife die Arbeitsroutinen des Systemverwalters aus, bis die Ende-Bedingung eintritt.

  Tritt nun ein Ereignis auf, ruft der Systemverwalter `TApplication.HandleEvent` auf. Diese Routine reagiert nur auf die Taste Alt-X, alle anderen Ereignisse werden ignoriert. Die Reaktion auf Alt-X besteht lediglich darin, die Endebedingung zu setzen. Dadurch wird `TApplication.Run` beendet.

TApplication.Done:

- einstalliert die Interrupt-Service-Routinen des Systemverwalters
- gibt den Speicherplatz für die Datenstrukturen der Menüleiste und der Statuszeile wieder frei
- löscht den Bildschirm
- kehrt zu DOS zurück.

In Wirklichkeit sind die ablaufenden Vorgänge etwas komplizierter. Wir werden auf die Unterschiede eingehen, wenn sie später zum Verständnis von bestimmten Vorgängen erforderlich sind.

9.3.5 Ausführung eines Turbo-Vision Programms

Eine Turbo-Vision Anwendung basiert immer auf einem Objektyp, der von `TApplication` abgeleitet ist. Von diesem Typ wird immer nur eine Instanz erzeugt. Das Programm wird ausgeführt, indem die Methoden `Init`, `Run` und `Done` dieser Instanz ausgeführt werden.

Der Objekttyp `TApplication` besteht aus vielen Daten und Methoden. So ist z.B. für die Statuszeile ein eigenes Objekt vorhanden, auf das ein Zeiger in TApplication zeigt. TApplication definiert eine Methode InitStatusLine, die eine Instanz des Standard-Objekttyps für die Statuszeile erzeugt, bestimmte Voreinstellungen für die Statuszeile durchführt und den Zeiger in TApplication entsprechend besetzt.

Die unterschiedliche Funktionalität, die mit Turbo-Vision möglich ist, wird im Wesentlichen durch Überschreiben der Methoden der Standard-Objekttypen erreicht. Ist z.B. eine eigene Statuszeile erforderlich, leitet man einen eigenen Objekttyp von TApplication ab, für den man eine eigene Methode InitStatusLine definiert. In dieser Methode baut man die Statuszeile dann nach den eigenen Bedürfnissen auf.

Aus der Sicht von Turbo-Vision besteht die Ausführung eines Programms aus den folgenden Schritten:

- Initialisierung des Systems durch den Konstruktor TApplication.Init
- Wenn Ereignisse auftreten: Mitteilen der Ereignisse an TApplication sowie evtl. an andere betroffene Objekte
- Bei Auftreten einer Ende-Bedingung: Beenden des Systems durch den Destruktor TApplication.Done.

9.3.6 Notationelles

Alle in Turbo-Vision definierten Objekttypen beginnen mit dem Buchstaben T, Zeigertypen auf diese Typen mit dem Buchstaben P. Darüberhinaus gibt es Konventionen für die Schreibweise von Konstanten, so sind z.B. für alle Ereignisse, die von der Tastatur kommen, Konstanten definiert, die mit den Buchstaben kb beginnen.

Für eigene Objekttypen werden wir die in diesem Buch eingeführte Notation beibehalten: Typen werden mit einem *nachgestellten* T und Zeiger mit einem nachgestellten P notiert. Auf diese Weise kann aus einem Listing sofort ersehen werden, welche Teile aus Turbo-Vision kommen und welche Teile neu sind.

9.4 Eine eigene Statuszeile

Wie bereits erwähnt, gibt es in TApplication die Methode InitStatusLine, die eine Standard-Statuszeile erzeugt. Um eine eigene Statuszeile zu implementieren, muß diese Methode überschrieben werden.

Wir definieren dazu den Objekttyp `App1T`, der von `TApplication` abgeleitet wird. Bis auf die Methode `InitStatusLine`, die wir ja selber definieren, werden alle Methoden von `TApplication` geerbt.

```
{-- Programm TV02: Eine eigene Statuszeile --}

uses Objects, Drivers, Views, Menus, App;

const cmDial                    = 100; {-- Wählen }

type App1T                      = object( TApplication )

   procedure InitStatusLine; virtual;
   end;

procedure App1T.InitStatusLine;

var R                           : TRect;

var StatusItem1P,
    StatusItem2P                : PStatusItem;

var StatusDefP                  : PStatusDef;


begin

GetExtent( R );
R.A.Y := R.B.Y - 1;

StatusItem2P := NewStatusKey( '~Alt-D~ Dial',  kbAltD, cmDial, nil );
StatusItem1P := NewStatusKey( '~Alt-X~ Exit', kbAltX, cmQuit, StatusItem2P );

StatusDefP   := NewStatusDef( 0, $FFFF, StatusItem1P, nil );

StatusLine:= new( PStatusLine, Init( R, StatusDefP ) );

end; {-- InitStatusLine }


var App1                        : App1T;

begin

App1.Init;
App1.Run;
App1.Done;

end.
```

9.4.1 TPoint, TRect und die Prozedur GetExtent

In der Implementierung von `App1T.InitStatusLine` wird als erstes die Prozedur `GetExtent` aufgerufen. Sie liefert die Ausmaße des Bildschirmbereichs, der für

Ausgaben zur Verfügung steht. Da noch nichts definiert ist, ist dies der gesamte Bildschirm. Später werden wir unter Fenster definieren, die kleiner als der gesamte Bildschirm sind, `GetExtent` liefert dann entsprechend kleinere Werte.

`GetExtent` liefert das Ergebnis in einem Objekt von Typ `TRect` ab. `TRect` ist ein Turbo-Vision Typ zur Beschreibung von rechteckigen Bereichen auf dem Bildschirm und mit Hilfe von `TPoint` folgendermaßen definiert:

```
type TPoint          = record

       X, Y          : integer; {-- Koordinaten }
       end;

type TRect           = record

       A             : TPoint; {-- linke obere Ecke }
       B             : TPoint; {-- rechte, untere Ecke }

    {-- .... Methoden von TRect }

       end;
```

Die Methoden von `TRect` dienen zur Änderung der Koordinaten (Verschieben, Vergrößern, Verkleinern), zum Kopieren sowie zum Vergleich von `TRect`-Objekten. Sie werden hier noch nicht benötigt.

Durch die Anweisungen

```
GetExtent( R );
R.A.Y := R.B.Y - 1;
```

beschreibt `R` also ein Rechteck am unteren Ende des Bildschirms (Zeile 25) mit der Ausdehnung 1 Zeile, 80 Spalten. Genau dieser Bereich wird später von der Statuszeile eingenommen.

9.4.2 TStatusItem, TStatusDef und die Prozeduren NewStatusKey und NewStatusDef

Die einzelnen Einträge der Statuszeile kann man sich als lineare Liste von Datenelementen des Typs `TStatusItem` vorstellen. Diese Liste wird mit Hilfe der Funktion `NewStatusDef` aufgebaut. Den Kopf der Liste bildet eine Datenstruktur vom Typ `TStatusDef`, die mit der Funktion `NewStatusDef` erzeugt wird. Das Bild 9-2 zeigt die logische Struktur einer solchen Liste. In Wirklichkeit ist die Liste allerdings etwas anders implementiert.

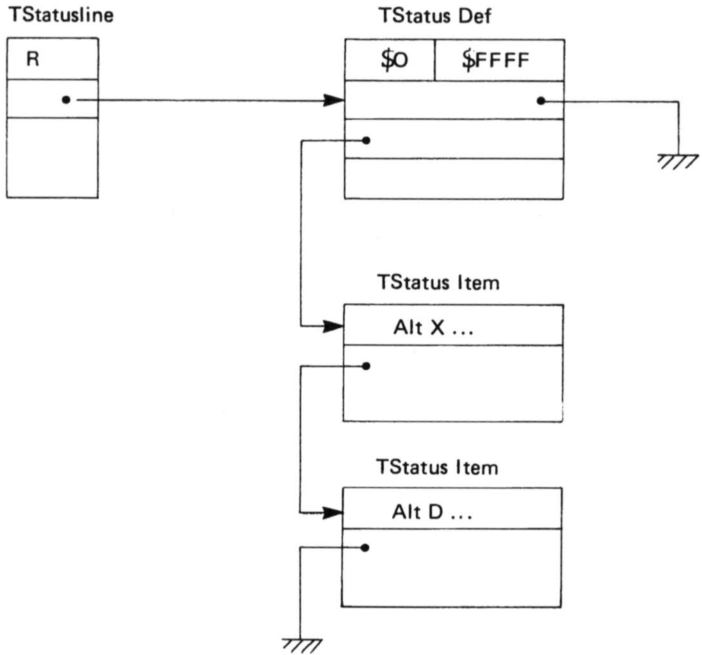

Bild 9-2: logische Struktur der Statuszeile

Ein Element einer Statuszeile verbindet die folgenden Daten miteinander:

- Ein Text, der in der Statuszeile angezeigt wird (z.B. 'Alt-X Exit'). Wird Text zwischen Tilde-Zeichen geklammert, wird er in der Statuszeile hervorgehoben dargestellt (z.B. ~Alt-X~).
- Ein Tastaturereignis, angegeben als word (die Konstanten kbxxx definieren Tastaturereignisse).
- Ein Kommando, angegeben als word (die Konstanten cmxxx definieren Kommandos).

Der Listenkopf hat eine besondere Bedeutung: er gibt an, wann die angehängte Liste zu aktivieren ist. Man kann nämlich mehrere Statuszeilen vordefinieren und je nach Programmsituation (dem sog. *Programmkontext*) automatisch aktivieren lassen. Auf diese Technik kommen wir später noch ausführlicher zu sprechen. Im Momment soll die Statuszeile immer angezeigt sein, NewStatusDef erhält als Bereich für den Programmkontext deshalb 0..$FFFF zugewiesen.

Wird ein so definiertes Tatstaurereignis ausgelöst (d.h. die entsprechende Taste wird gedrückt), wird der Tastendruck in das damit verbundene Kommando übersetzt. Dieses Kommando wird dann an die anderen Routinen des Turbo-Vision-Programms weitergeleitet. Das gleiche Kommando wird auch abgesetzt, wenn der Benutzer den Text des Elements in der Statuszeile mit der Maus anklickt.

Im letzten Beispiel werden die Taste Alt-X mit dem Kommando `cmQuit` und die Taste Alt-D mit dem Kommando `cmDial` verbunden. `cmQuit` ist ein in Turbo-Vision vordefinierter Befehl, d.h. `cmQuit` wird intern von Turbo-Vision abgearbeitet. Jedes Turbo-Vision Programm sollte ein externes Ereignis mit dem Kommando `cmQuit` verbinden, da sonst das Programm nicht beendet werden kann!

Das Kommando `cmDial` ist kein vordefinierter Befehl, deshalb muß die Konstante vom Programmierer definiert werden.

Beachten Sie bitte, daß die Taste Alt-D im Programm keinerlei Wirkung hat: es wird zwar ein Kommando erzeugt, jedoch noch von niemandem abgearbeitet.

9.4.3 Der Konstruktor TStatusLine.Init

Der Konstruktor `TStatusLine.Init` erwartet als Parameter Koordinaten und Ausdehnung der Statuszeile sowie einen Zeiger auf einen `TStatusDef`-Record.

Durch die Zeile

```
StatusLine:= new( PStatusLine, Init( R, StatusDefP ) );
```

wird also ein `TStatusLine`-Objekt dynamisch erzeugt und gleichzeitig der Konstruktor mit den vorher berechneten Daten aufgerufen. Die Variable `TApplication.StatusLine` zeigt auf dieses Objekt.

Wird in einer Anwendung keine Statuszeile verwendet, kann dieser Zeiger auf `nil` gesetzt werden.

Die lineare Liste kann auch ohne die Hilfsvariablen `Statusxxx` durch verschachtelte Aufrufe aufgebaut werden. Diese Form ist häufig in professsionellen Turbo-Vision Programmen zu finden.

```
{-- Programm TV03: wie TV02,
    jedoch verschachtelte Aufrufe für die Statuszeile }

procedure App1T.InitStatusLine;

var R: TRect;

begin

GetExtent(R);
R.A.Y := R.B.Y - 1;
StatusLine:= New(PStatusLine, Init( R,
   NewStatusDef( 0, $FFFF,
      NewStatusKey( '~Alt-X~ Exit', kbAltX, cmQuit,
      NewStatusKey( '~Alt-D~ Dial', kbAltD, cmDial,
      nil )),
    nil )
  ));

end; {-- InitStatusLine }
```

9.5 Tastaturereignisse, Mausereignisse und Kommandos

9.5.1 Kategorien von Ereignissen

In Turbo-Vision gibt es im Wesentlichen drei Kategorien von Ereignissen:

- *Tastaturereignisse*: Sie werden immer dann erzeugt, wenn eine Taste auf der Tastatur gedrückt wird.
- *Mausereignisse*: Sie werden erzeugt, wenn die Maus bedient wird
- *Kommandoereignisse*: Sie werden meist von Turbo-Vision Objekten als Reaktion auf andere Ereignisse generiert.

Wird in Programm TV03 die Taste Alt-X gedrückt, wird ein Tastaturereignis erzeugt. Dieses wird (mommentan zumindest) ausschließlich vom Statuszeilenobjekt angenommen - alle anderen Objekte ignorieren das Ereignis. Die Statuszeile erzeugt ihrerseits ein Kommandoereignis (`cmQuit`). Dieses wiederum wird von einem anderen Turbo-Vision Objekt (`TApplication`) interpretiert: `TApplication` reagiert, indem es das Programm beendet. Beachten Sie bitte, daß es nicht wichtig ist, wer das `cmQuit`-Ereignis erzeugt hat. Im vorliegenden Fall war es das Statuszeilenobjekt, es könnte jedoch genausogut ein vom Programmierer erzeugtes Anwendungsobjekt sein.

Ähnlich sind die Verhältnisse, wenn mit der Maus gearbeitet wird. Durch einen Mausklick wird ein Mausereignis ausgelöst, das den verschiedenen Objekten des Programms zugeleitet wird. Jedes Objekt prüft, ob die Mauskoordinaten in dem von ihm verwalteten Bereich liegen. Wenn ja, reagiert das Objekt entsprechend, meist indem ein Kommando-Ereignis abgesetzt wird.

Wird z.B. der Text 'Alt-X' in der Statuszeile mit der Maus angeklickt, erkennt das Statuszeilenobjekt seine Zuständigkeit und generiert das Kommandoereignis `cmQuit`. Im folgenden werden wir Kommandoereignisse auch einfach als *Kommandos* bezeichnen.

Diese auf den ersten Blick etwas umständliche Handhabung der Reaktion auf Tastendrucke und Mausklicks hat jedoch einen entscheidenden Vorteil: Es ist völlig egal, wie und wo in Turbo-Vision das Kommando erzeugt wird: durch einen Tastendruck, einen Mausklick oder auf anderen, unbekannten Wegen. Die Abarbeitung des Kommandos ändert sich dadurch nicht.

Wir werden auf die genaue Struktur von Ereignissen im Abschnitt über Eventhandler eingehen.

9.5.2 Vordefinierte und benutzerdefinierte Kommandos

Im letzten Beispiel ist `cmQuit` ein *vordefiniertes Kommando*. Vordefinierte Kommandos werden bereits von den Standard-Turbo-Vision Objekten abgearbeitet. Insbesondere im Zusammenhang mit Fenstern sind viele vordefinierte Kommandos implementiert: so werden u.a. Schließen, Verschieben und das Zoomen von Fenstern von vordefinierten Kommandos ausgelöst. Der Benutzer muß nur noch die entsprechenden externen Ereignisse (z.B. Alt-F3 zum Schließen eines Fensters) mit diesen Kommandos verbinden. Es sei schon vorweggenommen, daß auch Turbo-Vision Objekte selber solche vordefinierten Kommandos absetzten können: Wird z.B. auf das Schließfeld im Rahmen eines Fensters geklickt, erkennt das Rahmenobjekt die Zuständigkeit für dieses Mausereignis und generiert das `cmClose`-Kommando selbständig. Auch hier ist es so, daß der Rahmen vom Fenster nichts weiß und umgekehrt: beide Objekte kommunizieren nur über Kommandos miteinander.

Turbo-Vision reserviert die Bereiche 0..99 und 256..999 für eigene Zwecke, u.a. für vordefinierte Kommandos. Wir werden auf die einzelnen vordefinierten Kommandos in späteren Abschnitten geanuer eingehen.

Die Bereiche 100..255 und 1000..65535 stehen zur Definition eigener Kommandos zur Verfügung.

9.6 Das Menüsystem von Turbo-Vision

Jedes ernsthafte Programm benötigt Menüs, um die einzelnen Programmteile oder Auswahlen aktivieren zu können. Turbo-Vision stellt hierzu sehr flexible Möglichkeiten bereit.

Technisch wird ein Menüsystem als Kette von linearen Listen aufgebaut. Die Untermenüs sind in einer linearen Liste verbunden, und an jedem Untermenü hängt wiederum eine Liste mit Menüelementen, die zu diesem Untermenü gehören.

Wie bei der Definition einer eigenen Statuszeile wird auch das Menüsystem implementiert, indem eine vordefinierte Turbo-Vision Methode (hier `InitMenuBar`) überschrieben wird.

Wir definieren dazu den Objekttyp `App2T`, der von `TApplication` abgeleitet wird, und implementieren eine eigene Methode `InitMenuBar`. Alle anderen Methoden (zunächst auch `InitStatusLine`) werden von `TApplication` geerbt.

```
{-- Programm TV04: Ein Menue }

uses Objects, Drivers, Views, Menus, App;

const cmDial                  = 100; {-- Wählen }

type App2T                    = object( TApplication )

   procedure InitMenuBar; virtual;
   end;

procedure App2T.InitMenuBar;

var R                         : TRect;

var MenuItem1P,
    MenuItem2P                : PMenuItem;

var SubMenuP                  : PMenuItem;

var MenuDefP                  : PMenu;

var SubMenuListP, MenuListP   : PMenu;

begin

GetExtent(R);
R.B.Y := R.A.Y + 1;

MenuItem2P  := NewItem( 'Dial',   'Alt-D', kbAltD, cmDial, hcNoContext, nil );
MenuItem1P  := NewItem( 'E~x~it', 'Alt-X', kbAltX, cmQuit, hcNoContext, Me-
nuItem2P );
SubMenuListP:= NewMenu( MenuItem1P );

SubMenuP    := NewSubMenu( '~C~ommunication', hcNoContext, SubMenuListP, nil );
MenuListP   := NewMenu( SubMenuP );
```

```
MenuBar := new( PMenuBar, Init( R, MenuListP ) );

end; {-- InitMenuBar }


var App2                    : App2T;

begin

App2.Init;
App2.Run;
App2.Done;

end.
```

9.6.1 TMenuItem, TMenu und die Prozeduren NewItem, NewSubMenu und NewMenu

Die Implementierung von `App2T.InitMenuBar` berechnet zuerst in `R` Koordinaten und Ausdehnung der Menüzeile. Mit den Prozeduren `NewItem` und `NewMenu` wird die Liste der Menüelemente für ein Submenü aufgebaut. Das Vorgehen ist analog zum Aufbau der Statuszeile in Abschnitt 9.4. Im Programm TV04 ist nur ein Submenü definiert, daher wird die Prozedur `NewSubMenu` nur einmal aufgerufen. Insgesamt ergibt sich eine logische Struktur wie in Bild 9-3 gezeigt. Technisch ist allerdings auch diese doppelte Liste etwas anders implementiert.

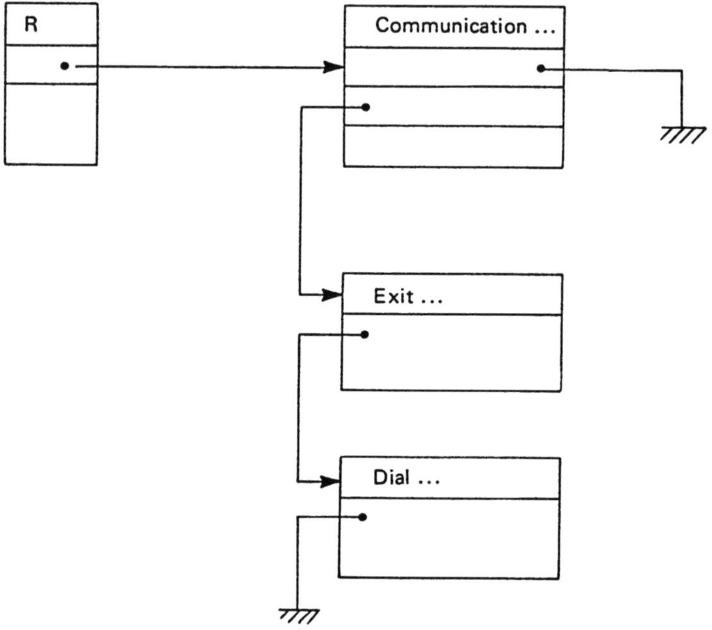

Bild 9-3: Logische Struktur des Menüs

Ein Menüelement verbindet -genau wie ein Statuszeilen-Element- anzuzeigenden Text, ein Tastaturereignis und ein Kommandoereignis miteinander. Auch hier wird Text, der zwischen Tilde-Zeichen angeordnet ist, hervorgehoben dargestellt.

Neu ist das Argument für den Programmkontext, das jedem Menüelement (und jedem Submenü selber) mitgegeben werden kann. Programmkontexte sind Thema des nächsten Abschnitts, im Momment geben wir keinen Kontext an und verwenden dafür die in Turbo-Vision vordefinierte Konstante `hcNoContext`.

Die Datenstruktur für ein Submenü hat keine Felder für Ereignisse. Sie kann nur einen anzuzeigenden Text sowie einen Programmkontext speichern- allerdings hat hier der zwischen den Tildezeichen angegebene Buchstabe eine weitere Bedeutung: das Submenü kann (evtl. zusammen mit Alt) über diesen Buchstaben geöffnet werden.

9.6.2 Der Konstruktor TMenuBar.Init

Der Konstruktor für `TMenuBar` ist analog zum Konstruktor für `TStatusLine` aufgebaut: Er erwartet einen rechteckigen Bereich zur Darstellung der Menüzeile sowie einen Zeiger auf die Liste der Submenüs.

Nachdem die Variable `TApplication.MenuBar` auf das `TMenuBar`-Objekt zeigt, ist das Menü einsatzbereit. Wird in einem Programm kein Menü benötigt, wird `MenuBar` auf `nil` gesetzt.

Die Listenstruktur kann wiederum durch verschachtelte Aufrufe der Prozeduren aufgebaut werden:

```
{-- Programm TV05: wie TV04,
    jedoch verschachtelte Aufrufe für das Menue }

procedure App2T.InitMenuBar;

var R                         : TRect;

begin

GetExtent(R);
R.B.Y := R.A.Y + 1;

MenuBar := new( PMenuBar, Init( R, NewMenu(
    NewSubMenu( '~C~ommunication', hcNoContext, NewMenu(
      NewItem( 'Dial',   'Alt-D', kbAltD, cmDial, hcNoContext,
      NewItem( 'E~x~it', 'Alt-X', kbAltX, cmQuit, hcNoContext,
      nil ))),
    nil ))));

end; {-- InitMenuBar }
```

9.6.3 Aufruf und Wirkungsweise des Menüs

Das Bild 9-4 zeigt das aufgeklapte Menü.

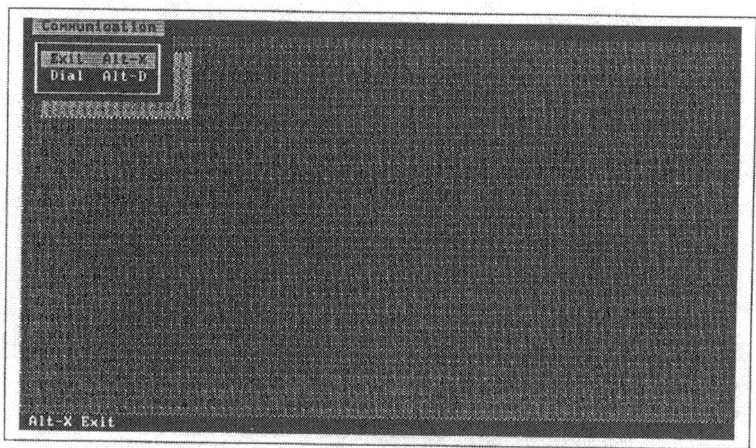

Bild 9-4: Das aufgeklappte Menü des Programms TV04

Ein Submenü kann auf die bereits aus der IDE bekannten Arten geöffnet werden:

- Der gewünschte Eintrag in der Menüzeile wird mit der Maus angeklickt
- Der hervorgehobene Buchstabe eines Submenüs wird zusammen mit Alt eingegeben
- Die Menüzeile wird mit F10 aktiviert, dann wird der Auswahlbuchstaben des Submenüs gedrückt oder das Submenü mit den Pfeiltasten ausgewählt und ENTER gedrückt

Aus einem Submenü wird der gewünschte Eintrag mit ENTER aktiviert.

Genauso wie die Statuszeile bearbeitet das Menü Tastatur- und Mausereignisse und setzt diese in Kommandos um. Diese Umsetzung funktioniert auch dann, wenn gerade kein Menü geöffnet ist. Im letzten Beispiel wird Alt-D auch bei geschlossenem Menü in ein `cmDial` Ereignis umgewandelt.

9.6.4 Der vordefinierte Befehl cmMenu

Damit mit F10 die Menüzeile aktiviert werden kann, muß diese Taste mit dem Kommando `cmMenu` verbunden werden. Diese Verbindung wird in der Standard-Initialisierung der Statuszeile vorgenommen. Ändert man das Programm so ab, daß die Standard-Initialisierung nicht mehr durchgeführt wird, steht auch F10 nicht mehr zur Verfügung. Im folgenden Programm z.B. wird überhaupt keine Statuszeile definiert:

```
{-- Programm TV06: Ein Programm ohne Statuszeile }

uses Objects, Drivers, Views, Menus, App;


const cmDial                 = 100; {-- Wählen }

type App2T                   = object( TApplication )

   procedure InitStatusLine; virtual;
   procedure InitMenuBar; virtual;
   end;


procedure App2T.InitStatusLine;
begin
StatusLine:= nil;
end; {-- InitStatusLine }

procedure App2T.InitMenuBar;

var R                        : TRect;

var MenuItem1P,
    MenuItem2P               : PMenuItem;


var SubMenuP                 : PMenuItem;

var MenuDefP                 : PMenu;

var SubMenuListP, MenuListP  : PMenu;

begin

GetExtent(R);
R.B.Y := R.A.Y + 1;


MenuItem2P  := NewItem( 'Dial',   'Alt-D', kbAltD, cmDial, hcNoContext, nil );
MenuItem1P  := NewItem( 'E~x~it', 'Alt-X', kbAltX, cmQuit, hcNoContext, Me-
nuItem2P );
SubMenuListP:= NewMenu( MenuItem1P );

SubMenuP    := NewSubMenu( '~C~ommunication', hcNoContext, SubMenuListP, nil );
MenuListP   := NewMenu( SubMenuP );
```

```
MenuBar := new( PMenuBar, Init( R, MenuListP ) );

end; {-- InitMenuBar }


var App2                        : App2T;

begin

App2.Init;
App2.Run;
App2.Done;

end.
```

Die Anwahl mit Maus, Cursortasten oder Alt-Taste bleiben aber weiterhin möglich.

9.6.5 Mehrere Submenüs

In das Programm TV04 können problemlos weitere Submenüs eingefügt werden. Im folgenden Programm wird das Menüsystem um ein Editor-Submenü erweitert.

```
{-- Programm TV07: Erweiterung des Menues um das Submenue "Editor" }


uses Objects, Drivers, Views, Menus, App;


const cmDial                    = 100; {-- Wählen }
      cmLR                      = 201; {-- Linker Rand }
      cmRR                      = 202; {-- Rechter Rand }
      cmUmbruch                 = 203; {-- Umbruch des Paragraphen }

type App3T                      = object( TApplication )

   procedure InitMenuBar; virtual;
   end;


procedure App3T.InitMenuBar;

var R                           : TRect;

{-- MIP (MenuItemP) ist Zwischenvariable beim Aufbau der Liste
    von MenuItems für ein Submenu bzw. Menu

    SMP (SubMenuP) ist Zwischenvariable zum Aufbau der Liste von Submenues

---}
```

```
var MIP, SMP                : PMenuItem;

begin

GetExtent(R);
R.B.Y := R.A.Y + 1;

{-- Aufbau des Submenu Editor --}

MIP  := NewItem( 'Umbruch ein/aus', 'alt-U', kbAltU, cmUmbruch, hcNoContext, nil
);
MIP  := NewLine( MIP );
MIP  := NewItem( 'Rechter Rand', '', 0, cmRR, hcNoContext, MIP );
MIP  := NewItem( 'Linker Rand',  '', 0, cmLR, hcNoContext, MIP );

SMP  := NewSubMenu( '~E~dit', hcNoContext, NewMenu( MIP ), nil );


{-- Aufbau des Submenu Communication --}

MIP  := NewItem( 'Dial',    'Alt-D', kbAltD, cmDial, hcNoContext, nil );
MIP  := NewItem( 'E~x~it', 'Alt-X', kbAltX, cmQuit, hcNoContext, MIP );

SMP  := NewSubMenu( '~C~ommunication', hcNoContext, NewMenu( MIP ), SMP );


MenuBar := new( PMenuBar, Init( R, NewMenu( SMP ) ) );

end; {-- InitMenuBar }


var App3                    : App3T;

begin

App3.Init;
App3.Run;
App3.Done;

end.
```

Hier werden zum Aufbau der verschiedenen Listen die Hilfsvariablen `MIP` (`MenuItemPointer`, für Menüelemente) und `SMP` (`SubmenuPointer`, für Submenüs) verwendet. In dieser Form ist der Aufbau des Menüs nicht mehr ganz so kompakt wie in der vollständig geschachtelten Form, jedoch wesentlich übersichtlicher. Es ist lediglich zu beachten, daß die Menüs "von hinten her" aufgebaut werden, d.h. die Elemente und Submenüs müssen in umgekehrter Reihenfolge der Anzeige angegeben werden.

Insgesamt wird nun eine Struktur wie in Bild 9-5 gezeigt aufgebaut.

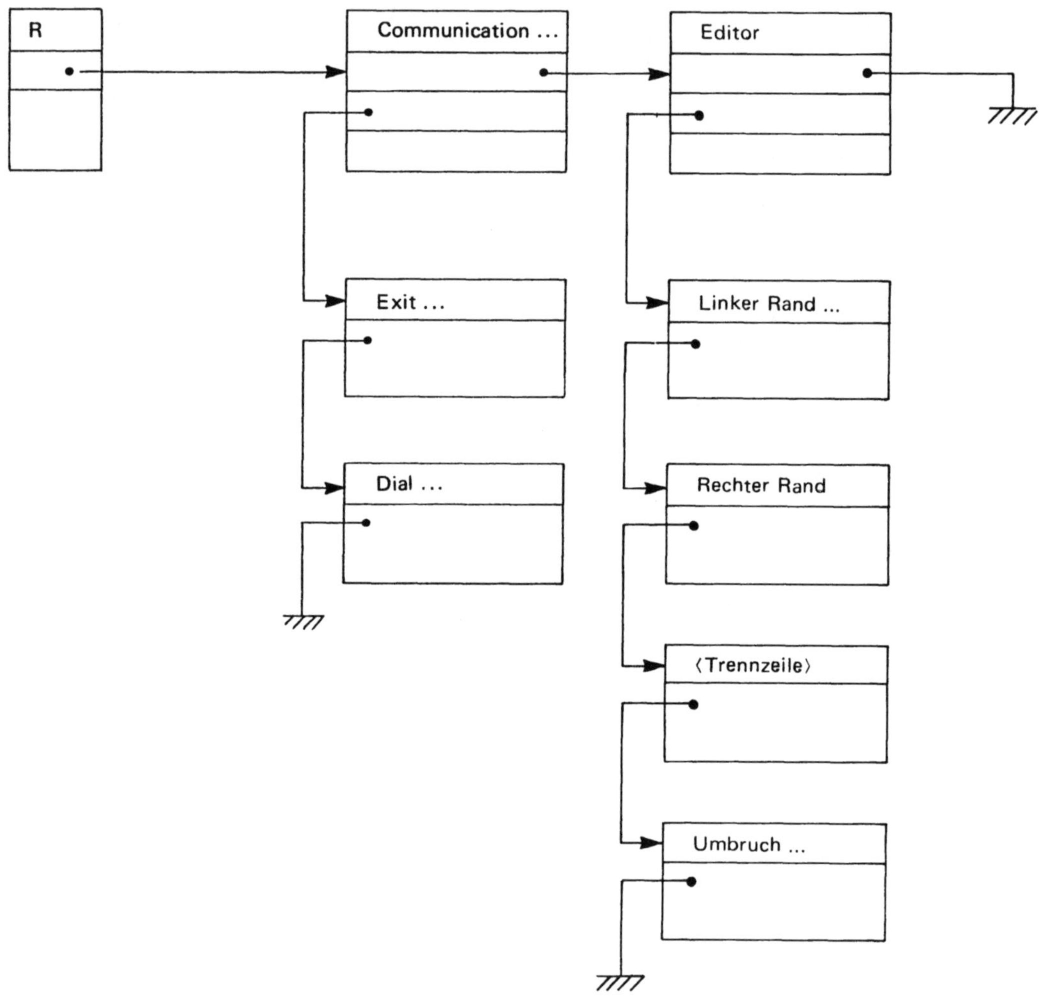

Bild 9-5: logische Struktur des Menüs im Programm TV07

Beachten Sie bitte, daß der Aufruf von `NewItem` für die Menüeinträge für den rechten und linken Rand keine Tastaturereignisse mit ihren Kommandos `cmLR` und `cmRR` verbinden. Dies ist zulässig, die Kommandos können dann nur über die Auswahl des Menüeintrags abgesetzt werden.

9.6.6 Trennzeilen

Im letzten Programm ist das Menüelement "Umbruch" durch eine Trennzeile von den restlichen Elementen getrennt.

Bild 9-6: Submenü Editor im Programm TV07

Eine solche Trennzeile wird durch die Prozedur `NewLine` in die Liste der Menüelemente eingefügt.

9.7 Der Programmkontext

In Turbo-Vision kann einer bestimmten Programmsituation eine numerische Größe zugeordnet werden. Dieser Wert kann dann z.B. in einem kontextsensitiven Hilfesystem zur Auswahl des richtigen Textes verwendet werden. Alle Turbo-Vision Objekte können den mommentanen Programmkontext abfragen, um in unterschiedlichen Situationen angepaßt reagieren zu können. Die Auswertung des Programmkontextes ist deshalb keineswegs auf das Hilfesystem beschränkt.

9.7.1 Der Kontext und das Menüsystem

Jedes Menüelement (und jedes Submenü) in einem Menüsystem kann mit einem Wert versehen werden. Ist das Element angezeigt, wird der Kontext entsprechend gesetzt.

9.7.2 Der Kontext und die Statuszeile

Der Objekttyp `TStatusLine` zeigt eine Statuszeile nur dann an, wenn der augenblickliche Kontext innerhalb des im zugehörigen `TStatusDef`-Record (Kopf der Liste) angegebenen Bereiches liegt. Im Programm TV02 z.B. haben wir der Funktion `NewStatusDef` für diese Grenzen 0 und $FFFF angegeben, so daß die angehängte Statuszeile immer angezeigt wurde. Definiert man mehrere `TStatusDef`-Records mit unterschiedlichen Grenzen, kann man für verschiedene Kontexte unterschiedliche Statuszeilen definieren.

`TStatusLine` kann nach den Elementen der Statuszeile noch einen weiteren, kontextabhängigen Text anzeigen. Dieser Text muß von der Funktion `TStatusLine.Hint` geliefert werden. Die Methode `Hint` erhält als Argument den aktuellen Kontext übergeben und muß an Hand dieses Wertes den richtigen String bestimmen.

9.7.3 Ein Beispiel für Programmkontexte

Die numerischen Werte der Kontexte eines Programms sollte man von vornherein genau planen, um später größere Umnummerierungsaktionen zu vermeiden. So ist es z.B. sinnvoll, für die Submenüs Gruppen zu vergeben, um später leicht erweitern zu können. Außerdem sollte man möglichst Konstanten anstelle der Zahlen verwenden. In Turbo-Vision beginnen Konstanten für den Programmkontext im Allgemeinen mit den Buchstaben `hc`.

Das folgende Programm ist eine Erweiterung des Programms TV07 um Kontexte. Jedem Submenü wird, beginnend bei 1000, ein Bereich von 100 zugewiesen. Innerhalb des Submenüs wird einzeln durchnummeriert. Wenn man davon ausgeht, daß in einem Programm maximal 10 Submenüs vorkommen, ist der Bereich von 1000 bis 2000 für Menüs vorgesehen. Tritt also ein Kontext in diesem Bereich auf, weiß das restliche Programm, daß gerade ein Menü aktiviert ist.

Genau diese Information wird verwendet, um bei angezeigtem Menü auf eine andere Statuszeile umzuschalten. Insgesamt werden zwei `TStatusDef`-Records (mit anhängender Liste) erzeugt, die je nach Kontextbereich von `TStatusLine` aktiviert werden.

Um zu jedem Menüelement einen kurzen Text anzeigen zu können, muß die Methode `TStatusLine.Hint` überschrieben werden. Wir definieren dazu den Objekttyp `StLine4T`, der von `TStatusLine` abgeleitet wird. Bis auf die Methode `Hint`, die ja redefiniert werden soll, werden alle Methoden von `TStatusLine` übernommen.

```
{-- Programm TV08: Menuesystem wie in TV07, jedoch mit
    Kontexten }
```

```
uses Objects, Drivers, Views, Menus, App;


const cmDial                  = 100; {-- Wählen }
      cmLR                    = 201; {-- Linker Rand }
      cmRR                    = 202; {-- Rechter Rand }
      cmUmbruch               = 203; {-- Umbruch des Paragraphen }

const hcCommMenu              = 1100;
      hcQuit                  = 1101;
      hcDial                  = 1102;

      hcEditMenu              = 1200;
      hcLR                    = 1201;
      hcRR                    = 1202;
      hcUmbruch               = 1203;

type App4T                    = object( TApplication )

   procedure InitMenuBar; virtual;
   procedure InitStatusLine; virtual;
   end;

type StLine4PT                = ^StLine4T;
     StLine4T                 = object( TStatusLine )

   function Hint( Ctx : word ) :  string; virtual;
   end;

{*****************************************************************************
*                                                                            *
*  InitMenuBar                                                               *
*                                                                            *
*****************************************************************************}

procedure App4T.InitMenuBar;

var R                         : TRect;

{-- MIP (MenuItemP) ist Zwischenvariable beim Aufbau der Liste
    von MenuItems für ein Submenu bzw. Menu

    SMP (SubMenuP) ist Zwischenvariable zum Aufbau der Liste von Submenues

---}


var MIP, SMP                  : PMenuItem;

begin

GetExtent(R);
R.B.Y := R.A.Y + 1;


{-- Aufbau des Submenu Editor --}

MIP  := NewItem( 'Umbruch ein/aus', 'alt-U', kbAltU, cmUmbruch, hcUmbruch, nil
);
```

```
MIP  := NewLine( MIP );
MIP  := NewItem( 'Rechter Rand', '', 0, cmRR, hcRR, MIP );
MIP  := NewItem( 'Linker Rand',  '', 0, cmLR, hcLR, MIP );

SMP  := NewSubMenu( '~E~dit', hcEditMenu, NewMenu( MIP ), nil );


{-- Aufbau des Submenu Communication --}

MIP  := NewItem( 'Dial',   'Alt-D', kbAltD, cmDial, hcDial, nil );
MIP  := NewItem( 'E~x~it', 'Alt-X', kbAltX, cmQuit, hcQuit, MIP );

SMP  := NewSubMenu( '~C~ommunication', hcCommMenu, NewMenu( MIP ), SMP );


MenuBar := new( PMenuBar, Init( R, NewMenu( SMP ) ) );

end; {-- InitMenuBar }


{*****************************************************************************
*                                                                            *
*  InitStatusLine                                                            *
*                                                                            *
*****************************************************************************}

procedure App4T.InitStatusLine;

var R                         : TRect;

{-- MIP (MenuItemP) ist Zwischenvariable beim Aufbau der Liste
    von MenuItems für ein Submenu bzw. Menu

    SMP (SubMenuP) ist Zwischenvariable zum Aufbau der Liste von Submenues

---}


var SIP                        : PStatusItem;
    SDP                        : PStatusDef;
```

```
begin

GetExtent( R );
R.A.Y := R.B.Y - 1;

{-- default-StatusLine --}

SIP := NewStatusKey( '~F1~ Hilfe',  kbF1, cmHelp, nil );
SIP := NewStatusKey( '~Alt-X~ Exit', kbAltX, cmQuit, SIP );

SDP := NewStatusDef( 0, 999, SIP, nil );

{-- StatusLine bei Anzeige eines Menus --}

SIP := NewStatusKey( '~Alt-X~ Exit', kbAltX, cmQuit, nil );

SDP := NewStatusDef( 1000, 1999, SIP, SDP );

StatusLine := new( StLine4PT, Init( R, SDP ) );

end; {-- InitStatusLine }


{*****************************************************************************
*                                                                            *
*  Hint                                                                      *
*                                                                            *
*****************************************************************************}

function StLine4T.Hint( Ctx : word ) : string;

begin

case Ctx of

   hcCommMenu : Hint :=  'Verbindung zu anderen Rechnern';
   hcQuit     : Hint :=  'Programm verlassen';
   hcDial     : Hint :=  'Wählen';

   hcEditMenu : Hint :=  'Textverarbeitung';
   hcLR       : Hint :=  'Linken Rand setzten';
   hcRR       : Hint :=  'rechten Rand setzen';
   hcUmbruch  : Hint :=  'Umbruch des Paragraphen';

   else         Hint := TStatusLine.Hint( Ctx );

   end;

end; {-- Hint }
```

```
var App4                    : App4T;

begin

App4.Init;
App4.Run;
App4.Done;

end.
```

Nun muß `TApplication.StatusLine` natürlich ein Zeiger auf eine Instanz von `StLine4T` zugewiesen werden.

Beachten Sie den `else`-Teil in der `case`-Anweisung von `StLine4T.Hint`: Hier wird die `Hint`-Funktion des Vorgängers aufgerufen:

```
   else          Hint := TStatusLine.Hint( Ctx );
```

Genausogut hätte man Hint mit dem Leerstring besetzten können, denn es soll ja in einem unbekannten Kontext nichts angezeigt werden. In der Tat liefert `TStatusLine.Hint` immer die leere Zeichenkette.

Trotzdem ist die im Programm gewählte Lösung grundsätzlich vorzuziehen. In ihr zeigt sich ein grundlegendes Prinzip bei der Programmierung von Turbo-Vision Anwendungen und darüberhinaus allgemein bei objektorientierten Programmen: Ein abgeleiteter Objekttyp ist zuständig für eine ganz bestimmte Menge von Signalen, und genau diese bearbeitet er in eigener Regie. *Alle* anderen Signale reicht er an seinen Vorgänger weiter, der -in einer größeren Hierarchie- evtl. wiederum einen Teil bearbeitet und den Rest seinerseits an den Vorgänger weiterleitet. Unbearbeitete Signale gelangen so zum Basisobjekt, das z.B. eine Fehlermeldung generieren, oder wie im Falle von `TStatusLine.Hint`, das Signal einfach ignorieren kann.

9.7.4 Vordefinierte und eigene Programmkontexte

In Turbo-Vision sind nur zwei vordefinierte Werte für Programmkontexte vorhanden: 0 für "kein Kontext definiert" (Konstante `hcNoContext`) und 1 für "Position wird verändert" (Konstante `hcDragging`). Der Kontext `hcDragging` ist z.B. automatisch gesetzt, während das Objekt mit der Maus (oder "manuell") über den Bildschirm bewegt wird.

Alle anderen Werte für den Programmkontext stehen zur freien Verfügung. Es ist üblich, für Konstanten, die Kontexte bezeichen, die Anfangsbuchstaben `hc` zu verwenden.

9.8 Abarbeitung von Ereignissen

Bis jetzt haben wir auf verschiedenen Wegen Kommandoereignisse erzeugt, aber -bis auf die in Turbo-Vision vordefinierten Ereignisse- wurden sie nicht abgearbeitet. Im folgenden werden wir Programme entwickeln, die auf Ereignisse reagieren können. Eine Schlüsselstellung nimmt dabei die Datenstruktur TEvent ein.

9.8.1 Die Datenstruktur TEvent

Für jedes Ereignis erzeugt Turbo-Vision eine Datenstruktur vom Typ TEvent.

```
type PEvent                 = ^TEvent;
     TEvent                 = record

     What                   : word;

     case Word of
        evNothing: ();
        evMouse: (
           Buttons          : byte;
           Double           : boolean;
           Where            : TPoint
           );
        evKeyDown: (
           case Integer of
              0: (KeyCode   : word);
              1: (CharCode  : char;
                  ScanCode  : byte
                  )
           );
        evMessage: (
           Command          : word;
           case Word of
           0: (InfoPtr      : pointer);
           1: (InfoLong     : longint);
           2: (InfoWord     : word);
           3: (InfoInt      : integer);
           4: (InfoByte     : byte);
           5: (InfoChar     : char)
           );
      end;
```

Die Kategorie des Ereignisses steht zusammen mit einigen anderen Informationen im Feld TEvent.What. Die einzelnen Bits haben die folgende Bedeutung:

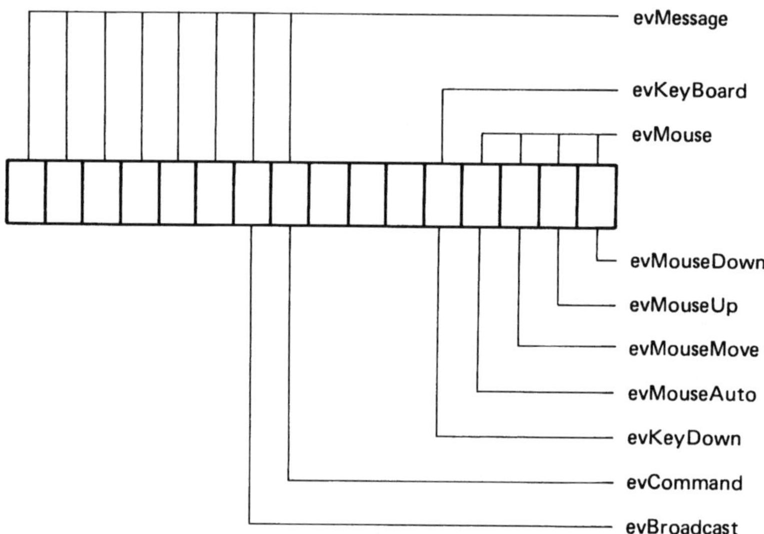

Bild 9-7: Bedeutung der Bits in TEvent.What

Zur Abfrage dieser Bits sind die folgenden Konstanten definiert:

```
const evMouseDown       = $0001; {-- Maustaste gedrückt }
      evMouseUp         = $0002; {-- Maustaste losgelassen }
      evMouseMove       = $0004; {-- Maus bewegt }
      evMouseAuto       = $0008; {-- Maustaste länger gedrückt }
      evKeyDown         = $0010; {-- Taste auf Tastatur gedrückt }
      evCommand         = $0100; {-- Kommando }
      evBroadcast       = $0200; {-- Rundruf }

      evNothing         = $0000; {-- Ereignis bereits abgearbeitet }
      evMouse           = $000F; {-- Mausereignis }
      evKeyboard        = $0010; {-- Tastaturereignis }
      evMessage         = $FF00; {-- Nachricht }
```

In der TEvent-Datenstruktur werden zu jeder Kategorie von Ereignissen zusätzliche Daten gespeichert:

- Für ein *Tastaturereignis* (TEvent.What = evKeyDown):

```
KeyCode : word;{-- Tastatur- und Scancode }
```

  bzw. aufgelöst nach Wert und Scancode:

```
CharCode : char;    {-- Zeichen  }
ScanCode : byte;    {-- Scancode }
```

- Für ein *Kommandoereignis* (TEvent.What = evCommand):

```
Command : word;{-- das Kommando }
```

- Für ein *Mausereignis* (TEvent.What and evMouse <> 0):

```
Buttons : byte;{-- Bits für Maustasten }
Double  : boolean;  {-- true bei Doppelklick }
Where   : TPoint;   {-- Koordinaten der Maus bei Auslösen
                        des Ereignisses }
```

Ein Kommandoereignis gehört zusammen mit einem Rundrufereignis zu einer Gruppe, die in Turbo-Vision auch als *Messages* bezeichnet werden. Von den acht möglichen Message-Arten sind noch sechs für eigene Erweiterungen frei. Die wichtigste Message bleibt jedoch das Kommando, da Statuszeile, Menü etc. Kommandoereignisse generieren.

Ein Mausereigniss muß weiter differenziert werden. Ist das Bit evMouseDown bzw. evMouseUp gesetzt, wurde eine der Maustasten gedrückt bzw. losgelassen (die im Augenblick des Ereignisses gedrückten Tasten können aus TEvent.Buttons ersehen werden). Hält der Benutzer eine Maustaste gedrückt, generiert Turbo-Vision (nach einer bestimmten Verzögerungszeit) in schneller Folge evMouseAuto-Ereignisse. Da TEvent.Where die jeweils aktuellen Koordinaten enthält, kann das Empfängerobjekt so die Bewegung der Maus verfolgen. Ist schließlich das Bit evMouseMove gesetzt, zeigt das Ereignis an, daß die Maus (auch ohne gedrückte Maustaste) bewegt wurde.

9.8.2 Die Methode HandleEvent

Für jedes Ereignis ruft Turbo-Vision die Methode HandleEvent des von TApplication abgeleiteten Hauptobjekts auf. Ist dort keine HandleEvent-Methode definiert, wird TApplication.HandleEvent aufgerufen. Diese Methode verteilt z.B.

Tastaturereignisse an Statuszeile und Menü (sofern definiert) und reagiert auf das Kommandoereignis cmQuit, indem sie das Programm beendet.

Möchte ein Anwendungsprogramm auf Ereignisse in anderer Weise reagieren, muß diese Methode überschrieben werden. Wir beschränken uns hier zunächst auf die Abarbeitung von Kommandoereignissen. Grundsätzlich hat in Turbo-Vision ein "Event-Handler" zur Bearbeitung von Kommandos die folgende Form:

```
type App5T                      = object( TApplication )

   procedure HandleEvent( var Event: TEvent ); virtual;
   end;


procedure App5T.HandleEvent( var Event: TEvent);

begin

if Event.What = evCommand then

   begin
   case Event.Command of

   cm1 : DoCommand1;
   cm2 : DoCommand2;

   {-- ..... Routinen für weitere Kommandos hier aufrufen }



   else TApplication.HandleEvent( Event );
        exit;

   end; {-- case }

   ClearEvent( Event );
   exit;

   end; {-- evCommand }

TApplication.HandleEvent( Event );

end; {-- HandleEvent }
```

Im Argument wird ein Ereignis übergeben. Ist es ein Kommandoereignis (im Feld What steht evCommand), wird es in der case-Anweisung darauf geprüft, ob dieser Eventhandler reagieren muß. Wenn ja, wird eine Arbeitsprozedur aufgerufen und das Ereignis durch die Prozedur ClearEvent als erledigt markiert (ClearEvent setzt Event.What:= evNothing). Ist der Eventhandler nicht zuständig (entweder kein Kommandoereignis oder nicht das richtige Kommando), wird das Ereignis an den Eventhandler des Vorgängers weitergegeben. Wichtig ist auch hier, daß nicht in die eigene Zuständigkeit fallende Ereignisse unbedingt an den Eventhandler des Vorgängers weitergegeben werden müssen.

In unserem Fall ist der Vorgänger `TApplication.HandleEvent`, der vor allem Tastatur- und Mausereignisse an Statuzeile und Menü weitergibt, damit überhaupt Kommandoereignisse entstehen können.

Aus Gründen der Schreibvereinfachung ruft man oft zuerst den Handler des Vorgängers auf, bevor man die eigene Zuständigkeit prüft:

```
procedure App5T.HandleEvent( var Event: TEvent);

begin

TApplication.HandleEvent( Event );

if Event.What = evCommand then

   begin
   case Event.Command of

   cm1 : DoCommand1;
   cm2 : DoCommand2;

   {-- ..... Routinen für weitere Kommandos hier aufrufen }

   else exit;

   end; {-- case }

   ClearEvent(Event);
   end; {-- evCommand }

end; {-- HandleEvent }
```

9.8.3 Abgearbeitete Ereignisse und die Prozedur ClearEvent

Ein Ereignis kann mehrere Objekte passieren, bevor es von einem zuständigen Eventhandler abgearbeitet wird. Oft möchte später ein anderes Objekt feststellen, wer ein Ereignis abgearbeitet hat. Zu diesem Zweck markiert die Prozedur `ClearEvent` nicht nur das Ereignis als abgearbeitet (indem sie das Feld `Event.What` auf `evNothing` setzt), sondern trägt zusätzlich im Feld `TEvent.InfoPtr` die Adresse von `Self` ein. Andere Objekte können so abfragen, wer das Ereignis abgearbeitet hat.

9.9 Fenster

Wir wollen bei Auftreten des Kommandos `cmEdit` ein Fenster öffnen, in dem später ein Texteditor aufgerufen werden soll. Dazu werden der Eventhandler

App5T.HandleEvent sowie die die Arbeitsprozedur EditWindow implementiert.

9.9.1 Definition eines Fensters

Im folgenden Programm wird in App5T.EditWindow zuerst ein Rechteck mit Koordinaten und Ausdehnung des Fensters definiert. Das Fenster wird erzeugt, indem eine Instanz des Objekttyps TWindow erzeugt wird. Der Konstruktor erwartet neben dem bereits bekannen R-Parameter einen String, der als Name des Fensters interpretiert wird, sowie eine Fensternummer. Ist diese Nummer im Bereich 1..9, wird sie rechts oben im Rahmen angezeigt. Das Fenster kann dann durch die Tasten Alt-1..Alt-9 in den Vordergrund bewegt und aktiviert werden. In unserem Beispiel verwenden wir die vordefinierte Konstante wnNoNumber um anzuzeigen, daß keine Nummerierung gewünscht wird.

```
{-- Programm TV09: Ein Event wird ausgewertet und öffnet ein Fenster  }

uses Objects, Drivers, Views, Menus, App;

const cmEdit                  = 101;

type App5T                    = object( TApplication )

   procedure HandleEvent( var Event: TEvent ); virtual;

   procedure InitStatusLine; virtual;

   {-- eigene Methoden --}

   procedure EditWindow;

   end;
```

```
{*****************************************************************************
*                                                                            *
*  HandleEvent                                                               *
*                                                                            *
*****************************************************************************}

procedure App5T.HandleEvent( var Event: TEvent);

begin

TApplication.HandleEvent( Event );

if Event.What = evCommand then

   begin
   case Event.Command of

   cmEdit : EditWindow;

   end; {-- case }

   ClearEvent( Event );

   end; {-- evCommand }

end; {-- HandleEvent }


{*****************************************************************************
*                                                                            *
*  InitStatusLine                                                            *
*                                                                            *
*****************************************************************************}

procedure App5T.InitStatusLine;

var R                          : TRect;

{-- MIP (MenuItemP) ist Zwischenvariable beim Aufbau der Liste
    von MenuItems für ein Submenu bzw. Menu

    SMP (SubMenuP) ist Zwischenvariable zum Aufbau der Liste von Submenues

---}


var SIP                        : PStatusItem;
    SDP                        : PStatusDef;


begin

GetExtent( R );
R.A.Y := R.B.Y - 1;
```

```
SIP := NewStatusKey( '~Alt-E~ Edit',     kbAltE,    cmEdit, nil );
SIP := NewStatusKey( '~Alt-F3~ Close',   kbAltF3,   cmClose, SIP );
SIP := NewStatusKey( '~Alt-X~ Exit',     kbAltX,    cmQuit, SIP );

SDP := NewStatusDef( 0, $FFFF, SIP, nil );

StatusLine := new( PStatusLine, Init( R, SDP ) );

end; {-- InitStatusLine }


{****************************************************************************
*                                                                           *
*  EditWindow                                                               *
*                                                                           *
****************************************************************************}

procedure App5T.EditWindow;

var R                         : TRect;
    wp                        : PWindow;

begin

R.Assign( 5, 5, 50, 20 );
wp := new( PWindow, Init( R, 'Textverarbeitung', wnNoNumber ) );

DeskTop^.Insert( wp );

end; {-- EditWindow }


var App5                      : App5T;

begin

App5.Init;
App5.Run;
App5.Done;

end.
```

Mit der Methode `Insert` wird das Fenster Turbo-Vision bekanntgemacht. `Insert` fügt die Instanz zu den bereits vorhandenen Objekten im Desktop (die graue Hintergrundfläche) hinzu. Normalerweise sind im Desktop noch mindestens die Statuzuszeile und das Menüsystem vorhanden. Auch diese Objekte werden mit Insert eingefügt, allerdings für den Benutzer unsichtbar, wenn Statuszeile und Menüsystem mit den Methoden `TApplication.InitStatusLine` bzw. `TAplication.InitMenuBar` initialisiert werden.

Wird im Programm nun Alt-E eingegeben, öffnet sich ein (noch leeres) Fenster auf dem Bildschirm:

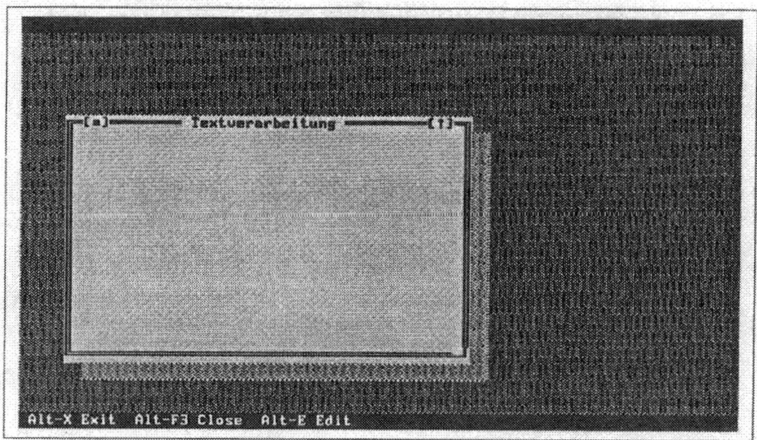

Bild 9-8: (noch) leeres Fenster im Programm TV09

Gleichzeitig ändert sich die Darstellung des Befehls *Close* in der Statuszeile. Erst jetzt ist der Befehl aktiviert, denn wenn noch kein Fenster offen ist, macht der Befehl wenig Sinn. Die Steuerung dieses Effekts wird vom Desktop-Objekt in Abhängigkeit von der Existenz eines Fensters vorgenommen.

Im letzten Beispiel werden durch mehrfaches Eingeben von ALT-E auch mehrere Fenster geöffnet, die allerdings genau übereinander liegen. Man kann aber z.B. ein Fenster zuerst mit der Maus verschieben und dann ein weiteres Fenster öffnen, um den Unterschied zu sehen. In Turbo-Vision gibt es keine realistische Grenze für die Anzahl der gleichzeitig offenen Fenster.

9.9.2 Eigenschaften eines Fensters

Durch die Methode `Insert` wird das Fenster gleichzeitig geöffnet. Im Programm TV09 sind sonst keine weiteren Anweisungen vorhanden, z.B. um das Fenster zu schließen oder um es zu verschieben. Trotzdem sind diese und eine Reihe anderer Operationen bereits möglich. Der Grund ist, daß ein Objekt vom Typ `TWindow` (bzw. `TDeskTop`) auf einige vordefinierte Kommandos reagiert. Die folgende Liste enthält eine Zusammenstellung:

`cmClose`:	Das Fenster wird geschlossen und aus dem Desktop entfernt.
`cmZoom`:	Das Fenster wird auf die maximale Bildschirmgröße vergrößert bzw. wieder auf die Originalgröße verkleinert.
`cmResize`:	Die Größe des Fensters wird verändert. Das Fenster interpretiert nach Erhalt dieses Befehls einige Tastaturereignisse, bis ENTER gedrückt wird. Pfeiltasten, Home, End, PgUp, PgDn: Verschieben das Fenster auf dem Bildschirm. Pfeiltasten zusammen mit Shift: Verändern die Größe des Fensters.
`cmNext`:	Das Desktop-Objekt bewegt das letzte zur Arbeitsfläche gehörende Fenster vor alle anderen. Damit wird die Reihenfolge der Anzeige beeinflußt.
`cmPrev`:	Das Desktop-Objekt bewegt das erste zur Arbeitsfläche gehörende Fenster hinter alle anderen.
`cmSelectWindowNum`:	Entspricht das Feld `TEvent.InfoInt` der Fensternummer, wird das Fenster zum aktuellen Fenster.

Einige dieser Kommandos werden vom Rahmenobjekt des Fensters (`TFrame`) als Ergebnis auf ein Mausereignis abgesetzt. Normalerweise möchte man diese Operationen aber auch von der Tastatur aus steuern können. Die folgende Definition einer Statuszeile verbindet die aus der IDE gewohnten Tasten mit den vordefinierten Fensterkommandos:

```
{-- Programm TV10: Die Statuszeile wird um Fensterkommandos erweitert }


{*****************************************************************************
*                                                                            *
*  InitStatusLine                                                            *
*                                                                            *
*****************************************************************************}

procedure App5T.InitStatusLine;

var R                       : TRect;

{-- MIP (MenuItemP) ist Zwischenvariable beim Aufbau der Liste
    von MenuItems für ein Submenu bzw. Menu

    SMP (SubMenuP) ist Zwischenvariable zum Aufbau der Liste von Submenues

---}


var SIP                     : PStatusItem;
    SDP                     : PStatusDef;


begin

GetExtent( R );
R.A.Y := R.B.Y - 1;


SIP := NewStatusKey( '~Alt-E~ Edit',    kbAltE,    cmEdit,    nil );
SIP := NewStatusKey( '~Alt-X~ Exit',    kbAltX,    cmQuit,    SIP );

SIP := NewStatusKey( '~Alt-F3~ Close',  kbAltF3,   cmClose,   SIP );
SIP := NewStatusKey( '~F5~ Zoom',       kbF5,      cmZoom,    SIP );
SIP := NewStatusKey( '~Ctrl-F5~ Resize',kbCtrlF5,  cmResize,  SIP );
SIP := NewStatusKey( '~F6~ Next',       kbF6,      cmNext,    SIP );
SIP := NewStatusKey( '~Shift-F6~ Prev', kbShiftF6,cmPrev,     SIP );


SDP := NewStatusDef( 0, $FFFF, SIP, nil );


StatusLine := new( PStatusLine, Init( R, SDP ) );

end; {-- InitStatusLine }
```

An diesem Beispiel ist sichtbar, daß das Desktop-Objekt alle vordefinierten Fensterkommandos auf "nicht aktivierbar" setzt, solange kein Fenster geöffnet ist.

Die Statuszeile im letzten Programm ist zu lang. Bereits jetzt hat der eigentlich wichtigste Eintrag (Edit-Kommando) keinen Platz mehr. Normalerweise implementiert man deshalb die Fensterkommandos ohne zusätzlichen Text, wie im folgenden Programmausschnitt gezeigt:

```
{-- Programm TV11: Die Statuszeile wird um Fensterkommandos erweitert,
    professionelle Form }

{*****************************************************************************
*                                                                            *
*  InitStatusLine                                                            *
*                                                                            *
*****************************************************************************}

procedure App5T.InitStatusLine;

var R                         : TRect;

{-- MIP (MenuItemP) ist Zwischenvariable beim Aufbau der Liste
    von MenuItems für ein Submenu bzw. Menu

    SMP (SubMenuP) ist Zwischenvariable zum Aufbau der Liste von Submenues

---}


var SIP                       : PStatusItem;
    SDP                       : PStatusDef;


begin

GetExtent( R );
R.A.Y := R.B.Y - 1;


SIP := NewStatusKey( '~Alt-E~ Edit',    kbAltE,    cmEdit,    nil );
SIP := NewStatusKey( '~Alt-X~ Exit',    kbAltX,    cmQuit,    SIP );

SIP := NewStatusKey( '',  kbAltF3,  cmClose,  SIP );
SIP := NewStatusKey( '',  kbF5,     cmZoom,   SIP );
SIP := NewStatusKey( '',  kbCtrlF5, cmResize, SIP );
SIP := NewStatusKey( '',  kbF6,     cmNext,   SIP );
SIP := NewStatusKey( '',  kbShiftF6,cmPrev,   SIP );

SDP := NewStatusDef( 0, $FFFF, SIP, nil );

StatusLine := new( PStatusLine, Init( R, SDP ) );

end; {-- InitStatusLine }
```

Damit können diese Kommandos nicht mehr mit der Maus aus der Statuszeile heraus abgesetzt werden. Dies ist aber auch nicht erforderlich, da der Rahmen eines Fensters hierfür zuständig ist. Wer möchte, kann aber in Analogie zur IDE zusätzlich ein Submenü Window aufbauen, in denen die Kommandos nocheinmal vollständig implementiert werden.

Wir werden im folgenden die so definierte Statuszeile standardmäßig verwenden und deshalb nicht mehr bei jedem Programm abdrucken.

9.9.3 Ausgabe mit write und writeln?

Objekte vom Typ `TWindow` stellen nur die zur Verwaltung des Fensterbereiches auf dem Bildschirm erforderliche Funktionalität bereit. Dazu gehört neben der Abarbeitung der vordefinierten Fensterkommandos (Abschnitt 9.9.2) auch die Anzeige des (dunkleren) Fensterhintergrundes und des Rahmens.

Um in ein Fenster etwas auszugeben, sind die Turbo-Pascal Standardprozeduren `write` bzw. `writeln` nur beschränkt geeignet. Sie schreiben direkt auf den Bildschirm, so daß Turbo-Vision von solchen Ausgaben nichts "weiß" und diese Daten z.B. beim Verschieben des Fensters nicht berücksichtigen kann.

Hier wird ein wesentlicher Unterschied zu den meisten anderen Toolboxen zur Fensterprogrammierung sichtbar. Wird dort ein Fenster verschoben, werden die Daten direkt vom Bildschirmspeicher gelesen und an anderer Stelle wieder geschrieben. Damit ist eine Ausgabe mit den Standard-Prozeduren möglich, jedoch kann immer nur in das "oberste" (voll sichtbare) Fenster ausgegeben werden. Turbo-Vision dagegen erlaubt die Ausgabe von Daten auch in teilweise oder ganz verdeckte Fenster, ohne daß der Anwender dafür spezielle Vorkehrungen treffen muß.

Bevor wir in das neu definierte Fenster etwas ausgeben, befassen wir uns im nächsten Abschnitt etwas genauer mit der Mechanik, wie Fenster und andere Objekte in Turbo-Vision behandelt werden.

9.10 View-Objekte und Gruppen

9.10.1 Aufgaben eines View-Objekts

Alle Ausgaben eines TV-Programms werden mit Hilfe von sog. *View-Objekten* durchgeführt. Ein View-Objekt ist zuständig für einen rechteckigen Bereich bestimmter Größe auf dem Bildschirm. In diesen Bereich gibt es Daten aus, die z.B. aus einem Anwendungsprogramm kommen oder von anderen Turbo-Vision Objekten bereitgestellt werden. Treten Ereignisse auf, muß das Objekt evtl. darauf reagieren.

Jedes View-Objekt muß eine `Draw`-Methode besitzen, mit der es den zugewiesenen Bereich ausgeben kann. Die `Draw`-Methode wird von Turbo-Vision immer dann aufgerufen, wenn Turbo-Vision intern festgestellt hat, daß sich etwas im Bereich des Objekts verändert hat. Für Fensterobjekte vom Typ `TWindow` wird Draw z.B. beim Bewegen oder beim Zoomen des Fensters aufgerufen.

Jedes View-Objekt muß darüberhinaus eine HandleEvent-Methode besitzen. Der Eventhandler des Objekts wird von Turbo-Vision immer dann aufgerufen, wenn ein Ereignis das View-Objekt betrifft. Für Mausereignisse wird z.B. geprüft, ob sich die Maus in dem vom Objekt verwalteten Bildschirmbereich befindet. Wenn ja, ist dieses Objekt (bis auf gewisse Ausnahmen) zuständig. Für Tastaturereignisse ist immer das selektierte View-Objekt zuständig. Im Falle von Fenstern z.B. werden Tastatureingaben immer zum gerade selektierten Fenster (erkenntlich am doppelten Rahmen) geleitet. Die meisten Ereignisse werden von einem View-Objekt nicht selbst bearbeitet, sondern an das darunterliegende Programm weitergegeben (z.B. Tastendrucke an einen Texteditor).

9.10.2 Ein eigenes View-Objekt

Der folgende Objekttyp View6T ist ein einfaches Beispiel für einen einfachen View-Objekttyp.

```
{-- Programm TV12: View definieren und Datei ausgeben }

uses Objects, Drivers, Views, Menus, App;

const cmEdit                    = 101;

type App6T                      = object( TApplication )

   procedure HandleEvent( var Event: TEvent ); virtual;

   procedure InitStatusLine; virtual;

   {-- eigene Methoden --}

   procedure FileView;

   end;

type View6PT                    = ^View6T;
     View6T                     = object( TView )

   procedure Draw; virtual;
   end;
```

```
{****************************************************************************
*                                                                           *
*  HandleEvent                                                              *
*                                                                           *
****************************************************************************}

procedure App6T.HandleEvent( var Event: TEvent);

begin

TApplication.HandleEvent( Event );

if Event.What = evCommand then

   begin
   case Event.Command of

   cmEdit : FileView;

   else exit;

   end; {-- case }

   ClearEvent(Event);
   end; {-- evCommand }

end; {-- HandleEvent }


{****************************************************************************
*                                                                           *
*  InitStatusLine                                                           *
*                                                                           *
****************************************************************************}

procedure App6T.InitStatusLine;

{-- ... nicht gedruckt --}

end; {-- InitStatusLine }
```

```
{*****************************************************************************
*                                                                            *
*  FileView                                                                  *
*                                                                            *
*****************************************************************************}

procedure App6T.FileView;

var R                       : TRect;
    vp                      : View6PT;

begin

R.Assign( 5, 5, 50, 20 );
vp := new( View6PT, Init( R ) );

DeskTop^.Insert( vp );


end; {-- FileView }


{*****************************************************************************
*                                                                            *
*  Draw                                                                      *
*                                                                            *
*****************************************************************************}

procedure View6T.Draw;

var F                       : text;
    S                       : string;
    I                       : integer;

begin

assign( F, '\test.txt' );
reset( F );

I:= 0;
while not eof( F ) do
   begin
   readln( F, S );
   WriteStr( 0, I, S, $01 );
   inc( I );
   end;

system.close( F );

end; {-- Draw }
```

```
var App6                    : App6T;

begin

App6.Init;
App6.Run;
App6.Done;

end.
```

Um eine eigene `Draw`-Methode implementieren zu können, wird `View6T` von `TView` abgeleitet. `View6T.Draw` liest die Datei TEST.TXT ein und übergibt die Zeilen zusammen mit einer Zeilenangabe und einem Code für die Farbe an die Turbo-Vision Prozedur `WriteStr`, die die eigentliche Ausgabe durchführt.

Bei Ausführung des Programms werden die Zeilen der Textdatei auf dem Desktop-Hintergrund ausgegeben. `WriteStr` hat dabei nur den von `View6` verwalteten Bereich beschrieben, so daß sich etwa folgendes Bild ergibt:

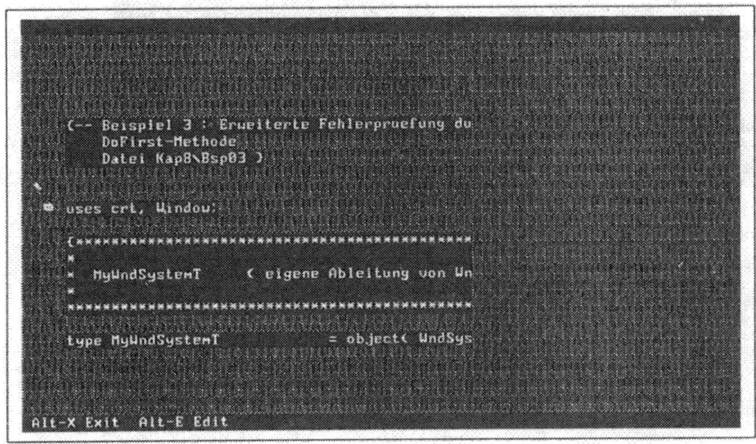

Bild 9-9: Ausgabe des Programms TV12

Die Darstellung erscheint optisch besser, wenn der Hintergrund der View eine andere Farbe als das restliche Desktop hat. Dazu kann man entweder Leerzeilen ausgeben oder aber die Methode `TView.Draw` verwenden, die den Hintergrund weiß darstellt.

```
{-- Programm TV13: View definieren und Datei ausgeben, Hintergrund
    mit weißer Fläche initialisieren }

{*******************************************************************************
*                                                                              *
*  FileView                                                                    *
*                                                                              *
*******************************************************************************}

procedure App6T.FileView;

var R                      : TRect;
    vp                     : View6PT;

begin

R.Assign( 5, 5, 50, 20 );
vp := new( View6PT, Init( R ) );

DeskTop^.Insert( vp );


end; {-- FileView }


{*******************************************************************************
*                                                                              *
*  Draw                                                                        *
*                                                                              *
*******************************************************************************}

procedure View6T.Draw;

var F                      : text;
    S                      : string;
    I                      : integer;

begin

TView.Draw;

assign( F, '\test.txt' );
reset( F );

I:= 0;
while not eof( F ) do
   begin
   readln( F, S );
   WriteStr( 0, I, S, $01 );
   inc( I );
   end;

system.close( F );

end; {-- Draw }
```

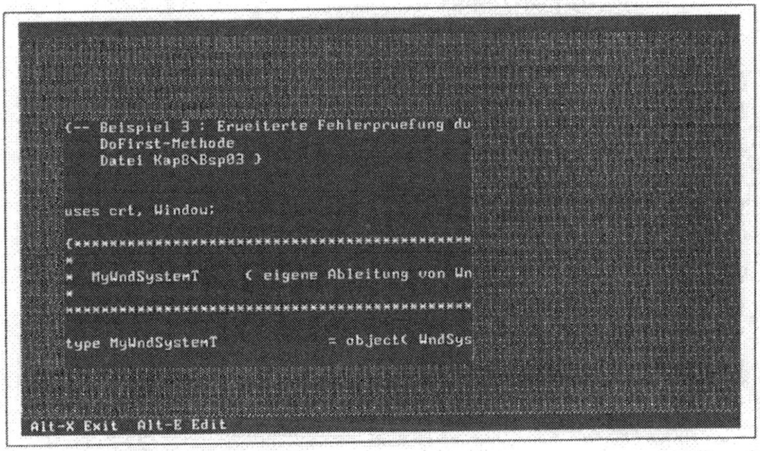

Bild 9-10: Ausgabe des Programms TV13

Für Objekte vom Typ `View6T` stehen die vordefinierten Fensterkommandos nicht zur Verfügung, da der Eventhandler von `TView` diese Kommandos nicht interpretiert. Obwohl in der Statuszeile z.B. `cmZoom` mit F5 verbunden wird, hat diese Taste noch keine Wirkung. Was man offensichtlich braucht, ist die Möglichkeit, die Ausgabe der Datei mit einem Fenster (d.h. mit einem `TWindow`-Objekt) durchzuführen. Man könnte versuchen, `View6T` von `TWindow` abzuleiten, wie im folgenden Programmausschnitt gezeigt:

```
{-- Programm TV14: View definieren und Datei ausgeben, View aber jetzt von
    TWindow ableiten }

type View6PT                = ^View6T;
     View6T                 = object( TWindow )

   procedure Draw; virtual;
   end;
```

```
{******************************************************************************
*                                                                             *
*  Draw                                                                       *
*                                                                             *
******************************************************************************}

procedure View6T.Draw;

var F                         : text;
    S                         : string;
    I                         : integer;

begin

assign( F, '\test.txt' );
reset( F );

TWindow.Draw;

I:= 0;
while not eof( F ) do
   begin
   readln( F, S );
   WriteStr( 0, I, S, $01 );
   inc( I );
   end;

system.close( F );

end; {-- Draw }
```

In `View6T.Draw` muß nun zur Initialisierung des Hintergrundes (und anderer Dinge) vor der eigenen Ausgabe `TWindow.Draw` aufgerufen werden. Außerdem müssen im Konstruktor Fenstername und -nummer angegeben werden:

```
{******************************************************************************
*                                                                             *
*  FileView                                                                   *
*                                                                             *
******************************************************************************}

procedure App6T.FileView;

var R                         : TRect;
    vp                        : View6PT;

begin

R.Assign( 5, 5, 50, 20 );
vp := new( View6PT, Init( R, 'Testfenster', wnNoNumber ) );

DeskTop^.Insert( vp );

end; {-- FileView }
```

Nun wird die Textdatei im Fenster dargestellt, allerdings noch nicht ganz in der erwarteten Form, denn die Textausgabe überschreibt teilweise den Rahmen des Fensters, ansonsten sind aber jetzt alle vordefinierten Fensterkommandos vorhanden.

Zur Abhilfe könnte man die Implementierung von `View6T.Draw` so modifizieren, daß die Ränder des Fensters nicht beschrieben werden. Allerdings muß man dan die Clipping-Rechnungen, die `WriteStr` sowieso durchführt, im Anwendungsprogramm nocheinmal durchführen. Besser wäre es, wenn man den für `WriteStr` verfügbaren Bereich von vornherein verkleinern könnte - und genau dazu werden wir im nächsten Programm ein zusätzliches View-Objekt definieren.

9.10.3 Gruppen von View-Objekten

Turbo-Vision definiert den ObjektTyp `TGroup`, der die Aufgabe hat, mehrere andere Objekte zu einer Gruppe (*Collection*) zusammenzufassen. Über Methoden von `TGroup` können Objekte zur Gruppe hinzugefügt oder wieder entfernt werden. `TGroup` ist von `TView` abgeleitet, daher gibt es View-Objekte, die andere Objekte verwalten können und solche, die diese Eigenschaften nicht haben. View-Objekte, die nicht von `TGroup` abgeleitet sind, bezeichnet man auch als *terminale* View-Objekte. Das Bild 9-11 zeigt einen Ausschnitt aus dem Turbo-Vision Ableitungsbaum.

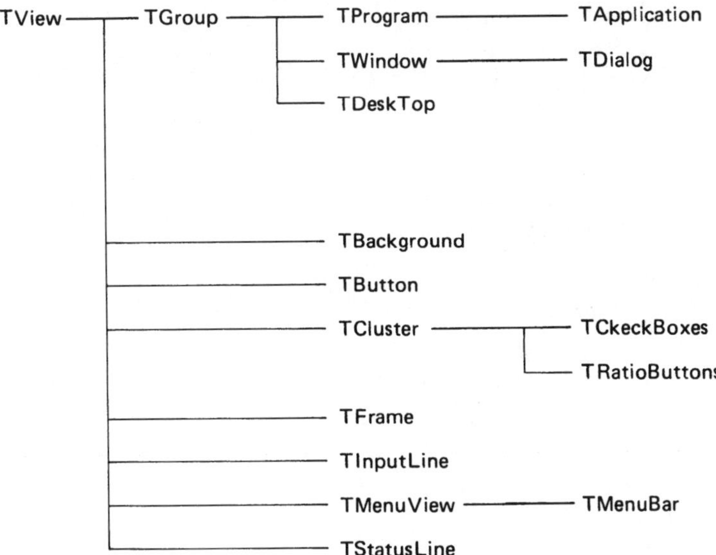

Bild 9-11: Ausschnitt aus Turbo-Vision Ableitungsbaum

Die Objekttypen TWindow und TDialog sind z.B. Gruppen, TBackground und TButton dagegen terminale Typen.

9.10.4 TWindow als Gruppe

TWindow ist ein typisches Beispiel einer Gruppe. Der Typ ist von TGroup abgeleitet und kann deshalb andere Objekte verwalten. Wird ein Objekt vom Typ TWindow erzeugt, fügt der Konstruktor TWindow.Init zunächst ein Objekt vom Typ TFrame in die Gruppe ein. Damit hat jedes Fenster automatisch einen Rahmen. Ob dieser Rahmen dann auch sichtbar ist, kann unabhängig davon angegeben werden.

Der Programmierer kann mit Hilfe der Insert-Methode selber weitere Objekte in das Fenster einfügen. In Programm TV12 wurde eine View zur Ausgabe der ersten Zeilen einer Datei definiert. Diese View verbinden wir nun nicht mehr mit dem DeskTop, sondern mit einem Fenster, und dieses Fenster mit dem DeskTop.

```
{-- Programm TV15: Fenster und View verbinden }

uses Objects, Drivers, Views, Menus, App;

const cmEdit                = 101;

type App7T                  = object( TApplication )

   procedure HandleEvent( var Event: TEvent ); virtual;

   procedure InitStatusLine; virtual;

   {-- eigene Methoden --}

   procedure FileView;

   end;

type View7PT                = ^View7T;
     View7T                 = object( TView )

   procedure Draw; virtual;
   end;

type Wnd7PT                 = ^Wnd7T;
     Wnd7T                  = object( TWindow )

   constructor Init;
   end;
```

```
{*****************************************************************************
*                                                                            *
*  HandleEvent                                            *  HandleEvent
*                                                                            *
*****************************************************************************}

procedure App7T.HandleEvent( var Event: TEvent);

begin

TApplication.HandleEvent( Event );

if Event.What = evCommand then

   begin
   case Event.Command of

   cmEdit : FileView;

   else exit;

   end; {-- case }

   ClearEvent(Event);
   end; {-- evCommand }

end; {-- HandleEvent }


{*****************************************************************************
*                                                                            *
*  InitStatusLine                                                            *
*                                                                            *
*****************************************************************************}

procedure App7T.InitStatusLine;

{-- ... nicht abgedruckt }

end; {-- InitStatusLine }
```

```
{******************************************************************************
*                                                                             *
*  FileView                                                                   *
*                                                                             *
******************************************************************************}

procedure App7T.FileView;

var wp                      : Wnd7PT;

begin

wp := new( Wnd7PT, Init );

DeskTop^.Insert( wp );

end; {-- FileView }


{******************************************************************************
*                                                                             *
*  Draw                                                                       *
*                                                                             *
******************************************************************************}

procedure View7T.Draw;

var F                       : text;
    S                       : string;
    I                       : integer;

begin
TView.Draw;

assign( F, '\test.txt' );
reset( F );

I:= 0;
while not eof( F ) do
   begin
   readln( F, S );
   WriteStr( 0, I, S, $01 );
   inc( I );
   end;


system.close( F );

end; {-- Draw }
```

```
{****************************************************************************
*                                                                           *
*  Wnd7T Konstruktor                                                        *
*                                                                           *
****************************************************************************}


constructor Wnd7T.Init;

var R                       : TRect;
    vp                      : View7PT;

begin

R.Assign( 5, 5, 50, 20 );
TWindow.Init( R, 'Textverarbeitung', wnNoNumber );

R.Assign( 1, 1, Size.X-1, Size.Y-1 );
vp := new( View7PT, Init( R ) );

Insert( vp );

end; {-- Init }


var App7                    : App7T;

begin

App7.Init;
App7.Run;
App7.Done;

end.
```

Im Konstruktor des Fensterobjekts `Wnd7T` wird zuerst ein Standard-`TWindow`-Objekt erzeugt. Im nächsten Schritt wird ein View-Objekt erzeugt und mit dem Fenster verbunden. Koordinaten und Ausdehnung der View werden so gesetzt, daß die View die gesamte Fensterfläche mit Ausnahme der Ränder ausfüllt. Bild 9-12 eigt die Ausgabe des Programms.

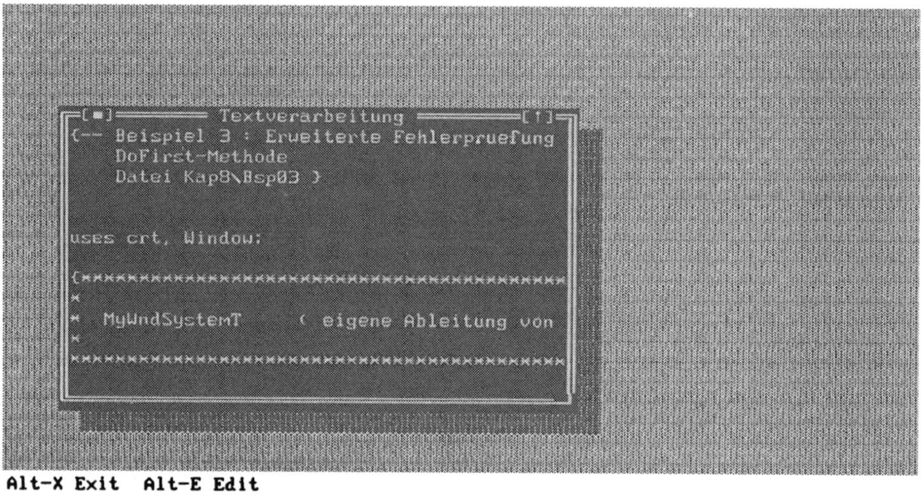

```
[■]═══════ Textverarbeitung ═══════[↑]
{-- Beispiel 3 : Erweiterte Fehlerpruefung
    DoFirst-Methode
    Datei Kap8\Bsp03 }

uses crt, Window;

{*****************************************
*
*  MyWndSystemT      { eigene Ableitung von
*
******************************************
Alt-X Exit  Alt-E Edit
```

Bild 9-12: Vollständiges Anzeigefenster

Im letzten Programm sind zwei Details beachtenswert:

1 Der Konstruktor von `Wnd7T` wurde hier zur Demonstration ohne Parameter definiert, obwohl `Wnd7T` von `TWindow` abgeleitet ist. Da Konstruktoren niemals virtuell sein können, ist man in der Gestaltung bei abgeleiteten Objekttypen frei.

2 In `View7T.Draw` ist der Aufruf von `TView.Draw` unbedingt erforderlich, da sonst die von `WriteStr` nicht beschriebenen Teile des Bereiches der View nicht initialisiert werden und undefinierten Inhalt haben.

9.10.5 Aufgaben einer Gruppe

Objekte werden zu Gruppen zusammengefaßt, um bestimmte Operationen problemlos für alle Objekte der Gruppe durchführen zu können. Wird z.B. ein Fenster auf dem Bildschirm verschoben, sollen sich natürlich auch Rahmen und Inhalt mitbewegen. Die Verschiebe-Operation wird also nicht auf ein terminales-View Objekt angewendet, sondern auf eine Gruppe. Der Event-Handler der Gruppe sorgt dafür, daß alle "angeschlossenen" Objekte das Ereignis erhalten und sich mit den neuen Koordinaten auf dem Bildschirm darstellen können.

Das gleiche gilt für die Zoom-Operation: Alle angeschlossenen Objekte erhalten die Information, sich neu darzustellen. In unserem Beispiel liest `View6.Draw` die Datei erneut ein und übergibt die Zeilen an `WriteStr`. Jetzt allerdings werden die größeren Fenstergrenzen zum Clipping verwendet, so daß die Anzeige der Datei wiederum das ganze Fenster ausfüllen kann. - Theoretisch zumindest, denn die Taste F5 bringt zwar ein großes Fenster, aber noch keineswegs eine größere Darstellung des Textes im Fenster.

9.10.6 Das Feld GrowMode und die gf- Konstanten

Der Grund liegt im Feld `TView.GrowMode`. Dieses Feld legt fest, wie das Objekt reagiert, wenn die Größe der Gruppe, zu der es gehört, verändert wird. Für die einzelnen Bits bzw. Bitgruppen des Feldes stehen die folgenden Konstanten zur Verfügung:

`gfGrowLoX`	\$01	Das Objekt bewahrt eine konstante Distanz vom linken Rand der Gruppe
`gfGrowLoY`	\$02	Das Objekt bewahrt eine konstante Distanz vom oberen Rand der Gruppe
`gfGrowHiX`	\$04	Das Objekt bewahrt eine konstante Distanz vom rechten Rand der Gruppe
`gfGrowHiY`	\$08	Das Objekt bewahrt eine konstante Distanz vom unteren Rand der Gruppe
`gfGrowAll`	\$0F	Das Objekt ändert seine Größe nicht und bewegt sich mit der unteren rechten Ecke der Gruppe
`gfGrowRel`	\$10	Das Objekt ändert seine Größe relativ zur Größe der Gruppe. Diese Opetion soll nur für Ableitungen von `TWindow` verwendet werden.

Damit ergibt sich folgendes Layout für das Feld `GrowMode`:

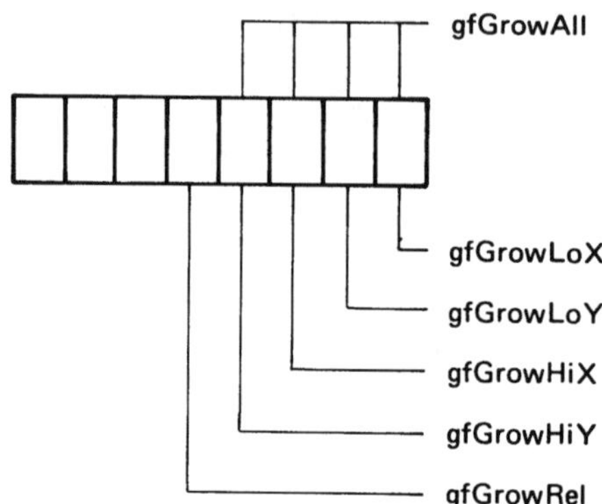

Bild 9-13: Layout für das Feld TView.GrowMode

In unserem Fall müssen die Bits `HiX` und `HiY` gesetzt werden. Der Konstruktor von `Wnd7T` wird um die entsprechende Anweisung ergänzt:

```
{-- Programm TV16: Fenster und View verbinden, View jetzt zoombar }

{*****************************************************************************
*                                                                            *
*  Wnd7T Konstruktor                                                         *
*                                                                            *
*****************************************************************************}

constructor Wnd7T.Init;

var R                        : TRect;
    vp                       : View7PT;

begin

R.Assign( 5, 5, 50, 20 );
TWindow.Init( R, 'Textverarbeitung', wnNoNumber );

R.Assign( 1, 1, Size.X-1, Size.Y-1 );
vp := new( View7PT, Init( R ) );

vp^.GrowMode := gfGrowHiX + gfGrowHiY;
Insert( vp );

end; {-- Init }
```

Nun kann das View-Objekt alle Größenänderungen seiner Gruppe mitmachen. Beachten Sie bitte, daß `GrowMode` von den Konstruktoren der verschiedenen von `TView` abgeleiteten Objekttypen unterschiedlich besetzt wird. Während `TView.Init` alle Bits löscht, werden `HiX` und `HiY` für `TWindow`-Objekte standardmäßig gesetzt.

9.10.7 Das Feld DragMode und die dm- Konstanten

Ein weiteres wichtiges Feld eines jeden View-Objeks ist das Feld `DragMode`, über das bestimmt wird, ob und wie das Objekt Größe und Position ändern kann. Für die einzelnen Bits bzw. Bitgruppen des Feldes stehen die folgenden Konstanten zur Verfügung:

`dmDragMove`	$01	Das Objekt kann mit der Maus bewegt werden
`dmDragGrow`	$02	Das Objekt kann seine Größe ändern
`dmLimitLoX`	$10	Die linke Seite des Objekts kann den Bereich der Gruppe nicht verlassen
`dmLimitLoY`	$20	Die obere Seite des Objekts kann den Bereich der Gruppe nicht verlassen
`dmLimitHiX`	$40	Die rechte Seite des Objekts kann den Bereich der Gruppe nicht verlassen
`dmLimitHiY`	$80	Die untere Seite des Objekts kann den Bereich der Gruppe nicht verlassen
`dmLimitAll`	$F0	Kein Teil des Objekts kann den Bereich der Gruppe verlassen

Damit ergibt sich folgendes Layout für das Feld `DragMode`:

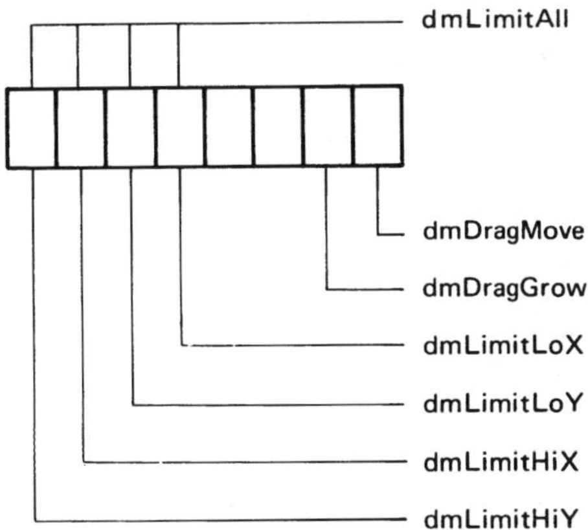

Bild 9-14: Layout für das Feld TView.DragMode

9.10.8 Ausgabe in Turbo-Vision und die Prozeduren WriteChar und WriteStr

Bei der Ausgabe von Daten in Turbo-Vision muß beachtet werden, daß nicht Bildschirmbereiche außerhalb der dem View-Objekt zugewiesenen Bereich überschrieben werden. Der Objekttyp `TView` definiert dazu u.a. die Methoden `WriteChar` und `WriteStr`, die die Einhaltung der Bereichsgrenzen überprüfen und Daten evtl. abschneiden:

```
procedure TView.WriteChar(
   X, Y : integer;   {-- Koordinaten }
   Ch   : char;      {-- Das auszugebende Zeichen }
   Color: byte;      {-- Index in die Farbtabelle }
   Count: integer ); {-- Anzahl der Wiederholungen }

procedure TView.WriteStr(
   X, Y : integer;   {-- Koordinaten }
   Str  : String;    {-- Der auszugebende String }
   Color: byte );    {-- Index in die Farbtabelle }
```

Mit der Prozedur `WriteChar` wird ein Zeichen `Count` mal auf den Bildschirm ausgegeben. `WriteStr` dagegen dient zur Ausgabe einer Zeichenkette. Die Koordinaten für die Ausgabe des ersten Zeichens (`X` und `Y`) sind lokale Koordinaten, d.h. sie geben die Spalte und Zeile innerhalb des Bereiches der View an. Die linke obere Ecke hat dabei die Koordinaten (1,1). Über den Wert von `Color` wird die Farbe der ausgegebenen Daten bestimmt. `Color` ist kein Wert für die Farbe selber, sondern ein Index in eine Tabelle mit Farben. Die passende Farbtabelle wird beim Start von Turbo-Vision in Abhängigkeit vom vorgefundenen Bildschirmadapter geladen.

Die Prozeduren zur Ausgabe in Turbo-Vision Programmen unterscheiden sich also von ihren traditionallen Gegenstücken vor allem in den folgenden vier Punkten:

1 sie beschränken die Ausgabe automatisch auf den Bereich, der dem View-Objekt im Augenblick der Ausgabe zugewiesen ist

2 sie arbeiten mit lokalen Koordinaten. Der Programmierer braucht sich deshalb um die mommentane Bildschirmposition des Objekts nicht zu kümmern. Verschieben und Zoomen kann so vollständig von Turbo-Vision übernommen werden

3 die Ausgabe kann in unterschiedlichen Farben erfolgen. Die Farbe wird über einen Index in eine Farbpalette spezifiziert. Dies hat gegenüber der direkten Angabe eines Farbwertes den Vorteil, daß das Programm an unterschiedliche Bildschirmhardware (monochrom/VGA/Colorbildschirme etc) durch Wahl einer geeigneten Palette während der

Initialisierung (bzw. Installation) angepaßt werden kann.

4 sie stellen keine Möglichkeit zur Formatierung der Ausgabe bereit. Es können keine anderen Datentypen außer Strings ausgegeben werden. Der Programmierer muß selber integers etc. zuerst in Strings wandeln.

9.10.9 Das Objekt DeskTop als Gruppe

Ein Objekt vom Typ `TDesktop` ist eine Gruppe, die nach der Initialisierung nur ein `TBackGround`-Objekt besitzt, das einen grauen Hintergrund bereitstellt. `TDeskTop` ist für den gesamten Bildschirmbereich zwischen Menüzeile und Statuszeile zuständig. Die verschiedenen View-Objekte einer Anwendung (meist Fenster) werden in das DeskTop eingefügt.

9.10.10 Das Objekt TApplication als Gruppe

Die Gruppe `TApplication` hat als Mitglieder standardmäßig eine Statuszeile, eine Menüzeile sowie ein DeskTop-Objekt. Damit der Programmierer problemlos eigene Menüs und Statuszeilen implementieren kann, sind die Erzeugung von Instanzen von `TMenuBar` und `TStatusLine` und das Einfügen in die Gruppe nicht im Konstruktor `TApplication.Init` untergebracht, sondern in die (virtuellen) Methoden `TApplication.InitMenuBar` und `TApplication.InitStatusLine` ausgelagert, die dann von `TApplication.Init` aufgerufen werden.

9.11 Dialoge

Jedes halbwegs professionelle Programm muß Anfragen an den Benutzer stellen können, wie z.B. die die Auswahl eines Punktes aus einer Liste mit vorgegebenen Alternativen. In Turbo-Vision wird diese Art Kommunikation mit dem Benutzer über *Dialoge* abgewickelt.

9.11.1 Der Objekttyp TDialog

Um in Turbo-Vision einen Dialog aufzubauen, wird ein Objekt vom Typ TDialog verwendet. TDialog ist vergleichbar mit TWindow, jedoch mit den folgenden Unterschieden:

- Die Größe eines Dialogfensters kann nicht geändert werden
- Ein Dialogfenster hat keine Nummer
- Ein Dialogfenster hat eine andere Hintergrundfarbe

TDialog ist wie TWindow eine Gruppe, und das über Gruppen Gesagte gilt deshalt auch für TDialog. Insbesondere besitzt TDialog die Methode Insert, mit der Dialogelemente wie z.B. Schalter in die Gruppe eingefügt werden können.

9.11.2 Gerüst eines Dialogfensters

Das folgende Programm öffnet anstelle eines Standard-Fensters ein Dialogfenster:

```
{-- Programm TV17: Dialogfenster öffnen }

uses Objects, Drivers, Views, Menus, App, Dialogs;

const cmDial                = 102;

type App8T                  = object( TApplication )

   procedure HandleEvent( var Event: TEvent ); virtual;

   procedure InitStatusLine; virtual;

   {-- eigene Methoden --}

   procedure DialDialog;

   end;

type Wnd8PT                 = ^Wnd8T;
     Wnd8T                  = object( TDialog )

   constructor Init;
   end;
```

```
{****************************************************************************
*                                                                           *
*  HandleEvent                                                              *
*                                                                           *
****************************************************************************}

procedure App8T.HandleEvent( var Event: TEvent);

begin

TApplication.HandleEvent( Event );

if Event.What = evCommand then

   begin
   case Event.Command of

   cmDial : DialDialog;

   else exit;

   end; {-- case }

   ClearEvent(Event);
   end; {-- evCommand }

end; {-- HandleEvent }


{****************************************************************************
*                                                                           *
*  InitStatusLine                                                           *
*                                                                           *
****************************************************************************}

procedure App8T.InitStatusLine;

{-- ... nicht abgedruckt }

end; {-- InitStatusLine }
```

```
{*****************************************************************************
*                                                                            *
*  DialDialog                                                                *
*                                                                            *
*****************************************************************************}

procedure App8T.DialDialog;

var wp                        : Wnd8PT;

begin

wp := new( Wnd8PT, Init );

DeskTop^.Insert( wp );

end; {-- DialDialog }


{*****************************************************************************
*                                                                            *
*  Wnd8T Konstruktor                                                         *
*                                                                            *
*****************************************************************************}


constructor Wnd8T.Init;

var R                         : TRect;

begin

R.Assign( 5, 5, 50, 20 );
TDialog.Init( R, 'Wählen' );

end; {-- Init }


var App8                      : App8T;

begin

App8.Init;
App8.Run;
App8.Done;

end.
```

Der wesentliche Unterschied ist nur, daß `Wnd8T` nun statt von `TWindow` von `TDialog` abgeleitet ist. Beachten Sie, daß der Konstruktor `TDialog.Init` keine Fensternummer akzeptiert.

9.11.3 Schalter in einem Dialog: Der Objekttyp TButton

In ein so definiertes Dialogfenster können noch keine Eingaben gemacht oder Auswahlen getroffen werden. Als erste Elemente unseres Dialogs installieren wir zwei Schalter, um die am Häufigsten benötigten Auswahlen (*OK* und *Cancel*) zur Verfügung zu haben.

```
{-- Programm TV18: Dialogfenster mit zwei Schaltern }

{*****************************************************************************
*                                                                            *
*  Wnd8T Konstruktor                                                         *
*                                                                            *
*****************************************************************************}

constructor Wnd8T.Init;
var R                    : TRect;
    bp                   : PButton;
begin
R.Assign( 5, 5, 50, 20 );
TDialog.Init( R, 'Wählen' );

R.Assign( 5, 12, 15, 14 );
bp := new( PButton, Init( R, '~O~K', cmOK, bfDefault ) );
Insert( bp );

R.Assign( 20, 12, 30, 14 );
bp := new( PButton, Init( R, '~C~ancel', cmCancel, bfNormal ) );
Insert( bp );

end; {-- Init }
```

Für jeden Schalter wird ein Objekt von Typ `TButton` erzeugt und mit dem Dialogfenster über `Insert` verbunden. Die Eigenschaften eines Schalters werden diesem über den Konstruktor `TButton.Init` übermittelt. `TButton.Init` benötigt die folgenden Parameter:

- die Größe des Bereichs, den der Schalter belegt. Wird die Maus in diesem Bereich geklickt, gilt der Schalter als betätigt.
- der Text des Schalters
- das Kommando, das der Schalter bei Betätigung absetzt
- eine Angabe, ob der Schalter voreingestellt ist (s.u.)

Das Programm TV18 erzeugt folgenden Bildschirmausdruck:

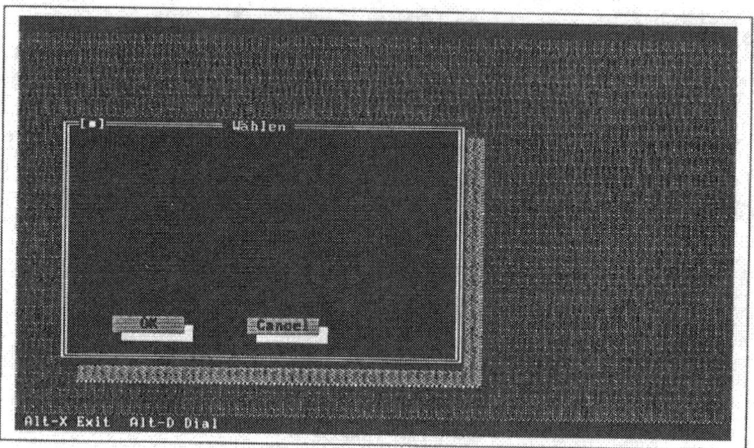

Bild 9-15: Dialogfenster im Programm TV18

Das Dialogfenster reagiert bereits auf die für Fenster üblichen Kommandos, jedoch kann man noch keinen der Schalter "drücken": Sowohl das Anklicken mit der Maus als auch die ENTER Taste zeigen noch keine Wirkung. Sehr wohl kann jedoch breits der *Fokus* (s.u.) mit der TAB Taste zwischen den beiden Schaltern umgeschaltet werden.

9.11.4 Die Eigenschaft der Modalität

Um Schalter drücken zu können, muß das Dialogfenster *modal* sein. Allgemein ist ein View-Objekt dann modal, wenn das restliche Programm außerhalb des View-Objekts stillgelegt ist (d.h. keine Ereignisse mehr empfängt). Alle Ereignisse werden nur noch dem modalen Objekt (und damit automatisch den Mitglieder seiner Gruppe, falls das View-Objekt gleichzeitig eine Gruppe ist) zugeleitet.

Ein Beispiel für die Anwendung der Modalität ist wieder die IDE: dort gibt es die vier Modi Edit, Compile, Run und Debug. Befindet man sich z.B. im Compile-Modus, bewirkt die Tastenkombination Alt-F3 nicht unbedingt das Schließen des Fensters und Beenden der Übersetzung. Das für die Durchführung der Übersetzung zuständige Objekt ist modal, die Objekte für Editor, Debugger etc. "sehen" dieses Tastaturereignis überhaupt nicht. Daraus folgt unter anderem, daß es in einem Turbo-Vision Programm immer genau ein modales Objekt gibt, und daß dieses Objekt die Eigenschaft der Modalität explizit wieder abgeben können muß.

Ein View-Objekt wird in einem Turbo-Vision Programm zum modalen Objekt, indem es nicht mit `Insert` in eine (darüberliegende) Gruppe eingefügt, sondern mit `ExecView` ausgeführt wird. Die Methode `App8T.DialDialog` in Programm TV18 wird dementsprechend geändert:

```
{-- Programm TV18: modales Dialogfenster mit zwei Schaltern }

{****************************************************************************
*                                                                           *
*  DialDialog                                                               *
*                                                                           *
****************************************************************************}

procedure App8T.DialDialog;

var wp                    : Wnd8PT;
    Result                : word;

begin

wp := new( Wnd8PT, Init );

Result := DeskTop^.ExecView( wp );

end; {-- DialDialog }
```

9.11.5 Der Fokus

In Programm ist immer einer der beiden Schalter hervorgehoben dargestellt. Dieser Schalter wird durch die Taste ENTER "gedrückt", er wird deshalb auch als *fokussierter* Schalter bezeichnet.

Der Fokus wird durch die Tasten TAB auf das nächste und durch SHIFT-TAB auf das vorige View-Element der Gruppe verschoben. Die Reihenfolge der Weiterschaltung ist dabei die Reihenfolge, in der die Objekte in die Gruppe eingefügt wurden. Im Konstruktor `TButton.Init` kann im letzten Parameter angegeben werden, ob der Schalter beim Öffnen des Fensters fokussiert sein soll ("Voreinstellung", die der Benutzer sofort durch ENTER übernehmen kann), oder nicht (siehe Abschnitt "Die bf-Konstanten").

9.11.6 Betätigen eines Schalters

Ein Schalter kann auf die folgenden Arten "gedrückt" werden:

- anklicken des Bereiches des Schalters mit der Maus
- wenn im Namen des Schalters ein Buchstabe zwischen zwei Tildezeichen geklammert ist: durch Eingabe dieses Zeichens (evtl. zusammen mit ALT)
- ist der Schalter fokussiert: durch ENTER

Wird der Schalter gedrückt, sendet `TButton` das im Konstruktor angegebene Kommando an die Gruppe, zu der der Schalter gehört.

9.11.7 Die bf- Konstanten

Bei der Initialisierung eines `TButton`-Objekts mit dem Konstruktor `TButton.Init` kann im letzten Argument eine Bitmaske übergeben werden, die die Eigenschaften des Schalters bestimmt. Unter anderem sind folgende Konstanten zum Setzten der Bits definiert:

bfNormal	$00	Der Schalter ist nicht der voreingestellte Schalter
bfDefault	$01	Der Schalter ist der voreingestellte Schalter
bfLeftJust	$02	Der Text des Schalters wird linksbündig (und nicht zentriert) ausgegeben.

Es ist Aufgabe des Programmierers, dafür zu sorgen, daß beim Öffnen des Dialogfensters nur ein Schalter voreingestellt ist!

9.11.8 Vordefinierte Kommandos für Dialoge

Beim Betätigen eines Schalters setzt `TButton` das im Konstruktor `TButton.Init` angegebene Kommando ab. Routinen des Anwendungsprogrammes können auf diese Ereignisse in der bekannten Weise durch Redefinition einer `HandleEvent`-Methode reagieren. Mit einem Schalter können beliebige Kommandos verbunden werden. Für Dialoge sind in Turbo-Vision die folgenden vordefinierten Kommandos vorhanden:

`cmOK, cmCancel, cmYes, CmNo` und `cmDefault`

Die ersten vier Kommandos bewirken, daß das Dialogfenster geschlossen wird und das View-Objekt (meist TDialog) die Modalität an das vorher modale Objekt abgibt. Turbo-Vision generiert cmCancel auch dann, wenn das Dialogfenster mit der Maus geschlossen oder wenn die Taste ESC gedrückt wird.

Ein Schalterobjekt reagiert auf das cmDefault-Kommando genau dann, wenn er fokussiert ist. Schickt man also cmDefault an alle Schalter einer Gruppe, reagiert der fokussierte Schalter und setzt sein Kommando ab. Der Eventhandler von TDialog z.B. sendet cmDefault als Reaktion auf das Tastaturereignis kbEnter an alle Mitglieder seiner Gruppe ab- und erreicht damit, daß der Benutzer durch Eingabe von ENTER den fokussierten Schalter "drückt".

9.11.9 Auswahlfelder in einem Dialog: Die Objekttypen TCheckBoxes und TRadioButtons

Auswahlfelder dienen zur Auswahl aus einer begrenzten Anzahl von Möglichkeiten. In einem *Markierungsfeld* kann eine beliebige Anzahl der Möglichkeiten gleichzeitig ausgewählt werden, in einem *Umschaltfeld* dagegen kann (und muß) genau eine Option gewählt werden.

Die Texte für die Auswahlen sind grundsätzlich in einer verketteten Liste von Strings an den Konstruktor des Auswahlfeldes zu übergeben, dabei können wie üblich einzelne Buchstaben in Tildezeichen eingeschlossen werden, um die Auswahl über diesen Buchstaben zu ermöglichen.

Die Information, welche Felder gerade ausgewählt sind, wird im Datenelement Value (Typ word) gespeichert. Beim Öffnen des Dialogfensters wird der aktuelle Wert von Value zur Anzeige verwendet, nach dem Schließen des Fensters enthält Value die vorgenommene Auswahl.

In TCheckBoxes.Value ist jedes Bit einer Option zugeordnet. Da ein word 16 Bit hat, sind in einem Markierungsfeld maximal 16 Optionen zulässig. In TRadioButtons dagegen bezeichnet Value direkt die laufende Nummer der getroffenen Auswahl (beginnend bei 0), es sind daher theoretisch 65536 Optionen möglich.

Wir wollen in unserem fiktiven Beispielprogramm zur Datenübertragung verschiedene Betriebsparameter über Auswahlfelder einlesen. Im Programm TV20 werden ein Markierungsfeld für allgemeine Parameter und zwei Umschaltfelder für Parität und Anzahl der Datenbits definiert.

```
{-- Programm TV20: Dialogfenster mit Schalterfeldern, Markierungsfeld
    und Umschaltfeldern }

{******************************************************************************
*                                                                             *
*  Wnd9T Konstruktor                                                          *
*                                                                             *
******************************************************************************}

constructor Wnd9T.Init;

var R                       : TRect;
    bp                      : PButton;
    cp                      : PCheckBoxes;
    rp                      : PRadioButtons;
    SIP                     : PSItem;

begin

R.Assign( 5, 5, 75, 22 );
TDialog.Init( R, 'Wählen' );

{-- Auswahlfeld "Allgemeines" --}

SIP:= NewSItem( 'Autom. ~W~ahlwiederholung', nil );
SIP:= NewSItem( '~S~ignal bei Verbindung',   SIP );
SIP:= NewSItem( '~P~rotokoll führen',        SIP );

R.Assign( 3, 3, 35, 6);
cp:= new( PCheckBoxes, Init( R, SIP ) );

{-- Voreinstellung ist: Autom. Wahlwiederholung und Protokoll  --}
cp^.Value:= $01 + $04; {-- Bit 0 und 2 setzten }
Insert( cp );

{-- Auswahlfeld "Parität" --}

SIP:= NewSItem( '~G~erade',        nil );
SIP:= NewSItem( '~U~ngerade',      SIP );
SIP:= NewSItem( '~K~eine Parität', SIP );

R.Assign( 40, 3, 66, 6);
rp:= new( PRadioButtons, Init( R, SIP ) );

{-- Voreinstellung ist: Keine Parität  --}
rp^.Value:= 0;
Insert( rp );

{-- Auswahlfeld "Anzahl Datenbits" --}

SIP:= NewSItem( '~2~',            nil );
SIP:= NewSItem( '~1~ Datenbits',  SIP );

R.Assign( 40, 10, 66, 13 );
rp:= new( PRadioButtons, Init( R, SIP ) );
```

```
{-- Voreinstellung ist: 2 Datenbits  --}
rp^.Value:= 1;
Insert( rp );

R.Assign( 5, 12, 15, 14 );
bp := new( PButton, Init( R, '~O~K', cmOK, bfDefault ) );
Insert( bp );

R.Assign( 20, 12, 30, 14 );
bp := new( PButton, Init( R, '~C~ancel', cmCancel, bfNormal ) );
Insert( bp );

end; {-- Init }
```

Für jedes Auswahlfeld müssen zunächst Koordinaten und Gesamtausdehnung bestimmt werden. Mit diesen Werten wird in der gewohnten Weise die `TRect`-Struktur `R` besetzt. Die einzelnen Texte für die Schalter der Auswahlen werden mit Hilfe der Prozedur `NewSItem` zu einer linearen Liste verbunden. Genauso wie beim Aufbau der Statuszeile wird die Liste "von hinten her" aufgebaut, d.h. das letzte anzuzeigende Element muß im Programm als erstes stehen. Dies ist auch bei der Besetztung von `Value` zu beachten.

Der letzte Schritt ist schon vertraut: Ein Auswahlfeld wird auf dem Heap erzeugt und der Konstruktor mit `R` und einem Zeiger auf die Liste aufgerufen. Das Ergebnis zeigt folgender Bildschirmabdruck:

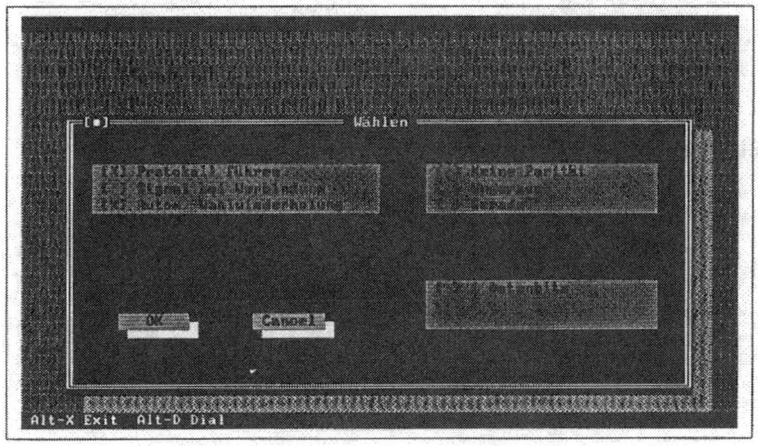

Bild 9-16: Dialogfenster im Programm TV20

Wichtig ist, daß die Auswahlfelder vor den Schalterfeldern in das Dialogfenster eingefügt werden. Dadurch wird erreicht, daß der Anwender zuerst durch die verschiedenen Auswahlen muß, bevor er eines der

Schalterfelder *Ok* oder *Cancel* fokussieren kann.

Zwischen den Auswahl- und Schalterfeldern wird mit den Tasten TAB bzw. SHIFT-TAB umgeschaltet, innerhalb eines Auswahlfeldes kann eine Option mit den Pfeiltasten ausgewählt werden. Zusätzlich stehen zur Auswahl natürlich die Maus und -sofern definiert- die in Tildezeichen eingeschlossenen "Hot-Keys" zur Verfügung.

Beachten Sie, wie die Werte für die einzelnen `Value`-Felder bestimmt werden: Im Beispielprogramm wird eine direkte Zuweisung verwendet. In einem voll ausgearbeiteten Programm würde man diese Daten evtl. aus einer Konfigurationsdatei einlesen.

9.11.10 Namen für Auswahlfelder: Der Objekttyp TLabel

Das Programm könnte professioneller gestaltet werden, wenn jedes Auswahlfeld mit einer Überschrift versehen werden könnte. Natürlich soll die Überschrift auch angeklickt werden können, um in das zugehörige Feld zu gelangen (d.h: um das zugehörige Feld zu fokussieren).

Genau dies ist mit Objekten vom Typ `TLabel` möglich. Wenn ein Objekt dieses Typs mit einem Auswahlfeld verbunden wird, kann das Feld bequem ausgewählt werden -entweder mit der Maus oder über den in Tildezeichen eingeschlossenen Buchstaben.

Das folgende Programm ist eine einfache Erweiterung des Programms TV20. Zu jedem Auswahlfeld wurde eine Überschrift in Gestalt eines `TLabel`-Objekts definiert.

```
{-- Programm TV21: Auswahlfelder um Markierungen erweitert }


{*****************************************************************************
*                                                                            *
*  Wnd9T Konstruktor                                                         *
*                                                                            *
*****************************************************************************}


constructor Wnd9T.Init;

var R                : TRect;
    bp               : PButton;
    cp               : PCheckBoxes;
    rp               : PRadioButtons;
    lp               : PLabel;
    SIP              : PSItem;
```

```
begin

R.Assign( 3, 2, 73, 19 );
TDialog.Init( R, 'Wählen' );

{-- Auswahlfeld "Allgemeines" --}

SIP:= NewSItem( 'Autom. ~W~ahlwiederholung', nil );
SIP:= NewSItem( '~S~ignal bei Verbindung',   SIP );
SIP:= NewSItem( '~P~rotokoll führen',        SIP );

R.Assign( 3, 4, 35, 7 );
cp:= new( PCheckBoxes, Init( R, SIP ) );

{-- Voreinstellung ist: Autom. Wahlwiederholung und Protokoll  --}
cp^.Value:= $01 + $04; {-- Bit 0 und 2 setzten }
Insert( cp );

R.Assign( 3, 2, 35, 3 );
lp:= new( PLabel, Init( R, '~A~llgemeines', cp ) );
Insert( lp );

{-- Auswahlfeld "Parität" --}

SIP:= NewSItem( '~G~erade',         nil );
SIP:= NewSItem( '~U~ngerade',       SIP );
SIP:= NewSItem( '~K~eine Parität',  SIP );

R.Assign( 40, 4, 66, 7 );
rp:= new( PRadioButtons, Init( R, SIP ) );

{-- Voreinstellung ist: Keine Parität  --}
rp^.Value:= 0;
Insert( rp );

R.Assign( 40, 2, 66, 3 );
lp:= new( PLabel, Init( R, '~P~arität', rp ) );
Insert( lp );

{-- Auswahlfeld "Anzahl Datenbits" --}

SIP:= NewSItem( '~2~',              nil );
SIP:= NewSItem( '~1~ Datenbits',    SIP );

R.Assign( 40, 10, 66, 12 );
rp:= new( PRadioButtons, Init( R, SIP ) );

{-- Voreinstellung ist: 2 Datenbits  --}
rp^.Value:= 1;
Insert( rp );

R.Assign( 40, 8, 66, 9 );
lp:= new( PLabel, Init( R, '~D~atenbits', rp ) );
Insert( lp );

R.Assign( 3, 14, 13, 16 );
bp := new( PButton, Init( R, '~O~K', cmOK, bfDefault ) );
Insert( bp );
```

```
R.Assign( 20, 14, 30, 16 );
bp := new( PButton, Init( R, '~C~ancel', cmCancel, bfNormal ) );
Insert( bp );

end; {-- Init }
```

Die Verbindung zwischen einem `TLabel`-Objekt und einem Auswahlfeld wird hergestellt, indem im Konstruktor `TLabel.Init` als letzter Parameter ein Zeiger auf das Auswahlfeld angegeben wird. Für die Funktionsweise spielt es keine Rolle, ob das `TLabel`-Objekt vor- oder nach seinem Auswahlfeld in das Dialogfenster eingesetzt wird.

Grundsätzlich können alle View-Objekte mit einem `TLabel`-Objekt verbunden werden. Wird ein `TLabel` Objekt aktiviert, wird dadurch das verbundene View-Objekt fokussiert.

9.11.11 Eingabe einer Zeichenkette: Der Objekttyp TInputLine

Der Objekttyp `TInputLine` unterstützt die Eingabe von Zeichenketten am Bildschirm. Die Länge des Strings darf dabei länger als die verfügbare Anzeigebreite sein: in diesem Fall führt Turbo-Vision automatisch ein horizontales Scrolling aus. Mausunterstützung ist ebenso wie die Reaktion auf die Editiertasten implementiert. Die Markierung von Teilstrings ist mittels Maus oder Tastatur möglich.

Für den Programmierer gestaltet sich die Verwendung einfach: Wie üblich wird ein Rechteck definiert, das die Anzeigelänge des Strings auf dem Bildschirm bestimmt. Der Konstruktor `TInputLine.Init` erwartet außerdem die maximale Länge des zu editierenden Strings.

Das folgende Beispielprogramm erweitert das Dialogfenster um eine Eingabezeile zur Angabe des Dateinamens für die Protokolldatei. Auch hier wird die Eingabezeile mit einem `TLabel`-Objekt beschriftet. Die Eingabezeile wird zwischen den Auswahlfeldern für Parität und Anzahl Datenbits eingefügt.

```
{-- Programm TV22: Das Dialogfenster wird um eine
    Eingabezeile erweitert }

{*****************************************************************************
*                                                                            *
*  Wnd9T Konstruktor                                                         *
*                                                                            *
*****************************************************************************}

constructor Wnd9T.Init;

var R                           : TRect;
    bp                          : PButton;
    cp                          : PCheckBoxes;
    rp                          : PRadioButtons;
    lp                          : PLabel;
    ip                          : PInputLine;
    SIP                         : PSItem;

begin

R.Assign( 3, 2, 73, 19 );
TDialog.Init( R, 'Wählen' );

{-- Auswahlfeld "Allgemeines" --}

SIP:= NewSItem( 'Autom. ~W~ahlwiederholung', nil );
SIP:= NewSItem( '~S~ignal bei Verbindung',   SIP );
SIP:= NewSItem( '~P~rotokoll führen',        SIP );

R.Assign( 3, 4, 35, 7 );
cp:= new( PCheckBoxes, Init( R, SIP ) );

{-- Voreinstellung ist: Autom. Wahlwiederholung und Protokoll  --}
cp^.Value:= $01 + $04; {-- Bit 0 und 2 setzten }
Insert( cp );

R.Assign( 3, 2, 35, 3 );
lp:= new( PLabel, Init( R, '~A~llgemeines', cp ) );
Insert( lp );

{-- Auswahlfeld "Parität" --}

SIP:= NewSItem( '~G~erade',         nil );
SIP:= NewSItem( '~U~ngerade',       SIP );
SIP:= NewSItem( '~K~eine Parität',  SIP );

R.Assign( 40, 4, 66, 7 );
rp:= new( PRadioButtons, Init( R, SIP ) );

{-- Voreinstellung ist: Keine Parität  --}
rp^.Value:= 0;
Insert( rp );

R.Assign( 40, 2, 66, 3 );
lp:= new( PLabel, Init( R, '~P~arität', rp ) );
Insert( lp );
```

```
{-- Eingabefeld "Protokoll-Dateinamen" --}

R.Assign( 3, 10, 35, 11 );
ip:= new( PInputLine, Init( R, 64 ) );

{-- Voreinstellung ist: Log.Dta  --}
ip^.Data^ := 'LOG.DTA';
Insert( ip );

R.Assign( 3, 8, 35, 9 );
lp:= new( PLabel, Init( R, 'P~r~otokolldatei', ip ) );
Insert( lp );

{-- Auswahlfeld "Anzahl Datenbits" --}

SIP:= NewSItem( '~2~',             nil );
SIP:= NewSItem( '~1~ Datenbits',   SIP );

R.Assign( 40, 10, 66, 12 );
rp:= new( PRadioButtons, Init( R, SIP ) );

{-- Voreinstellung ist: 2 Datenbits  --}
rp^.Value:= 1;
Insert( rp );

R.Assign( 40, 8, 66, 9 );
lp:= new( PLabel, Init( R, '~D~atenbits', rp ) );
Insert( lp );

R.Assign( 3, 14, 13, 16 );
bp := new( PButton, Init( R, '~O~K', cmOK, bfDefault ) );
Insert( bp );

R.Assign( 20, 14, 30, 16 );
bp := new( PButton, Init( R, '~C~ancel', cmCancel, bfNormal ) );
Insert( bp );

end; {-- Init }


var App9                        : App9T;

begin

App9.Init;
App9.Run;
App9.Done;

end.
```

Wie auch bei den anderen Auswahlfeldern wird eine Vorbesetzung erreicht, indem das Datenfeld `TInputLine.Data` mit dem gewünschten Wert besetzt wird.

9.11.12 Auswahlfelder und ihre Daten: Die Methoden SetData und GetData

Im letzten Programm wurden die Datenfelder `Value` bzw. `Data` der Objekte für die Auswahlfelder vom Programm explizit gesetzt. Dies ist nur im Konstruktor des Dialogfensters möglich, da ja dort erst die Objekte für die Felder erzeugt werden. Die Initialisierung sollte erfolgen, bevor das Fenster auf dem Bildschirm erscheint, d.h. bevor für den Dialog `TDesktop.Execute` ausgeführt wird.

Allgemein stellt Turbo-Vision für jedes View-Objekt die Methoden `SetData` und `GetData` zur Verfügung, mit denen der Datenbereich des Objekts besetzt bzw. gelesen werden kann.

```
procedure SetData( var Rec ); virtual;
procedure GetData( var Rec ); virtual;
```

Die Methoden können nicht mit "normalen" (typisierten) Parametern definiert werden, da sie virtuell sind und deshalb für alle von `TView` abgeleiteten Typen gleich deklariert werden müssen. `TCheckBoxes` und `TRadioButtons` z.B. benötigen ein word, `TInputLine` dagegen einen String bestimmter Länge. Eine solch flexible Datenübergabe ist nur mit untypisierten Parametern möglich. Im nächsten Abschnitt werden wir sehen, wie diese Flexibilität in einem Anwendungsprogramm genutzt werden kann.

Zunächst verwenden wir die Methode `SetData` unserer Auswahlfelder, um das direkte Schreiben ins Objekt zu vermeiden.

```
{-- Programm TV23: TView.SetData wird verwendet }


{******************************************************************************
*                                                                             *
*  Wnd9T Konstruktor                                                          *
*                                                                             *
******************************************************************************}

constructor Wnd9T.Init;

var R                  : TRect;
    bp                 : PButton;
    cp                 : PCheckBoxes;
    rp                 : PRadioButtons;
    lp                 : PLabel;
    ip                 : PInputLine;
    SIP                : PSItem;

{-- Voreinstellungen und Ergebnisse der Auswahlfelder }

const DtaAllgemein  : word = $01 + $04; {-- Bit 0 und 2 setzten }
      DtaParity     : word = 0;
```

```
      DtaLogFName    : string[ 64 ] = 'LOG.DTA';
      DtaDataBits    : word = 1; {-- 8 Datenbits }

begin

R.Assign( 3, 2, 73, 19 );
TDialog.Init( R, 'Wählen' );

{-- Auswahlfeld "Allgemeines" --}

SIP:= NewSItem( 'Autom. ~W~ahlwiederholung', nil );
SIP:= NewSItem( '~S~ignal bei Verbindung',   SIP );
SIP:= NewSItem( '~P~rotokoll führen',        SIP );

R.Assign( 3, 4, 35, 7 );
cp:= new( PCheckBoxes, Init( R, SIP ) );
cp^.SetData( DtaAllgemein );
Insert( cp );

R.Assign( 3, 2, 35, 3 );
lp:= new( PLabel, Init( R, '~A~llgemeines', cp ) );
Insert( lp );

{-- Auswahlfeld "Parität" --}

SIP:= NewSItem( '~G~erade',        nil );
SIP:= NewSItem( '~U~ngerade',      SIP );
SIP:= NewSItem( '~K~eine Parität', SIP );

R.Assign( 40, 4, 66, 7 );
rp:= new( PRadioButtons, Init( R, SIP ) );
rp^.SetData( DtaParity );
Insert( rp );

R.Assign( 40, 2, 66, 3 );
lp:= new( PLabel, Init( R, '~P~arität', rp ) );
Insert( lp );

{-- Eingabefeld "Protokoll-Dateinamen" --}

R.Assign( 3, 10, 35, 11 );
ip:= new( PInputLine, Init( R, 64 ) );
ip^.SetData( DtaLogFName );
Insert( ip );

R.Assign( 3, 8, 35, 9 );
lp:= new( PLabel, Init( R, 'P~r~otokolldatei', ip ) );
Insert( lp );

{-- Auswahlfeld "Anzahl Datenbits" --}

SIP:= NewSItem( '~2~',            nil );
SIP:= NewSItem( '~1~ Datenbits',  SIP );

R.Assign( 40, 10, 66, 12 );
rp:= new( PRadioButtons, Init( R, SIP ) );
rp^.SetData( DtaDataBits );
Insert( rp );
```

```
R.Assign( 40, 8, 66, 9 );
lp:= new( PLabel, Init( R, '~D~atenbits', rp ) );
Insert( lp );

R.Assign( 3, 14, 13, 16 );
bp := new( PButton, Init( R, '~O~K', cmOK, bfDefault ) );
Insert( bp );

R.Assign( 20, 14, 30, 16 );
bp := new( PButton, Init( R, '~C~ancel', cmCancel, bfNormal ) );
Insert( bp );

end; {-- Init }
```

9.11.13 Auswahlfelder und ihre Daten: Die professionelle Methode

Die Initialisierung der Auswahlfelder wurde bis jetzt im Konstruktor des Dialogfesters vorgenommen. Analog dazu könnte man im Destruktor mit Hilfe der `GetData`-Methoden die Ergebnisse abholen und dem Anwendungsprogramm zur Verfügung stellen- aber natürlich nur dann, wenn der Benutzer den Dialog nicht abgebrochen hat, denn in diesem Fall soll das Programm ja mit den Originaldaten weiterarbeiten.

Anstatt die Auswahlfelder einzeln zu besetzen und wieder zu lesen, kann man diese Arbeit auch Turbo-Vision überlassen. Die Methode `setData` der Gruppe, zu der die Auswahlen gehören, ruft implizit die `setData` Methoden aller Mitglieder auf. Da die Datengröße jedes Mitglieds abgefragt werden kann, können die Daten richtig verteilt werden. Für die Abfrage der Ergebnisse mit `GetData` nach der Beendigung des Dialogs gilt sinngemäß das gleiche.

Um diese Technik in unserem Beispielprogramm zu implementieren, werden zunächst alle Daten des Dialogs zu einem Record zusammengefaßt und in die Methode `DialDialog` der Anwendung verlagert.

```
{-- Programm TV24: SetData und GetData werden für die Gruppe verwendet }

{****************************************************************************
*                                                                           *
*  DialDialog                                                               *
*                                                                           *
****************************************************************************}

procedure App9T.DialDialog;

var wp                    : Wnd9PT;
    Result                : word;
```

```
{-- Voreinstellungen und Ergebnisse der Auswahlfelder }

type  DtaT                      = record

        Allgemein               : word;
        Parity                  : word;
        LogFName                : string[ 64 ];
        DataBits                : word;
        end;

const  Dta                      : DtaT =

    ( Allgemein : $01 + $04;
      Parity    : 0;
      LogFName  : 'LOG.DTA';
      DataBits  : 1 );


begin

wp := new( Wnd9PT, Init );

wp^.SetData( Dta );
Result := DeskTop^.ExecView( wp );

if Result <> cmCancel then
   wp^.GetData( Dta );

end; {-- DialDialog }


{*****************************************************************************
*                                                                            *
*  Wnd9T Konstruktor                                                         *
*                                                                            *
*****************************************************************************}

constructor Wnd9T.Init;

var R                           : TRect;
    bp                          : PButton;
    cp                          : PCheckBoxes;
    rp                          : PRadioButtons;
    lp                          : PLabel;
    ip                          : PInputLine;
    SIP                         : PSItem;


begin

R.Assign( 3, 2, 73, 19 );
TDialog.Init( R, 'Wählen' );

{-- Auswahlfeld "Allgemeines" --}

SIP:= NewSItem( 'Autom. ~W~ahlwiederholung', nil );
SIP:= NewSItem( '~S~ignal bei Verbindung',   SIP );
SIP:= NewSItem( '~P~rotokoll führen',        SIP );
```

```
R.Assign( 3, 4, 35, 7 );
cp:= new( PCheckBoxes, Init( R, SIP ) );
Insert( cp );

R.Assign( 3, 2, 35, 3 );
lp:= new( PLabel, Init( R, '~A~llgemeines', cp ) );
Insert( lp );

{-- Auswahlfeld "Parität" --}

SIP:= NewSItem( '~G~erade',         nil );
SIP:= NewSItem( '~U~ngerade',       SIP );
SIP:= NewSItem( '~K~eine Parität',  SIP );

R.Assign( 40, 4, 66, 7 );
rp:= new( PRadioButtons, Init( R, SIP ) );
Insert( rp );

R.Assign( 40, 2, 66, 3 );
lp:= new( PLabel, Init( R, '~P~arität', rp ) );
Insert( lp );

{-- Eingabefeld "Protokoll-Dateinamen" --}

R.Assign( 3, 10, 35, 11 );
ip:= new( PInputLine, Init( R, 64 ) );
Insert( ip );

R.Assign( 3, 8, 35, 9 );
lp:= new( PLabel, Init( R, 'P~r~otokolldatei', ip ) );
Insert( lp );


{-- Auswahlfeld "Anzahl Datenbits" --}

SIP:= NewSItem( '~2~',             nil );
SIP:= NewSItem( '~1~ Datenbits',   SIP );

R.Assign( 40, 10, 66, 12 );
rp:= new( PRadioButtons, Init( R, SIP ) );
Insert( rp );

R.Assign( 40, 8, 66, 9 );
lp:= new( PLabel, Init( R, '~D~atenbits', rp ) );
Insert( lp );

R.Assign( 3, 14, 13, 16 );
bp := new( PButton, Init( R, '~O~K', cmOK, bfDefault ) );
Insert( bp );

R.Assign( 20, 14, 30, 16 );
bp := new( PButton, Init( R, '~C~ancel', cmCancel, bfNormal ) );
Insert( bp );

end; {-- Init }
```

Die Initialisierung der einzelnen Datenfelder als Konstante ist nur beispielhaft zu verstehen. Normalerweise kommen diese Daten aus anderen Teilen der Anwendung oder aus einer Konfigurationsdatei.

Bei der Deklaration des Records `DtaT` sind zwei Dinge unbedingt zu beachten:

- Die Reihenfolge der Variablen muß genau der Reihenfolge des Einfügens der Auswahlfelder in das Dialogfenster entsprechen.
- Die Größe jeder einzelnen Variablen muß exakt der Datengröße des zugeordneten Objekts entsprechen.

Die Methode `ExecView` liefert das Kommando zurück, mit der die View (also hier der Dialog) beendet wurde. Diese Information wird verwendet, um die Originaldaten in `Dta` im Falle des Dialog-Abbruchs nicht zu überschreiben.

9.11.14 Eventhandler, ExecView und modale Objekte

Wir haben bereits festgestellt, daß in Turbo-Vision Ereignisse nur an das gerade modale Objekt (und an die Mitglieder der Gruppe, wenn das Objekt eine Gruppe ist) gelangen. In unserem Beispielprogramm kann man das daran erkennen, daß bei offenem Dialogfenster kein selbstdefiniertes Kommando mehr funktioniert. Als Nebeneffekt ergibt sich, daß deshalb auch der gleiche Dialog nicht mehrfach geöffnet werden kann (was ja auch unsinnig wäre).

Ein View-Objekt wird durch `ExecView` zum modalen Objekt. Die Modalität wird durch eines der vordefinierten Kommandos `cmOK`, `cmCancel`, `cmYes` und `cmNo` (oder durch einen speziellen Funktionsaufruf) wieder beendet. Wichtig ist, daß das Kommando, das zur Beendigung von `ExecView` geführt hat, als Funktionsergebnis zurückgeliefert wird. Programm TV24 zeigt beispielhaft, wie dieses Ergebnis verwendet werden kann.

Alle anderen Kommandos oder Ereignisse müssen von dem modalen Objekt selber abgearbeitet werden. Zur Demonstration erweitern wir unser Programm um ein Kommando `cmBeep`, das ein akustisches Signal auslösen soll. `cmBeep` wird durch einen weiteren Schalter erzeugt und vom Eventhandler `WndT9T.HandleEvent` abgearbeitet.

```
{-- Programm TV25: Wnd9T wird um einen Eventhandler erweitert }

uses Objects, Drivers, Views, Menus, App, Dialogs;


const cmDial                    = 102;
      cmBeep                    = 191;

type App9T                      = object( TApplication )

   procedure HandleEvent( var Event: TEvent ); virtual;

   procedure InitStatusLine; virtual;


   {-- eigene Methoden --}

   procedure DialDialog;

   end;


type Wnd9PT                     = ^Wnd9T;
     Wnd9T                      = object( TDialog )

   constructor Init;

   procedure HandleEvent( var Event: TEvent ); virtual;

   end;

{*****************************************************************************
*                                                                            *
*  HandleEvent                                                               *
*                                                                            *
*****************************************************************************}

procedure App9T.HandleEvent( var Event: TEvent);

begin

TApplication.HandleEvent( Event );

if Event.What = evCommand then

   begin
   case Event.Command of

   cmDial : DialDialog;

   else exit;

   end; {-- case }

   ClearEvent(Event);
   end; {-- evCommand }
```

```
end; {-- HandleEvent }


{*****************************************************************************
*                                                                            *
*  InitStatusLine                                                            *
*                                                                            *
*****************************************************************************}

procedure App9T.InitStatusLine;

{-- ... nicht abgedruckt }

end; {-- InitStatusLine }

{*****************************************************************************
*                                                                            *
*  DialDialog                                                                *
*                                                                            *
*****************************************************************************}

procedure App9T.DialDialog;

var wp                          : Wnd9PT;
    Result                      : word;

{-- Voreinstellungen und Ergebnisse der Auswahlfelder }

type  DtaT                      = record

         Allgemein              : word;
         Parity                 : word;
         LogFName               : string[ 64 ];
         DataBits               : word;
         end;

const  Dta                      : DtaT =

    (  Allgemein : $01 + $04;
       Parity    : 0;
       LogFName  : 'LOG.DTA';
       DataBits  : 1 );


begin

wp := new( Wnd9PT, Init );

wp^.SetData( Dta );
Result := DeskTop^.ExecView( wp );

if Result <> cmCancel then
   wp^.GetData( Dta );

end; {-- DialDialog }
```

```
{*****************************************************************************
*                                                                            *
*  Wnd9T Konstruktor                                                         *
*                                                                            *
*****************************************************************************}

constructor Wnd9T.Init;

var R                           : TRect;
    bp                          : PButton;
    cp                          : PCheckBoxes;
    rp                          : PRadioButtons;
    lp                          : PLabel;
    ip                          : PInputLine;
    SIP                         : PSItem;


begin

R.Assign( 3, 2, 73, 19 );
TDialog.Init( R, 'Wählen' );

{-- Auswahlfeld "Allgemeines" --}

SIP:= NewSItem( 'Autom. ~W~ahlwiederholung', nil );
SIP:= NewSItem( '~S~ignal bei Verbindung',   SIP );
SIP:= NewSItem( '~P~rotokoll führen',        SIP );

R.Assign( 3, 4, 35, 7 );
cp:= new( PCheckBoxes, Init( R, SIP ) );
Insert( cp );

R.Assign( 3, 2, 35, 3 );
lp:= new( PLabel, Init( R, '~A~llgemeines', cp ) );
Insert( lp );

{-- Auswahlfeld "Parität" --}

SIP:= NewSItem( '~G~erade',         nil );
SIP:= NewSItem( '~U~ngerade',       SIP );
SIP:= NewSItem( '~K~eine Parität',  SIP );

R.Assign( 40, 4, 66, 7 );
rp:= new( PRadioButtons, Init( R, SIP ) );
Insert( rp );

R.Assign( 40, 2, 66, 3 );
lp:= new( PLabel, Init( R, '~P~arität', rp ) );
Insert( lp );

{-- Eingabefeld "Protokoll-Dateinamen" --}

R.Assign( 3, 10, 35, 11 );
ip:= new( PInputLine, Init( R, 64 ) );
Insert( ip );

R.Assign( 3, 8, 35, 9 );
lp:= new( PLabel, Init( R, 'P~r~otokolldatei', ip ) );
Insert( lp );
```

```
{-- Auswahlfeld "Anzahl Datenbits" --}

SIP:= NewSItem( '~2~',             nil );
SIP:= NewSItem( '~1~ Datenbits',   SIP );

R.Assign( 40, 10, 66, 12 );
rp:= new( PRadioButtons, Init( R, SIP ) );
Insert( rp );

R.Assign( 40, 8, 66, 9 );
lp:= new( PLabel, Init( R, '~D~atenbits', rp ) );
Insert( lp );

R.Assign( 3, 14, 13, 16 );
bp := new( PButton, Init( R, '~O~K', cmOK, bfDefault ) );
Insert( bp );

R.Assign( 20, 14, 30, 16 );
bp := new( PButton, Init( R, '~C~ancel', cmCancel, bfNormal ) );
Insert( bp );

R.Assign( 37, 14, 47, 16 );
bp := new( PButton, Init( R, '~!~', cmBeep, bfNormal ) );
Insert( bp );

end; {-- Init }

{****************************************************************************
*                                                                           *
*  HandleEvent                                                              *
*                                                                           *
****************************************************************************}

procedure Wnd9T.HandleEvent( var Event: TEvent );

begin

TDialog.HandleEvent( Event );

if Event.What = evCommand then

   begin
   case Event.Command of

   cmBeep : write( #7 );

   else exit;

   end; {-- case }

   ClearEvent(Event);
   end; {-- evCommand }

end; {-- HandleEvent }
```

```
var App9                    : App9T;

begin

App9.Init;
App9.Run;
App9.Done;

end.
```

Beachten Sie, daß bei Betätigen des Schalters das Dialogfenster geöffnet bleibt. Der Dialog wird in unserem Programm nur durch `cmOK` oder `cmCancel` beendet. Bild 9-17 zeigt abschließend das vollständige Dialogfenster.

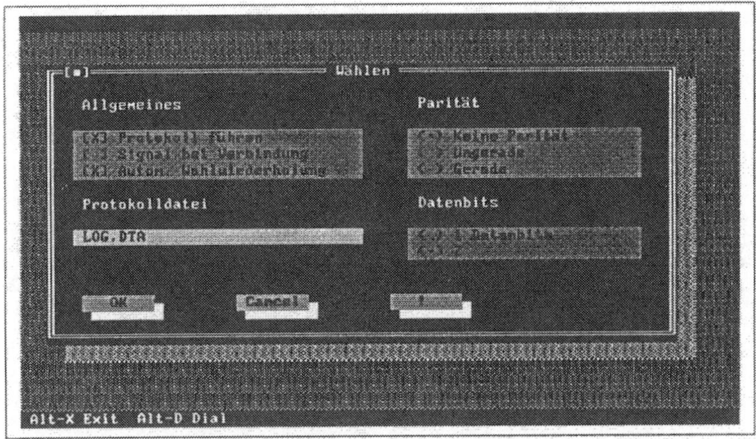

Bild 9-17: vollständiges Dialogfenster (Programm TV25)

Damit ist unser kurzer Streifzug durch Turbo-Vision beendet. Viele Dinge mußten unberücksichtigt bleiben, so z.B. die im Sourcecode vorhandenen Anwendungen zur Unterstützung von Dateiauswahlen aus Verzeichnissen, Kalender, Taschenrechner etc. Auch die Verwendung von Streams zum Speichern von Objekten auf Platte, Kollektionen, Resource-Dateien und vieles andere mehr müssen einem speziellen Turbo-Vision Buch vorbehalten bleiben.

Sachwortverzeichnis

GPSR Compliance

The European Union's (EU) General Product Safety Regulation (GPSR) is a set of rules that requires consumer products to be safe and our obligations to ensure this.

If you have any concerns about our products, you can contact us on ProductSafety@springernature.com

In case Publisher is established outside the EU, the EU authorized representative is:

Springer Nature Customer Service Center GmbH
Europaplatz 3
69115 Heidelberg, Germany

Zeitfracht Medien GmbH
Ferdinand-Jühlke-Straße 7
99095 Erfurt, Deutschland
produktsicherheit@kolibri360.de